冶金专业教材和工具书经典传承国际传播工程
普通高等教育"十四五"规划教材

"十四五"国家重点
出版物出版规划项目

深部智能绿色采矿工程
金属矿深部绿色智能开采系列教材
冯夏庭　主编

智能金属矿山

Intelligent Metal Mine

王运森　郑贵平　陈炳瑞　主编

扫码看本书
数字资源

北　京
冶 金 工 业 出 版 社
2024

内 容 提 要

本书系统介绍人工智能与智能矿山的起源及架构，详细阐述智能矿山建设基础、物联网感知、自动化控制和人工智能、VR/AR、CAD、软件开发等关键技术，介绍开采环境主动感知、上层智能分析以及自动化决策、开采装备自动化等智能开采关键控制流程，以及实现采矿设计、计划、生产、调度、应急处理决策等过程的智能化系统。还讲述了现代智能矿山建设设计理论与方法，并介绍了智能矿山的流行设计软件及软件系统的开发，附以简单的案例进行说明。

本书可作为采矿工程相关专业的本科教材，也可供金属矿山工程技术人员、管理干部及大专院校相关专业的师生和致力于智能矿山技术研究的科研人员参考使用。

图书在版编目（CIP）数据

智能金属矿山/王运森，郑贵平，陈炳瑞主编 . —北京：冶金工业出版社，2022.10（2024.1 重印）

（深部智能绿色采矿工程/冯夏庭主编）

"十四五"国家重点出版物出版规划项目

ISBN 978-7-5024-9261-8

Ⅰ.①智⋯　Ⅱ.①王⋯　②郑⋯　③陈⋯　Ⅲ.①智能技术—应用—金属矿开采—高等学校—教材　Ⅳ.①TD85-39

中国版本图书馆 CIP 数据核字（2022）第 156701 号

智能金属矿山

出版发行	冶金工业出版社	电　话	(010)64027926
地　址	北京市东城区嵩祝院北巷 39 号	邮　编	100009
网　址	www.mip1953.com	电子信箱	service@mip1953.com

责任编辑　刘小峰　刘思岐　美术编辑　彭子赫　版式设计　郑小利　孙跃红
责任校对　李　娜　责任印制　窦　唯
三河市双峰印刷装订有限公司印刷
2022 年 10 月第 1 版，2024 年 1 月第 2 次印刷
787mm×1092mm　1/16；15.5 印张；371 千字；227 页
定价 49.00 元

投稿电话　(010)64027932　投稿信箱　tougao@cnmip.com.cn
营销中心电话　(010)64044283
冶金工业出版社天猫旗舰店　yjgycbs.tmall.com
（本书如有印装质量问题，本社营销中心负责退换）

冶金专业教材和工具书
经典传承国际传播工程
总　　序

钢铁工业是国民经济的重要基础产业，为我国经济的持续快速增长和国防现代化建设提供了重要支撑，做出了卓越贡献。当前，新一轮科技革命和产业变革深入发展，中国经济已进入高质量发展新时代，中国钢铁工业也进入了高质量发展的新时代。

高质量发展关键在科技创新，科技创新离不开高素质人才。党的二十大报告指出："教育、科技、人才是全面建设社会主义现代化国家的基础性、战略性支撑。必须坚持科技是第一生产力、人才是第一资源、创新是第一动力，深入实施科教兴国战略、人才强国战略、创新驱动发展战略，开辟发展新领域新赛道，不断塑造发展新动能新优势。"加强人才队伍建设，培养和造就一大批高素质、高水平人才是钢铁行业未来发展的一项重要任务。

随着社会的发展和时代的进步，钢铁技术创新和产业变革的步伐也一直在加速，不断推出的新产品、新技术、新流程、新业态已经彻底改变了钢铁业的面貌。钢铁行业必须加强对科技进步、教育发展及人才成长的趋势研判、规律认识和需求把握，深化人才培养体制机制改革，进一步完善相应的条件支撑，持续增强"第一资源"的保障能力。中国钢铁工业协会《"十四五"钢铁行业人力资源规划指导意见》提出，要重视创新型、复合型人才培养，重视企业家培养，重视钢铁上下游复合型人才培养。同时要科学管理，丰富绩效体系，进一步优化人才成长环境，造就一支能够支撑未来钢铁行业高质量发展的人才队伍。

高素质人才来源于高水平的教育和培训，并在丰富多彩的创新实践中历练成长。以科技创新为第一动力的发展模式，需要科技人才保持知识的更新频率，站在钢铁发展新前沿去思考未来，系统性地将基础理论学习和应用实践学习体系相结合。要深入推进职普融通、产教融合、科教融汇，建立高等教育+职业教育+继续教育和培训一体化行业人才培养体制机制，及时把钢铁科技创新成果转化为钢铁从业人员的知识和技能。

一流的专业教材是高水平教育培训的基础，做好专业知识的传承传播是当代中国钢铁人的使命。20世纪80年代，冶金工业出版社在原冶金工业部的领导支持下，组织出版了一批优秀的专业教材和工具书，代表了当时冶金科技的水平，形成了比较完备的知识体系，成为一个时代的经典。但是由于多方面的原因，这些专业教材和工具书没能及时修订，导致内容陈旧，跟不上新时代的要求。反映钢铁科技最新进展和教育教学最新要求的新经典教材的缺失，已经成为当前钢铁专业人才培养最明显的短板和痛点。

为总结、提炼、传播最新冶金科技成果，完成行业知识传承传播的历史任务，推动钢铁强国、教育强国、人才强国建设，中国钢铁工业协会、中国金属学会、冶金工业出版社于2022年7月发起了"冶金专业教材和工具书经典传承国际传播工程"（简称"经典工程"），组织相关高校、钢铁企业、科研单位参加，计划用5年左右时间，分批次完成约300种教材和工具书的修订再版和新编，以及部分教材和工具书的对外翻译出版工作。2022年11月15日在东北大学召开了工程启动会，率先启动了高等教育和职业教育教材部分工作。

"经典工程"得到了东北大学、北京科技大学、河北工业职业技术大学、山东工业职业学院等高校，中国宝武钢铁集团有限公司、鞍钢集团有限公司、首钢集团有限公司、河钢集团有限公司、江苏沙钢集团有限公司、中信泰富特钢集团股份有限公司、湖南钢铁集团有限公司、包头钢铁（集团）有限责任公司、安阳钢铁集团有限责任公司、中国五矿集团公司、北京建龙重工集团有限公司、福建省三钢（集团）有限责任公司、陕西钢铁集团有限公司、酒泉钢铁（集团）有限责任公司、中冶赛迪集团有限公司、连平县昕隆实业有限公司等单位的大力支持和资助。在各冶金院校和相关钢铁企业积极参与支持下，工程相关工作正在稳步推进。

　　征程万里，重任千钧。做好专业科技图书的传承传播，正是钢铁行业落实习近平总书记给北京科技大学老教授回信的重要指示精神，培养更多钢筋铁骨高素质人才，铸就科技强国、制造强国钢铁脊梁的一项重要举措，既是我国钢铁产业国际化发展的内在要求，也有助于我国国际传播能力建设、打造文化软实力。

　　让我们以党的二十大精神为指引，以党的二十大精神为强大动力，善始善终，慎终如始，做好工程相关工作，完成行业知识传承传播的使命任务，支撑中国钢铁工业高质量发展，为世界钢铁工业发展做出应有的贡献。

中国钢铁工业协会党委书记、执行会长

2023 年 11 月

金属矿深部绿色智能开采系列教材
编 委 会

主　编　冯夏庭

编　委　王恩德　顾晓薇　李元辉

　　　　　杨天鸿　车德福　陈宜华

　　　　　黄　菲　徐　帅　杨成祥

　　　　　赵兴东

金属矿深部绿色智能开采系列教材
序　言

新经济时代，采矿技术从机械化全面转向信息化、数字化和智能化；极大程度上降低采矿活动对生态环境的损害，恢复矿区生态功能是新时代对矿产资源开采的新要求；"四深"（深空、深海、深地、深蓝）战略领域的国家部署，使深部、绿色、智能采矿成为未来矿产资源开采的主趋势。

为了适应这一发展趋势对采矿专业人才知识结构提出的新要求，依据新工科人才培养理念与需求，系统梳理了采矿专业知识逻辑体系，从学生主体认知特点出发，构建以地质、测量、采矿、安全等相关学科为节点的关联化教材知识结构体系，并有机融入"课程思政"理念，注重培育工程伦理意识；吸纳地质、测量、采矿、岩石力学、矿山生态、资源综合利用等相关领域的理论知识与实践成果，形成凸显前沿性、交叉性与综合性的"金属矿深部绿色智能开采系列教材"，探索出适应现代化教育教学手段的数字化、新形态教材形式。

系列教材目前包括《金属矿山地质学》《深部工程地质学》《深部金属矿水文地质学》《智能矿山测绘技术》《金属矿床露天开采》《金属矿床深部绿色智能开采》《井巷工程》《智能金属矿山》《深部工程岩体灾害监测预警》《深部工程岩体力学》《矿井通风降温与除尘》《金属矿山生态-经济一体化设计与固废资源化利用》《金属矿共伴生资源利用》，共13个分册，涵盖地质与测量、采矿、选矿和安全4个专业、近10个相关研究领域，突出深部、绿色和智能采矿的最新发展趋势。

系列教材经过系统筹划，精细编写，形成了如下特色：以深部、绿色、智能为主线，建立力学、开采、智能技术三大类课群为核心的多学科深度交叉融合课程体系；紧跟技术前沿，将行业最新成果、技术与装备引入教材；融入课程思政理念，引导学生热爱专业、深耕专业，乐于奉献；拓展教材展示手段，采用全新数字化融媒体形式，将过去平面二维、静态、抽象的专业知识以三维、动态、立体再现，培养学生时空抽象能力。系列教材涵盖地质、测量、开采、智能、资源综合利用等全链条过程培养，将各分册教材的知识点进行梳理与整合，避免了知识体系的断档和冗余。

系列教材依托教育部新工科二期项目"采矿工程专业改造升级中的教材体系建设"（E-KYDZCH20201807）开展相关工作，有序推进，入选《出版业"十四五"时期发展规划》，得到东北大学教务处新工科建设和"四金一新"建设项目的支持，在此表示衷心的感谢。

主编　冯夏庭

2021 年 12 月

前　言

信息、通信和人工智能技术的迅速发展和应用，给许多传统行业都带来了颠覆性变革，也深刻影响和改变着传统采矿业沿袭百年的生产工艺和管理模式，信息化、自动化、智能化已成为采矿技术的发展方向，智能矿山正是在这样的背景下提出和快速发展起来的。

智能化是指使对象具备灵敏准确的感知能力、精准的判断决策能力及行之有效的执行能力，能够根据感知信息进行智能分析、决策与执行，并具备自学习与自优化的功能。智能化应具有三要素：一是具有对外部信息的实时感知与获取的能力；二是具有基于对感知信息的存储、分析、判断、联想、自学习、自决策的能力；三是具备基于自决策的自动执行能力。

智能矿山是在矿山自动化、信息化、数字化的基础上，推动云计算、大数据、物联网、人工智能、移动通信等新一代网络信息技术在矿山领域的全面应用。矿山智能化发展的目标是建设智能矿山，智能矿山与智能社会、智能城市、智能交通等具有类似的科学内涵，是指矿山主体系统实现智能化，将物联网、云计算、大数据、人工智能、自动控制、移动互联网、机器人化装备等与现代矿山开发技术相融合，开发矿山感知、互联、分析、自学习、预测、决策、控制的完整智能系统，建设开拓、采掘、运通、安全保障、生态保护、生产管理等全过程智能化运行的智能矿山，创建矿山完整智能系统、全面智能运行、科学绿色开发的全产业链运行新模式。

本教材在"新工科"及智能矿山建设快速发展的大背景下编写，介绍了智能矿山的起源内涵、总体架构，涵盖智能矿山的感知系统、执行系统和管理决策系统等主要组成部分，还讲述了智能矿山的设计方法和技术，特别安排了智能矿山软件设计与开发的相关内容。通过本教材以及相关课程的教学活动，力图使采矿工程专业的学生建立起现代化智能矿山的新观念、新认知以及基础设计理论，希望为培养现代化智能矿山优秀人才提供一本简明全面的教材，同时也为金属矿山智能化建设起到推动作用。

本书在编写过程中，中国工程院院士、东北大学校长冯夏庭教授给予了指导，东北大学资源与土木工程学院、深部金属矿山安全开采教育部重点实验室同仁提供大力支持和帮助，在此致以真诚的感谢。同时，作者参阅了国内外相关文献和最新的智能矿山建设成果，在此谨向文献作者表示感谢。

由于智能矿山技术涉及范围广、发展日新月异，加之作者水平所限，书中不妥之处，敬请读者指正。

作　者

2022 年 3 月

目　　录

1 智能金属矿山的起源及架构

本章提要

简要介绍智能的概念及人工智能的起源历史及典型应用，介绍智能矿山的发展历史及核心主流体系架构。智能，是智慧和能力的总称，一般认为智能是知识和智力的总和，前者是智能的基础，后者是指获取和运用知识的能力。人工智能是研究、开发用于模拟、延伸和扩展人的智能的理论、方法、技术及应用系统的一门新的技术科学。

通俗来讲，智能矿山也就是像人一样能够自主思考、生产的矿山系统。每个阶段，人们对智能矿山的定义是不同的，现阶段，智能矿山指将云计算、大数据、5G/6G、物联网等新一代信息技术与矿山生产过程深度融合，实现矿山设计、掘进、开采、运输与提升等环节自规划、自感知、自决策、自运行，从而提高矿山生产率和经济效益，通过对生产过程的动态实时监控，将矿山生产维持在最佳状态和最优水平。

从总体层面上来说，智能矿山应该具有感知、决策和执行三个大的功能。

通过本章的学习，应该掌握人工智能的基本概念、智能矿山的定义、产生的背景、总体架构、关键技术及发展趋势。

1.1 智能与人工智能概述

智能，一般认为是智慧和能力的总称，前者是智能的基础，后者是指获取和运用知识的能力。这种能力可以获取、整理信息和数据，形成知识，从而在特定的环境或者上下文中进行应用。智能通常在人类范畴内研究，但是在动物界和植物界也发现了具有某些智能。计算机或者其他机器的智能叫人工智能（Artificial Intelligence），英文缩写为 AI。人工智能是研究、开发用于模拟、延伸和扩展人的智能的理论、方法、技术及应用系统的一门新的技术科学。

人工智能是计算机科学的一个分支，它试图了解智能的实质，并生产出一种新的能以人类智能相似的方式做出反应的智能机器，该领域的研究包括机器人、语言识别、图像识别、自然语言处理和专家系统等。人工智能从诞生以来，理论和技术日益成熟，应用领域也不断扩大，可以设想，未来人工智能带来的科技产品，将会是人类智慧的"容器"。人工智能可以对人的意识、思维的信息过程进行模拟。人工智能不是人的智能，但能像人那样思考，也可能超过人的智能。

人工智能是一门极富挑战性的科学，从事这项工作的人必须懂得计算机知识、心理学和哲学。人工智能包括十分广泛的科学，它由不同的领域组成，如机器学习、计算机视觉等，总的来说，人工智能研究的一个主要目标是使机器能够胜任一些通常需要人类智能才能完成的复杂工作。但不同的时代、不同的人对这种"复杂工作"的理解是不同的。

1.1.1 人工智能的起源

1956 年夏季，以麦卡锡、明斯基、罗切斯特和申农等为首的一批有远见卓识的年轻科学家在一起聚会，共同研究和探讨用机器模拟智能的一系列有关问题，并首次提出了"人工智能"（Artificial Intelligence）这一术语，它标志着"人工智能"这门新兴学科的正式诞生。而 1997 年 IBM 公司"深蓝"电脑击败人类世界国际象棋冠军更是人工智能技术的一个完美表现。

从 1956 年正式提出人工智能学科算起，60 多年来，取得了长足的发展，成为一门广泛的交叉和前沿科学。总的来说，人工智能的目的就是让计算机这台机器能够像人一样思考。如果希望做出一台能够思考的机器，那就必须知道什么是思考，更进一步讲就是什么是智能。什么样的机器才是智能的呢？科学家已经做出了汽车、火车、飞机、收音机等，它们模仿我们身体器官的功能，但是能不能模仿人类大脑的功能呢？到目前为止，我们也仅仅知道这个装在我们头骨里面的东西是由数十亿个神经细胞组成的器官，我们对这个东西知之甚少，模仿它或许是天下最困难的事情了。

当计算机出现后，人类开始真正有了一个可以模拟人类思维的工具，在以后的岁月中，无数科学家为这个目标努力着。如今人工智能已经不再是几个科学家的专利了，全世界几乎所有大学的计算机系都有人在研究这门学科，学习计算机的大学生也必须学习这样一门课程，在大家不懈的努力下，如今计算机似乎已经变得十分聪明了。例如，1997 年 5 月 11 日，IBM 公司研制的深蓝计算机战胜了国际象棋大师卡斯帕罗夫。大家或许不会注意到，在一些地方计算机帮助人进行某些原来只属于人类的工作，计算机以它的高速和准确为人类发挥着它的作用。人工智能始终是计算机科学的前沿学科，计算机编程语言和其他计算机软件都因为有了人工智能的进展而得以存在。

1.1.2 人工智能研究的目标

作为工程技术学科，人工智能的研究目标是提出建造人工智能系统的新技术、新方法和新理论，并在此基础上研制出具有智能行为的计算机系统。现有的计算机不仅可以对数值信息进行一般的数值计算和数据处理，还可以利用知识解决问题，模拟人的一些功能行为。作为理论研究学科，人工智能的研究目标是提出能够描述和解释智能行为的概念与理论，为建立人工智能系统提供理论依据。

其实，对人工智能的研究，最终需要的是将这门技术依托于某种载体来实现，并为工作生活带来实际的良好体验，拓展出无限的可能，逐渐改变人类的工作生活方式。通俗地说，就是一方面能够更好地理解人类智能，通过编写程序来模仿和检验有关人类智能的理论；另一方面，创造有用灵巧的程序，该程序能够执行一般需要人类专家才能实现的任务。

1.1.3 人工智能的研究内容和领域

人工智能日渐发展，使得更多的人投入研究中，与多种学科的相互渗透使它成为了一门新兴学科，在许多领域有着广泛的应用。人工智能理论在不断深入研究中得到了发展，向着更为宽广的应用领域迈进，也获得了更重要的应用成果。从应用的角度看，人工智能的研究主要集中在以下几个方面：

（1）专家系统。专家系统具有丰富的专业知识和经验。基于人工智能技术，通过一个或多个人类专家在某一个领域提供的知识和经验用于推理和判断，并采用类似于人类专家的决策过程，以解决那些需要专家决定的复杂问题。专家系统通常需要利用已知的现有算法来解决问题，但有些问题无法解决，因为给出的信息通常是不完全、不精确，甚至是不确定的。它可以解决一些问题，如一般性的解释、预测、诊断、设计、规划、监测、修复、指导和控制。从架构上看，专家系统可分为集中专家系统、分布式专家系统、协同专家系统、神经网络专家系统等，从实现方法上可以分为基于规则的专家系统、基于模型的专家系统、基于框架的专家系统等。

（2）自然语言理解。自然语言理解就是研究如何在人与计算机之间利用自然语言建立起有效的通信。由于目前计算机系统与人类之间的交互还只能使用严格限制的各种非自然语言，因此，解决计算机系统能够理解自然语言的问题一直是人工智能领域的重要研究课题之一。

实现人与计算机之间的自然语言沟通，是指计算机系统可以理解自然语言文本及自然语言文本的含义，还能够理解人类想要表达的特定意图和想法。如何正确理解并准确表达语言是一个极其复杂的解码和编码过程。能够做到理解口语和书面语言的计算机系统不但需要有一些代表语境知识的结构，还需要积累一些基于这些知识的推理技巧。

虽然在理解有限范围的自然语言对话和理解用自然语言表达的小段文章或故事方面的程序系统已有一定的进展，但要实现功能较强的理解系统仍十分困难。从目前的理论和技术现状看，自然语言理解系统主要应用于机器翻译、自动文摘、全文检索等方面，而通用的和高质量的自然语言处理系统，仍然是较长期的努力目标。

（3）机器学习。学习是人类智能的主要标志和获得知识的基本手段，也是可以知识获取的具有特定目的的过程。在内部性能的不断建立和修改的同时，外部性能也在不断提高。机器学习是指自动获取新事实和新推理算法的过程，这是使计算机智能化的基本方法，也是人工智能的一个核心研究领域，有助于发现人类学习的机理和揭示人脑的奥秘。

机器学习主要研究如何赋予机器自身获取知识的能力，使机器能够学会如何总结经验、纠正错误、发现模式、提高性能，并对环境有更强的适应性。

（4）自动定理证明。自动定理证明，又叫机器定理证明。它是数学和计算机科学相结合的研究课题。人类思维中演绎推理能力可以在数学定理的证明过程中得到淋漓尽致的体现。演绎推理实质上是符号运算，因此，原则上可以用机械化的方法来进行。1965年，罗宾逊提出了一阶谓词演算，这是自动定理证明的具有重大突破性进展的分辨率原则。1976年，美国Appel和其他人使用的高速计算机证明了124年来都没有得到解决的"四色问题"，这表明利用电子计算机有可能把人类思维领域中的演绎推理能力推进到前所未有的境界。1976年年底，中国数学家吴文俊开始对可判定问题进行初步探究。他成功地设计了一个决策算法和相应的程序，有效地解决了初等几何和初等微分几何中的某一大类问题，其研究处于国际领先地位。后来，我国数学家张景中等人进一步推导出"可读性证明"的机器证明方法，再一次轰动了国际学术界。

自动定理证明有着更深刻的理论价值，其应用范围也并不仅仅局限于数学领域，许多日常生活中非数学领域的任务，都可以经过一定的转化从而变成相应的定理证明问题，或者与定理证明相关的问题，所以自动定理证明的研究具有普适性的意义。

（5）自动程序设计。自动编程是能够根据给定问题的原始描述自动生成满足要求的程序。它是软件工程和人工智能相结合的研究课题。自动编程主要包括程序综合和程序验证两个方面。前者实现自动编程，即用户只需要告诉机器"做什么"，而不需要告诉"怎么做"，后一步由机器自动完成。自动验证，也就是说，机器可以自主完成对正确性的检查。程序合成的基本方法是主要程序转换，即通过一步一步地将输入条件变换为输出，以形成所需要的程序。程序验证是使用经过验证的程序系统来自动证明给定程序的正确性。判断程序正确性有三种标准，即终止性、部分正确性和完全正确性。

目前在自动程序设计方面已取得一些初步的进展，尤其是程序变换技术已引起计算机科学工作者的重视。现在国外已陆续出现一些实验性的程序变换系统。

（6）分布式人工智能。分布式人工智能结合了分布式计算和人工智能的特点。它提供了一种有效的方法来协调逻辑上或物理上分散的智能操作，解决单目标和多目标问题，以及设计和构建大规模复杂的智能系统或计算机以支持协同工作。它所能解决的问题需要整体互动所产生的整体智能来解决。分布式人工智能主要研究内容有分布式问题求解（Distribution Problem Solving，DPS）和多智能体系统（Multi-Agent System，MAS）。

（7）机器人学。机器人学是机械结构学、传感技术和人工智能结合的产物。1948年，美国研制成功第一代遥控机械手，17年后第一台工业机器人诞生，此后相关的研究不断取得新的成果。机器人的发展经历了以下几个阶段：第一代为程序控制机器人，它通过反复地学习然后进行再现的方式，将人类从笨重、繁杂与重复的劳动中逐步解放出来；第二代为自适应机器人，它可以通过自身的感觉传感器来获取作业环境的简单信息，还具有一定的环境适应能力，能够识别出操作对象的微小变化；第三代为分布式协同机器人，它的传感器具有视觉、听觉、触觉等多种功能，在多个方向平台上都能够感知到多维信息，它具有较高的灵敏度，能够精确感知周围的环境信息，并进行实时分析，控制自己的多种行为，在自主学习、自主决策和自主判断的基础上处理环境中的变化，和其他机器人沟通交流。

从功能的角度来看，机器人技术的研究主要涉及两个方面：一是模式识别，即机器人配备可以识别空间场景的实体和阴影的视觉和触觉，甚至可以区分它们之间的细微差别；二是机器人的运动协调推理，可以看作在受到外部刺激后，机器人被驱动的过程。机器人技术和人工智能之间相互促进，它可以建立一个世界国家模型，以进一步描述世界各国的变化过程。

（8）模式识别。模式识别重要的研究内容是计算机的模式识别系统，它是信息科学人工智能的重要组成部分，使用计算机代替人类或帮助人类处理复杂的信息。我们通常把环境与客体统称为"模式"，并利用物理、化学或生物的测量方法进行特定的采集和测量。模式所代表的不仅仅是事物本身，更重要的是通过一系列的信息处理过程从事物中获取信息，一般表现为具有时间和空间分布的信息。人类在观察、认识事物和现象时，常常对各种信息进行处理、分类和理解，而模式识别技术就是要模仿人脑的这种思维能力。

模式识别不断发展，一些具体应用遍及遥感、生物医学成像、工业产品的无损检测、指纹鉴定、文字和语音识别等领域。模式识别在气象领域也有着重要的应用，卫星云图在灾害性天气中起到重要的作用，如何从云图中提取有用的信息，经云系结构和天气系统联系起来，对天气进行预测。语音识别技术是应用比较广泛的一种模式识别技术，特别是中小词汇量非特定语音识别系统精度已经高达98%，还可以对语种、乐种和方言来检索相关的语音信息。模式识别作为一个新兴学科正在不断成长，其理论基础在不断发展，研究范畴也在不断扩大。

（9）博弈。计算机博弈主要是以搞对抗性的棋牌游戏为载体的研究。我们最早接触的计算机博弈就是跟电脑玩家下棋或者打牌，在20世纪60年代就出现了很有名的西洋跳棋和国际象棋程序。进入20世纪90年代，IBM公司支持开发了后来被称为"深蓝"的国际象棋系统，并针对此系统开发了专用的芯片，以提高计算机的搜索速度。"深蓝"与国际象棋世界冠军卡斯帕罗夫的交锋给人类留下了深刻的印象。

搜索策略、机器学习等问题都以博弈问题为实际背景才能够进行更加深入的研究，在此过程中，发展起来的一些概念和方法也为人工智能的其他问题提供了更有利的价值。

（10）计算机视觉。视觉在制造业、检验、文档分析、医疗诊断和军事等众多领域中的智能系统中都起到至关重要的作用。计算机视觉涉及计算机科学与工程、信号处理、物理学、应用数学和统计学、神经生理学和认知科学等多个领域的知识，它不同于人工智能、图像处理和模式识别等相关学科，在逐步的研究中已成为一门独立而成熟的学科。让计算机能够像人一样观察和理解世界，并自主地适应环境的变化，是计算机视觉研究的终极目标。

计算机视觉是一门研究如何使计算机学会"看"世界的科学，也就是利用摄影机和电脑代替人眼对目标进行识别、跟踪、测量和处理，得到一个更容易识别的图像。

人类通过视觉感知外界的环境，机器也是如此，所以计算机视觉技术的发展对机器的智能化起着至关重要的作用。目前，计算机视觉已经在很多领域有着广泛的应用，例如，无人驾驶中的道路识别、路标识别、行人识别；人脸识别，无人安防；违章检测中的车辆车牌识别；智能识图；医学图像处理；工业产品检测等，都使我们的生产生活变得智能化、便捷化。

（11）软计算。软计算通常包括人工神经网络计算、模糊计算和进化计算。一般来说，软计算多应用于缺乏足够的先验知识，只有一大堆相关的数据和记录的问题求解方面。

人工神经网络（Artificial Neural Network，ANN）是一种应用类似于大脑神经突触连接的结构进行信息处理的数学模型。在这一模型中，大量的节点之间相互连接构成网络，即"神经网络"，以达到处理信息的目的。人工神经网络模型及其学习算法曾经想利用数学来描述人工神经网络的动力学过程，从而建立相应的模型，然后在该模型的基础上，对于给定的学习样本，找出一种能以较快的速度和较高的精度调整神经元间互连权值，使系统达到稳定状态，满足学习要求的算法。

模糊计算处理的是模糊集合和逻辑连接符，旨在描述现实世界中类似人类处理的推理问题。模糊集合包含论域中的所有元素，而这些元素需要具有 [0, 1] 区间的可变隶属度值。模糊集合最初由美国加利福尼亚大学教授扎德（L. A. Zadeh）在系统理论中提出，后来又扩充并应用于专家系统中的近似计算。

进化计算是通过模拟自然界中生物进化机制进行搜索的一种算法，遗传算法（Genetic Algorithm，GA）是进化计算的典型代表。遗传算法是一种随机算法，它是模拟生物进化中"优胜劣汰"自然法则的进化过程而设计的算法。该算法模仿生物染色体中基因的选择、交叉和变异的自然进化过程，通过个体结构不断重组，形成一代代的新群体，最终收敛于近似优化解。

（12）智能控制。有科学家提出把人工智能技术引入智能控制领域，从而建立智能控制系统。1965 年，美籍华人科学家傅京孙首先提出在学习控制系统中应用人工智能的启发式推理规则。十多年后，实用智能控制系统的技术日趋成熟，使人工智能与自动控制的结合成为可能。1977 年，美国人萨里迪斯（G. N. Saridis）提出把人工智能、控制论和运筹学结合起来的思想。1986 年，我国的蔡自兴教授提出把人工智能、控制论、信息论和运筹学四者相结合。根据这些思想已经研究出很多智能控制的理论和技术，并且可以据此构造用于不同领域的智能控制系统。

智能控制具有两个显著的特点：

1）智能控制同时具有知识表示的非数学广义世界模型和传统数学模型混合表示的控制过程，并以知识进行推理，以启发引导求解过程。

2）智能控制的重点在于高层控制（组织级控制），组织实际环境或过程，对问题进行决策和规划，来求解广义问题。

（13）智能规划。智能规划也是人工智能研究领域的一个分支，近年来不断发展，逐渐成为人们研究的重点。智能规划主要是认识和分析周围环境，依照自己的目标，根据若干选择方向和所提供的资源限制施行合理推理，最终制订出能够满足要求的规划。建立起效率高、实用性强的智能规划系统是智能规划研究的主要目标。该系统的主要功能是：给定问题的状态描述、对状态描述进行变换的一组操作、初始状态和目标状态。

（14）智能信息检索。当今计算机科学与技术研究的焦点问题是信息获取技术，如何将人工智能技术与智能信息检索技术进行很好的融合，是人工智能走向广泛实际应用的契机与突破口。目前，智能信息检索系统还有以下三个缺陷。第一，难以建立一个能够理解用自然语言表达的询问系统；第二，假设成功预设机器能够理解的形式化询问来规避语言理解问题，如何依据存储的事实给出答案的问题成为我们面临的第二个难题；第三，需要理解的问题和给出的答案都可能超出该学科领域建立的数据库所涵盖的知识。科技的发展，短时间内自然科学知识的激增，智能检索系统的研究与优化为今后科技的持续快速发展保驾护航。

（15）人工生命。人工生命（Artificial Life，AL）通过计算机和精密机械等手段人工模拟生命系统，造出能够表现自然生命系统行为特征的仿真系统以供生命科学的研究。很早以前，有科学家认为生命仅仅是一种表现形式，我们可以通过人工的方法以另一种表现形式来体现生命。1987 年，第一次国际人工生命会议的召开标志着人工生命这一全新研究领域的诞生。宏观上讲，人工生命和人工智能有相似之处，它们都是工程技术和生命科学的结合，两者相互联系、相互制约。但从微观上看，两者还是有一定差别的，前者主要模拟生命的繁衍、进化和突变过程，而后者主要模拟的是人脑推理、规划、学习、判断等思维活动。

1.1.4　人工智能的影响

人工智能的发展对人类社会的影响一直众说纷纭。人类应该做的，就是竭尽所能确保人工智能的发展对人类和人类环境有利。人工智能从原始形态不断发展到被证明有用的同时，可能会出现一个结果，即如果人工智能脱离人类的束缚，将会以不断加速的状态重新设计自身，而人类的进化则会受到限制，以至于无法与之竞争，最终被取代。这是对人类社会极大的破坏。因此，对于人工智能的研究应该从提升人工智能能力转变到最大化人工智能的社会效益上。

经济方面：

（1）系统应用。一个成功的专家系统能够为其建造者、拥有者和用户创造可观的经济收益。在不需要专家的情况下利用较为经济的方法解决问题，可以降低投入成本。软件的易于复制性使专家系统能够将专家知识和经验广泛地推广出去。

领域专业人员难以同时保持最新的实际建议，而专家系统能迅速地更新和保存这类建议，使终端用户从中受益。例如，专家系统已经被应用于具有复杂性及经验性等诸多特点的地质学科。在地质学的许多研究领域，专家系统的介入已经取得了很多一般传统方法不可替代的成果，在诸如地质勘探、突水预报、矿山环境治理等方面发挥着日益重要的作用。

（2）技术发展。计算机技术的各个方面或多或少地受到人工智能技术的影响。繁重的计算量需要并行处理和专用集成芯片的开发研究。算法发生器和灵巧的数据结构也广泛地应用在许多领域，使自动程序设计技术对软件的开发产生了更加积极的影响。计算机技术将得到进一步的发展，进而为人类带来更大的经济效益。

计算机设定的程序可以实现对人类的思维意识的检测，模仿人类思维方式作出判断，这是人工智能的一大难点，也体现了计算机技术的重要性。现代社会日益发展，人工智能的进步促进着各行各业的发展，越来越多的科学家和企业家更关注于如何利用人工智能更好地服务人类社会。

文化方面：

（1）改善人类语言。科技的发展正在以一种潜移默化的方式改变着我们的语言习惯。语言可以表现思维，但人的下意识和潜意识往往无法用语言表达。随着人工智能理论的不断普及，人们可能应用人工智能概念来描述他们生活中的日常状态和求解各种问题的过程。人工智能扩大了人们交流知识的概念集合，可以提供一定状况下可供选择的概念、描述所见所闻的方法以及描述人类信念的新方法。

（2）改善文化生活。人工智能技术为文化产业提供了很多机会，将一些关键性技术与文化产业结合，实现文化内容、传播方式及文化市场管理方面的创新。例如，与人类进行友好互动的高级智能机器人，提供管家式服务的机器人，可以根据用户的搜索习惯和浏览历史提供个性化的内容推送，Siri、Cortana 等一众语音识别助手等。可见，人工智能的出现改变了现如今的媒体格局，改善了人们的文化生活，为大众的文化生活带来了更多可能。

社会方面：

（1）劳务就业。随着人工智能的不断发展成熟，预计 2016~2030 年，中国被人工智能替代的全职员工将达到 4000 万~4500 万人。越来越多的行业和工作向着自动化的方向发展，尤其是装配作业等体力劳动最容易受到自动化技术的影响。

（2）社会结构。人工智能的发展是一把双刃剑，其发展趋势势不可挡，人工智能能够代替人类从事高危、高强度的劳动，并创造出一些新的行业和就业机会，但它的过度发展也会引发新的社会问题。就目前的情况来讲，社会结构正在慢慢地发生变化，人们应该了解人工智能的特点和应用，了解其中蕴藏的无限潜力、短板和发展趋势，建立正确的认知，以积极的态度对待和接纳人工智能技术，持续学习新的知识，提高工作能力，适应人工智能发展的新浪潮。

（3）思维方式和观念。人工智能时代的来临，我们首先要做的就是转变思维方式。曾经的我们希望让生活变得越来越智能化，现在已经逐渐实现了这一梦想，人工智能可以分析放射科的照片，可以驾驶汽车和飞机，生活中已经有很多不为人知的方面与人工智能息息相关了。人工智能与人类的大脑有着不同的认知方式和模式，我们需要利用它们在某个维度超越人类的方式，进行平衡和调整。人工智能本来是一次人力的解放，有些人却担心未来某一天人类会被人工智能所取代，其实所有的工作都可以归为不同种类，将高效率、高重复性的工作交给机器人，而那些创造性的工作依然要人类去做，如人际交往、艺术创作、科技发明等。我们不应该由于惧怕而阻碍人工智能的发展，而应该把人工智能和人类的智能巧妙地结合在一起，将两个独立思考的个体强强联合，协调共生、同步发展，共同推进社会的发展。

（4）心理威胁。普遍认为，人类与机器的区别就在于人类具有感知精神。如果机器也具备思维和创作能力，那么人类可能会感到失望，甚至是威胁。很多人认为人工智能的出现颠覆了人与传统工具之间控制与被控制的关系，人工智能有朝一日可能会成为认知主体，超过人类的自然智能，智能机器人可能成为人类历史上的最大灾难。

哲学家、神学家和其他研究学者对于人和人工智能之间的关系问题一直存在着争议。从某种意义上来讲，人工智能的威胁论表达了人类的忧患意识，但确实有些杞人忧天。政府在推进科学发展的同时，更应该加强对社会科学的研究，切实把伦理考量贯穿于科学发展的始终，在研发人工智能的过程中，作出有利于人类社会的抉择。

（5）安全威胁。随着不遵循人类意愿行事的超级智能的崛起，那个强大的系统逐渐威胁到了人类。因此，人类需要通过进一步的研究来找到和确认一个可靠的解决办法来掌控这一问题。如果人类已经无法控制它了，或者被试图利用新技术反对人类的人获得它，那么都将产生不可估量的后果。对于机器人和人工智能的其他制品在未来会威胁人类的安全的观点，著名的美国科幻作家阿西莫夫（I. Asimov）提出了"机器人三守则"——机器人必须不危害人类，也不允许它眼看人类受害而袖手旁观；必须绝对服从人类，除非这种服从有害于人类；必须保护自身不受伤害，除非为了保护人类或者是人类命令它做出牺牲。

人工智能技术促进了经济发展和社会进步，提高了文化水平，随着时间的推移，技术将会不断进步，影响也会更加深远。也许有些方面的影响以现在的技术我们还无法预测，但人工智能将影响人类的物质文明和精神文明的发展，是毋庸置疑的。

1.1.5　工业人工智能与通用人工智能之间的差异

工业人工智能与目前人们普遍认知的人工智能的差异不仅体现在应用领域的不同，更加体现在对于功能要求和算法工具的不同，在此我们首先从目的性和方法层面对二者的定义进行区分。

通用人工智能是一种具有试错调整导向性（Trial & Error Judgement Driven）的认知科学，主要包括了六大领域：自然语言处理、计算机视觉、认知与推理、博弈与伦理、机器学习和机器人学。由于其发散性和机会导向（Divergent & Opportunity-driven）的功能特点，可应用方向非常广泛，适用于社交、医疗、商业等众多领域，但在工业领域尚缺乏可被规模化复制的成功案例。目前具有代表性的通用人工智能的技术包括无人驾驶、语义识别和人脸识别等。

工业人工智能是一种实现智能系统在工程领域应用的系统训练及方法，具有系统性（Systematic）、快速性（Speed）和可传承性（Sustainable）的特点。由于其收敛性和效率导向（Convergent Performance & Efficiency-driven）的功能特点，使得工业生产以及设备机器在原本的基础上差异化提升，如提高能源利用的效率、交通工具的安全性、机器的稳定性等。应用方向聚焦在工业设备和制造业，交通运输（高铁、航空、船舶等），能源行业（电网、风电、发电设备等），生产装备及自动化（机器人、数控机床等）。

人工智能真正开始被规模化地应用于工业系统中，进而实现工业人工智能系统，至少需要做到以下"5个S"：

系统性（Systematic）：在技术层级和应用层级方面的体系化，需要建立一套接口体系，明确工业智能在部件级、设备级、系统级和社区级等不同层级中的任务边界及相互的接口。我们在工业系统里面发现，无论是离散型制造还是流程型制造，单点突破很难做到价值提升，一定是整体系统导入才能实现。

标准化（Standards）：与现有工业系统的标准化体系相结合，包括方法论、工艺、计量、建模过程、数据质量、模型评价、容错机制、基于预测的操作规程、不确定性管理等各方面的标准化，尤其是对分析结果的表达方式，以及反馈到执行过程中的决策依据和流程的标准化。如果不能够和现在已有标准相互融合，则很难真正将技术融入工业，更无从去产生价值。

流程化（Streamline）：在系统性方法论的基础上创建的工业智能系统开发和实施的工作流程，以及工业智能系统在获取信息和输出决策的流程在各个操作层面与工业系统的流程（信息流、技术流、金流、人员流、过程流、物流）相互连通，实现智能应用的快速落地。

敏捷性（Speed）：虽然工业系统当中的问题很明确，但是有很多需要迅速完成系统搭建、建模、验证和部署，解决碎片化问题和满足客制化需求的快速响应能力。

可持续传承（Sustainable）：与人工智能预测的可解释性和结果的确定性相似，如何能够做到同一组数据和同一个模型，不同的人来训练得到的结果都要是一样的，否则就很难做到制造系统的标准化和一致性管理。

标准化、流程化和体系化的目的是实现工业智能的敏捷性和可持续传承，其中可持续传承尤为重要，具体表现为任何人在使用同样的方法和工具训练模型都可以得到相同或相近的结果，也标志着人工智能标准化的方向。正如李杰等在《从大数据到智能制造》一书中所提到的，各个工业强国拥有不同的制造哲学。日本人把从解决问题的过程中所学到的知识，通过人作为知识的载体，再经过训练得以传承，从而解决并且避免问题。德国人将解决问题的经验固化到装备中，以装备作为知识的载体，自动化地解决和避免问题。美国人则通过数据了解问题，获取知识，最后解决和重新定义问题，形成闭环。

工业人工智能与人工智能和机器学习、专家系统和专家经验之间的区别为：专家经验指技术人员必须经过长期实践后所获得的经验。例如在旋转机械设备的故障诊断中，经验丰富的专家仅凭借人耳便能准确判断并且定位故障发生的位置。而这种经验在传承性方面存在巨大挑战，部分经验往往随着人员的离开而消失，导致企业解决问题的能力无法持续得到保证。此外，这种经验有其对不可见问题的局限性，比如再有经验的专家也无法准确评估设备目前所处的健康状态。专家系统是一种基于本地化专业知识进行开发，以知识库和推理机为中心的系统，因此很难应对环境和工况变化而导致的不确定性。性能的提升需要人为定期地对系统进行升级更新。一般的人工智能和机器学习所开发的系统较前两种方式在解决问题的准确度上有大幅提升，具备一定的学习能力，但是在面对多变的工况和多元化的数据时，系统的鲁棒性不足。未来的工业人工智能基于多方位学习，同时具有可传承性、系统性和快速性，因此系统的性能会稳步提升。

人工智能技术虽然已经在许多应用中取得突破，但是距离能够在工业场景中规模化落地仍然存在很大的差距，这是因为工业和制造业的基础在于对稳定性、标准化、精确性和可重复达成率的不断追求，以及与机理、工艺和运营流程的紧密结合要求。人工智能技术在能够全面融入工业系统体系之前，首先要克服可重复性、可靠性和安全性方面的挑战。

1.1.5.1　是否具备可重复性

2018 年 2 月 15 日，Matthew Hutson 在美国《科学》杂志上指出，目前众多在论文中发表的算法，尤其是机器学习算法，大多数没有经过可重复性验证，因此机器学习算法最多只能算是理论与假设，而不具备系统性。Matthew 认为将推理作为逻辑工具存在三个弱点：（1）相关性不能证明因果关系；（2）有必然的不确定性；（3）由于知识局限必然产生的错误概率。导致这种不可重复性的因素之一来自它将强推理（Strong Inductive Reasoning）结果的可能性（Probability）直接替换成了确定性的结果判断，从而完全忽视了强推理逻辑形式最重要的特点——不确定性（Uncertainty），导致了判断个体行为过程中出现局限和偏差。而这种偏差在工业中会直接影响系统的可靠性和安全性，导致严重的后果。

1.1.5.2　数据的可用性问题

从数据层面来看，AI 技术面临着五大限制与挑战：（1）训练数据的标记严重依赖人工，难以获取足够大且全面的训练资料集，而数据标记的质量又严重依赖人的经验和能力，如果样本的质量是模型表现的边界，那么这个边界本身就是人的边界；（2）模型透明度有待提高，例如疾病诊断过程中，AI 技术可以利用患者数据来得出诊断结论，但无法解释这一结论是如何一步一步得到的，这将直接影响其在工业系统这一有高可靠性要求领域的应用；（3）机器学习缺乏可概括性，难以从一个应用直接复制到另一个相似的应用，这意味着企业需要投入大量的资金和精力来面向新的问题训练新模型；（4）数据和算法存在偏差的风险，如不同的社会文化差异等，可能需要更广泛的步骤来解决；（5）在数据隐私和利益归属方面难以达成一致，例如企业使用客户的数据甚至经验所训练出来的模型，知识产权和收益应该如何分配。

在技术开发方面，企业或组织必须开发出健全的数据维护和管理流程，实现现代的软件开发规范。最具有挑战性的是克服"最后一公里"的问题，确保人工智能能够落实到企业的业务流程以及产品和服务中。

一直以来我们可能都有一个错误的印象，就是我们已经在工业系统中获得了足够多的可被分析的数据；但从我们与许多企业合作的经验来看，这个愿望似乎并没有真正实现。虽然工业系统中的数据量已经非常巨大，但是数据采集不规范、缺少关键参数、变量时序没有对齐、缺少工况和维护记录等标签、数据质量较低等问题几乎在每个企业都存在。解决工业数据的可用性问题，就要对质量的有效性、维度的全面性和背景的隐藏性（即3B）这三个挑战进行有效的管理。（1）质量的有效性（Bad Quality）：在工业大数据中，数据质量问题一直是许多企业所面临的挑战。这主要受制于工业环境中数据获取手段的限制，包括传感器、数采硬件模块、通信协议和组态软件等多个技术限制。对数据质量的管理技术是一个企业必须要下的硬功夫。（2）维度的全面性（Broken）：工业对于数据的要求并不仅在于量的大小，更在于数据的全面性。在利用数据建模的手段解决某一个问题时，需要获取与被分析对象相关的全面参数，而一些关键参数的缺失会使分析过程碎片化。举例而言，当分析航空发动机性能时需要温度、空气密度、进出口压力、功率等多个参数，而当其中任意一个参数缺失时都无法建立完整的性能评估和预测模型。因此对于企业来说，在进行数据收集前要对分析的对象和目的有清楚的规划，这样才能够确保所获取数据的全面性，以免斥巨资积累了大量数据后发现并不能解决所关心的问题。（3）背景的隐藏性（Background）：除了对数据所反映出来的表面统计特征进行分析以外，还应该关注数据中所隐藏的相关性。对这些隐藏在表面以下的相关性进行分析和挖掘时，需要一些具有参考性的数据进行对照，也就是数据科学中所称的"贴标签"过程。这一类数据包括工况设定、维护记录、任务信息等，虽然数据的量不大，但在数据分析中却起到至关重要的作用。

1.1.5.3 是否具备足够的可靠性

根据不同的领域和应用场景对可靠性的不同要求，人工智能的应用可大致分为关键性应用（Mission-critical）和非关键性应用（Non-mission-critical）。

现在市面上大多数人工智能的产品对系统的可靠性要求并不苛刻，只要达到了基本的可用性门槛，对偶尔出现的问题可被容忍的程度较高，并且不会导致严重的后果，这属于非关键性应用。iPhone X 发布后，其作为新款 iPhone 一大卖点的人脸解锁功能（Face ID）被用户抱怨在个别条件下无法使用，功能的实用性受到一些质疑，但是即使解锁失败也可以通过系统重设恢复正常，不会对用户造成伤害。商业推荐系统会根据用户的行为，如购物记录、消费记录、搜索记录、浏览网页的记录以及经常出现的场所等，判断用户的喜好，推荐可能感兴趣的内容。这类系统本身对准确率和可靠性的要求并不高。在其他一些应用中，即使系统失效也可以通过其他备用方案解决需求，比如，用户在一辆共享单车出现故障无法打开时，可以选择另外一辆或其他方式出行；如果用户发现语音输入的结果不准确，那么还可以通过手写输入、打字输入或直接发送语音等其他方式发送消息。

而对于关键性应用，即便系统出现小概率的故障或者失效，也会导致严重的后果，造成财产损失，甚至威胁人身安全和社会稳定。智能驾驶产业规模持续扩大，但目前相关产品在可靠性和安全性方面还面临非常严峻的挑战。2018 年 3 月 18 日，史上首例无人驾驶车撞人致死事故发生在美国亚利桑那州坦佩市。Uber 自动驾驶测试汽车在当地时间晚上10 时左右以时速 36 英里的车速撞死了一名在横穿马路的女子。公布的行车记录视频显示，在事故发生前 Uber 的自动驾驶系统并没有及时采取任何制动措施，而在车中的安全员也未能及时接管驾驶权，直到碰撞发生前最后一秒才发现行人。

无论是真正的无人驾驶技术还是驾驶辅助系统，对可靠性的极高要求和对失效带来的严重后果的不可容忍性使得该技术在超越人类驾驶水平之前难以真正地进入市场。这样的挑战在工业系统中也是一样的，如果真的要用人工智能技术对整个系统的运行进行托管，需要对那些完成关键任务的工作格外谨慎，这既需要在算法和建模准确性上进行突破，也要从系统设计方面制订安全边界和不确定性管理机制。波音 737Max 的连续空难事故带来的惨痛损失让我们不得不重新审视"智能系统"为原来可靠的 737 系列带来的不确定性冲击。

1.1.5.4　是否具备足够的安全性

正如工业人工智能的机会空间中所呈现的，人们总是对于能够代替人类完成特定的、看得见的任务充满激情，而往往忽视了那些看不见的、但恰恰是更重要的问题，比如安全和风险。2018 年 3 月 23 日，在美国湾区高速公路上发生一起致命车祸，一辆特斯拉 Model X 驾驶失控撞上隔离带，车身断成两截，同时汽车使用的锂电池发生爆炸起火，车主受到重伤，抢救无效死亡。同时由于电动而非汽油引发爆炸的特殊性，美国湾区消防队在特斯拉工程师的协助下花了 6 个小时才完成了现场的清理工作。此次事故不仅暴露了新能源汽车安全问题，而且事故发生对社会秩序产生的影响和电池对环境造成的污染问题也令人担忧。对于汽车等交通工具而言，首先汽车制造商保证的是不可见的安全性，其次才是可见的高科技为驾驶者所带来的前所未有的体验。

1.2　智能金属矿山产生的背景和探索

1.2.1　智能金属矿山产生的背景

当前，我国国民经济已由高速增长阶段转向高质量发展阶段，正处在转变发展方式、优化经济结构、新旧动能转换的攻关期。在"两化"深度融合的大形势下，工业领域正迎来产业发展的巨大变革。互联网、人工智能技术飞速发展，给许多传统行业都带来了颠覆性变革。将高新技术与传统技术装备、管理融合，实现产业转型升级正成为越来越重要的发展趋势。智能矿山正是在这样的背景下提出和快速发展起来的。

井下资源开采是人类在地下进行的生产活动。矿山地质条件复杂多变，为创建适于设备运行与人员工作的安全可靠的开采环境，井下需同时运行探测、通风、排水、防火、供电、工作面开采装备、运输等多达 90 多个子系统。这些子系统就像人体的器官，共同形成了一个大规模复杂运行体系。经过多年发展，这一体系先后经历了机械化、单机自动化、综合自动化、数字化等阶段。目前，矿山安全高效矿井系统的机械化程度达到 90%以上，单机自动化也日趋完善，建成了一批千万吨级矿井群，并开发了初级的多系统数字矿山综合自动化系统。然而，目前金属矿总体的信息化程度还有待进一步提高，生产过程中的各种数据和信息还无法实现有效关联，还缺乏"智能的大脑"对所有子系统实施协调、联控，因而生产的过程控制、设备健康管理、安全风险防控、生态环保等都还没有实现最优化的管控。

智能化是矿山技术发展的最高形式，只有实现了智能化才能从根本上实现最优的生产方式、最佳的运行效率和最安全的生产保障。2016年3月以来，国家发改委、国家能源局、自然资源部等相继出台了《能源技术革命创新行动计划（2016-2030年）》《全国矿产资源规划（2016-2020年）》《煤炭工业发展"十三五"规划》《安全生产"十三五"规划》等众多纲领性文件，分别对矿山自动化、信息化、数字化、智能化提出了指导要求，为矿山企业今后的绿色发展指明了方向。

基于上述分析，可以明显看出智能矿山建设是发展趋势与必然方向。智能矿山是在矿山自动化、信息化、数字化的基础上，推动云计算、大数据、物联网、人工智能、移动通信等新一代网络信息技术在矿山领域的全面应用。

智能化矿井（Intelligent Mine）是以安全、高效、环保、健康为目标，运用先进的测控、信息和通信技术，对矿井安全生产和经营管理信息进行采集、分析和处理，实现协同运行并提供决策支持的矿井。

智能矿山是以互联网和物联网为主要载体的现代矿山建设的总称，依托 VR 虚拟现实、实时矿山测量、GPS 实时导航和遥控、GIS 管理与辅助决策和 3DGM 的应用，是对矿山当前问题的一种积极的解决方案。智能化是矿山技术发展的最高形式，只有实现了智能化，才能极大地提高生产效率和安全水平，并从根本上实现安全矿山、和谐矿山。智能矿山建设涉及现代信息、自动控制、可视化和虚拟现实技术，以及采矿、地质、测绘、系统工程等多学科，是一项复杂的系统工程。在相关技术方面，近年来各国有了长足的进步，智能矿山也成为矿业发展新趋势。

截止到目前，矿山技术发展大体经历了原始阶段、机械化阶段、数字化、信息化阶段后，正快速迈向智能化时代（见图1-1）。

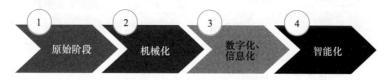

图 1-1　矿山技术发展阶段

一是原始阶段（见图1-2），即主要通过手工和简单挖掘工具进行矿产采掘活动，无规划、低效率、资源浪费极大。

二是机械化阶段（见图1-3），即大量采用机械设备进行矿产生产活动，机械化程度较高，但仍无规划、生产较粗放、资源浪费比较严重。

三是数字化、信息化阶段（见图1-4），采用自动化生产设备进行作业生产，采用信息化系统作为经营管理工具，实现数字化整合、数据共享，但仍面临系统集成、信息融合等诸多问题，而且核心仍围绕扩大开采量，对绿色开采、人文关怀、可持续发展等方面仍不够重视。

四是智能化阶段（见图1-5），通过智能信息技术的应用，使矿山具有人类般的思考、反应和行动能力，实现物物、物人、人人的全面信息集成和响应能力，主动感知、分析，并快速做出正确处理的矿山系统。信息化、数字化与智能化的区别标志就是是否实现了"无人"。

图 1-2　矿山技术原始阶段

图 1-3　矿山技术机械化阶段

图 1-4　矿山技术数字化、信息化阶段

图 1-5 矿山技术智能化阶段

1.2.2 智能矿山建设的探索

1.2.2.1 国外智能矿山的建设和探索

21 世纪各种现代化技术飞速发展，矿山数字化、智能化已成为现代矿山建设的重要标志。遥控采矿、无人工作面甚至无人矿井等已在加拿大、瑞典、美国、澳大利亚等国成为现实。

20 世纪 90 年代初，加拿大开始研究遥控采矿技术，目标是实现整个采矿过程的遥控操作，且已在 INCO 公司的几个地下镍矿试用，实现了对地下开采装备乃至整个矿山开采系统的遥控操作。

加拿大国际镍公司在斯托比矿建成了一种基于有线电视和无线电发射技术相结合的地下通信系统，并在中央控制室安装了数据库系统、模拟系统和规划设计软件等智能控制系统。智能控制系统将接收的信息经过分析处理，直接向采矿设备发送工作指令，操作每台设备，该矿除了固定设备实现自动化外，铲运车、凿岩台车、井下汽车均已实现了无人驾驶，工人只需在地面上遥控这些设备，整个井下工作面基本不需要工作人员。

加拿大 Noranda 公司研制了多种自动遥感设备，包括卡车与铲车机光学导航系统和 LHD 遥控系统。1994 年，澳大利亚研制了露天矿索斗铲巡航系统与精确卸载模型，并开始了地下金属矿 LHD 自动控制系统；1996 年，挪威 DYNO、加拿大 INCO 和芬兰 TAMROCK 公司合作投资了一个采矿自动化技术，旨在有效开采深部和复杂难采矿体、减少交接班及进出矿井等无效工时、提高劳动生产率、降低作业成本。

1.2.2.2 国内智能矿山的建设和探索

在国家层面，国家历来重视矿山信息化的整体建设，希望引入新的创新技术和科技手段来提升矿业技术设备水平、管理水平和开采过程的综合质量，并提出和推进了"两化融合"政策的实施。

山西潞安矿业（集团）有限责任公司自主研发的"基于 3G 无线技术的智能化矿山综合应用平台"，利用当时先进的 3G 无线通信技术，以手机为载体，实现了随时接收安全监控系统、人员定位系统、综合自动化系统和矿山办公管理系统等方面的数据，实现了对矿山井下的环境及设备信息的实时监控，极大地提升了矿井的安全管理水平，降低了生产成本。

目前，多家矿山企业实现了通过无线感应器，实时监测井下瓦斯、风速、温度、负压、一氧化碳等环境参数和各种设备开停、断电状态等设备运行参数，基本实现机械化、自动化，但自动化程度相对较低，智能化才刚刚起步。国内矿山企业应抓住新一代信息技术带来的发展机遇，加强智能矿山建设与整个企业的技术创新，改造传统采矿业，不断开创安全、绿色、高效的矿山建设新模式。

整体来说，中国矿山智能化起步较晚，技术相对落后，但智能矿山在全球还处于起步阶段，中国应该把握住机遇，迎头赶上。

进入 21 世纪以来，信息、定位、通信和自动化技术的迅速发展和应用，深刻影响和改变着传统采矿业沿袭百年的生产工艺和管理模式，信息化、自动化、智能化已成为采矿技术的发展方向。而这"三化"是现代工程科技的三大核心技术。信息化是自动化的前提，自动化是智能化的前提，而数字化则是信息化的前提，只有实现矿山生产和管理的高度自动化和智能化，才能最大限度地提高采矿效率，保证安全开采。早在 20 世纪 80 年代，瑞典的基鲁纳铁矿就开始使用全盘遥控的无轨采矿设备，现在采场凿岩和装运已实现遥控自动化作业。加拿大已经制订出一个拟在 2050 年实现的远景规划，即在其北部的边远地区建成一个无人矿井，从萨得伯里通过卫星遥控操纵矿山的所有设备。

地下采矿自动化的关键技术包括先进传感及检测监控技术、采矿设备遥控及智能化技术、井下无轨导航及控制关键技术、高速数字通信网络技术和地下自动采矿新工艺等。

为了极大地提高采矿效率，保证开采安全，发展高度自动化的遥控智能化采矿技术，建设无人采矿是最佳的选择和目标。目前，国内外仍处于建设无人矿山的初级阶段。在这一阶段，无人采矿的核心技术仍然是传统采矿工艺和生产组织管理的自动化和智能化。新一代高级无人采矿技术必将涉及采矿工艺及生产过程自身的变革，采矿设计和井下设备性能与可靠性等问题都需要进一步探索，井下无人设备维护、事故处理等都需要进一步研究。信息及通信技术的进步，必将推动无人采矿从现行的基于传统采矿工艺的自动化采矿和遥控采矿，向以先进传感器及检测监控系统、智能采矿设备、高速数字通信网络、新型采矿工艺等集成化为主要技术特征的高级无人矿山发展。

西方发达国家早在 20 世纪 80 年代就开始实施井下工作面的无人采矿，而目前我国不少矿山连全盘机械化作业都做不到。为了极大地提高采矿效率、保证采矿安全，加速我国自动化智能采矿技术与设备的研究与推广应用任重而道远。近几年来，以首钢杏山铁矿为代表的一批矿山，在全面推进数字化矿山建设的同时，矿山生产的自动化和遥控智能化作业的水平也有了长足的进步。目前，杏山铁矿已经实现破碎、装卸、运输、提升、排水、通风、供电系统全过程自动化控制，实现了皮带无人看守、地下运输电机车地面遥控无人驾驶、中深孔凿岩台车遥控自动化作业等，向遥控智能化无人采矿的远大目标迈出了重要一步。

1.3　智能金属矿山的内涵及体系架构

1.3.1　总体架构和组成

智能金属矿山一般采用基于工业互联网平台的云、边、端架构，面向"矿石流"的全流程智能生产管控系统，将矿山大量基于传统 IT 架构的信息系统作为工业互联网平台的数据源，同时逐步推进传统信息化业务云化部署，实现矿山全流程的少人无人化生产。

智能化矿井总体架构应包括矿井监控及自动化平台和矿井信息管理平台。矿井监控及自动化平台应能实现矿井生产系统的集中监控,并应满足矿井信息管理平台对其数据采集、计划及管理的需要。矿井信息管理平台应能处理生产操作和生产管理数据,形成统一的数据集成平台,进行动态调度与计划,并实现矿井生产的综合指挥和决策支持。

智能矿山总体架构如图1-6所示。

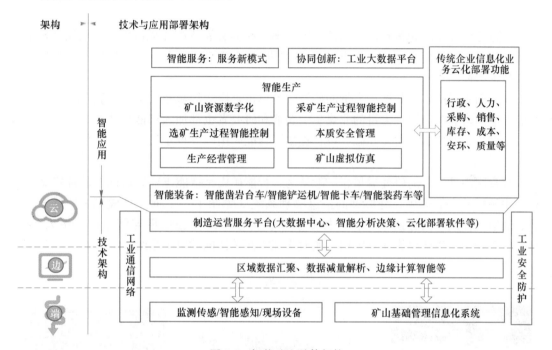

图1-6 智能矿山总体架构

1.3.1.1 技术架构

端:通过对生产设备进行智能化改造和成套智能装备的应用,实现生产、设备、能源、物流等生产要素的全面感知。

边:充分利用矿山原有以及新建的信息系统和控制系统数据,泛在连接各种数据资源。

云:通过软件重构,开发基于数据驱动的工业应用,实现数据资源的灵活调度和高效配置。

1.3.1.2 应用架构

智能装备:聚焦生产设备层面,通过生产设备的智能化改造和成套智能装备的应用,实现全面感知和精准控制。

智能生产:聚焦矿山生产和运营管理层面,通过对实时生产数据的全面感知、实时分析、科学决策和精准执行,实现面向"矿山规划—地质建模—采掘计划—采矿设计—采矿作业(落矿—出矿—运输—提升)—选矿(破碎—球磨—浮选—浓密—脱水)—尾矿充填—尾矿排放"全流程的、以"矿石流"为主线的生产过程优化;通过对产品、设备、质量、能源、物流、成本等数据的分析,实现管理决策优化。

　　智能服务：聚焦产业层面，通过对供需信息、制造资源等数据的分析，实现资源优化配置。

　　协同创新：聚焦协同创新，通过对生产过程数据和矿山运营数据的分析、挖掘，不断形成创新应用。

1.3.2　智能金属矿山的内涵

　　智慧与智能的内涵是基本一致的，国外学者在英文表达中并无区别，一般用"Smart"或者"Intelligent"。信息化、数字化是矿山智能化的基础和基本特征，是从不同视角对其主要技术特性的表征。

　　学者们对智能矿山开展了大量的研究，不单单是煤炭领域相关学者及企业积极投身于智能矿山的研究与应用，大量的非煤矿山企业和研究者也都加入智能化建设之中。他们各自都根据自身的理解及研究基础、特长提出了智能矿山的各种定义和架构，但未达成统一认识。

　　综合国内外学者的研究成果，一般认为：智能矿山是智能工业物联网及软件定义技术在矿山领域的全面应用，是典型的信息物理系统（见图1-7）。通过集成先进的感知、计算、通信、控制等信息技术和自动控制技术，构建矿山物理世界与信息世界中人、机、环、管等安全、生产要素相互映射、实时交互、高效协同的复杂系统。

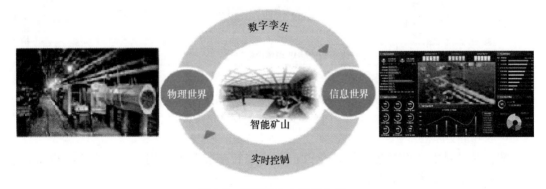

图1-7　智能矿山内涵概念图

　　智能矿山具有四个方面的特征，即万物互联、时空服务、融合联动和智能决策。

　　（1）万物互联：利用物联网技术，全面感知井下人、机、环等的位置、状态，并可以对设备进行控制。

　　（2）时空服务：利用 GIS 和 BIM 技术，构建基于统一数据标准的、以空间地理位置为主线、以分图层管理为组织形式、以打造矿山 5D 数字孪生为目标的矿山综合数据库，为智能矿山应用提供二、三维一体化的位置服务，协同设计服务，组态化服务，三维可视化仿真模拟，矿山工程及设备的全生命周期管理等服务和工具，实现一张图集成融合、一张图协同设计、一张图协同管理和一张图决策分析。

　　（3）融合联动：通过软件定义，实现井上、下各业务系统的数据融合与智能联动，达到人、机、环、管信息的强实时关联。

　　（4）智能决策：利用大数据与人工智能等技术，迭代升级矿山安全、生产、经营的智能分析与辅助决策。

（5）无人：智能矿山的最高形式，智能矿山的显著标志就是"无人"，就是开采区无人作业、掘进面无人作业、危险场所无人作业、大型设备无人作业，直到整座矿山无人作业。整个矿山的各个方面都在智能机器人和智能设备下操作完成。

1.3.3 关键技术

1.3.3.1 物联网

物联网（The Internet of Things，IoT）是指通过各种信息传感器、射频识别技术、全球定位系统、红外感应器、激光扫描器等各种装置与技术，实时采集任何需要监控、连接、互动的物体或过程，采集其声、光、热、电、力学、化学、生物、位置等各种需要的信息，通过各类可能的网络接入，实现物与物、物与人的泛在连接，实现对物品和过程的智能化感知、识别和管理。物联网是一个基于互联网、传统电信网等的信息承载体，它让所有能够被独立寻址的普通物理对象形成互联互通的网络。

物联网的基本特征从通信对象和过程来看，物与物、人与物之间的信息交互是物联网的核心。物联网的基本特征可概括为整体感知、可靠传输和智能处理。整体感知——可以利用射频识别、二维码、智能传感器等感知设备感知获取物体的各类信息。可靠传输——通过对互联网、无线网络的融合，将物体的信息实时、准确地传送，以便信息交流、分享。智能处理——使用各种智能技术，对感知和传送到的数据、信息进行分析处理，实现监测与控制的智能化。

1.3.3.2 云计算

云计算（Cloud Computing）是分布式计算的一种，指的是通过网络"云"将巨大的数据计算处理程序分解成无数个小程序，然后，通过多部服务器组成的系统进行处理和分析这些小程序得到结果并返回给用户。云计算早期，简单地说，就是简单的分布式计算，解决任务分发，并进行计算结果的合并。因而，云计算又称为网格计算。通过这项技术，可以在很短的时间内（几秒钟）完成对数以万计的数据的处理，从而达到强大的网络服务。

现阶段所说的云服务已经不单单是一种分布式计算，而是分布式计算、效用计算、负载均衡、并行计算、网络存储、热备份冗杂和虚拟化等计算机技术混合演进并跃升的结果。

云计算的可贵之处在于高灵活性、可扩展性和高性比等，与传统的网络应用模式相比，其具有如下优势与特点：

（1）虚拟化。必须强调的是，虚拟化突破了时间、空间的界限，是云计算最为显著的特点，虚拟化技术包括应用虚拟和资源虚拟两种。众所周知，物理平台与应用部署的环境在空间上是没有任何联系的，正是通过虚拟平台对相应终端操作完成数据备份、迁移和扩展等。

（2）动态可扩展。云计算具有高效的运算能力，在原有服务器基础上增加云计算功能能够使计算速度迅速提高，最终实现动态扩展虚拟化的层次达到对应用进行扩展的目的。

（3）按需部署。计算机包含了许多应用、程序软件等，不同的应用对应的数据资源库不同，所以用户运行不同的应用需要较强的计算能力对资源进行部署，而云计算平台能够根据用户的需求快速配备计算能力及资源。

（4）灵活性高。目前市场上大多数 IT 资源，软、硬件都支持虚拟化，比如存储网络、操作系统和开发软、硬件等。虚拟化要素统一放在云系统资源虚拟池当中进行管理，可见云计算的兼容性非常强，不仅可以兼容低配置机器、不同厂商的硬件产品，还能够外设获得更高性能计算。

（5）可靠性高。倘若服务器故障也不影响计算与应用的正常运行。因为单点服务器出现故障可以通过虚拟化技术将分布在不同物理服务器上面的应用进行恢复或利用动态扩展功能部署新的服务器进行计算。

（6）性价比高。将资源放在虚拟资源池中统一管理在一定程度上优化了物理资源，用户不再需要昂贵、存储空间大的主机，可以选择相对廉价的 PC 组成云，一方面减少费用，另一方面计算性能不逊于大型主机。

（7）可扩展性。用户可以利用应用软件的快速部署条件来更为简单快捷地将自身所需的已有业务以及新业务进行扩展。如计算机云计算系统中出现设备的故障，对于用户来说，无论是在计算机层面上，抑或是在具体运用上均不会受到阻碍，可以利用计算机云计算具有的动态扩展功能来对其他服务器开展有效扩展。这样一来就能够确保任务得以有序完成。在对虚拟化资源进行动态扩展的情况下，同时能够高效扩展应用，提高计算机云计算的操作水平。

1.3.3.3 移动互联网

移动互联网是 PC 互联网发展的必然产物，将移动通信和互联网二者结合起来，成为一体。它是互联网的技术、平台、商业模式和应用与移动通信技术结合并实践的活动的总称。移动互联网是移动和互联网融合的产物，继承了移动随时、随地、随身和互联网开放、分享、互动的优势，是一个全国性的、以宽带 IP 为技术核心的，可同时提供话音、传真、数据、图像、多媒体等高品质电信服务的新一代开放的电信基础网络，由运营商提供无线接入，互联网企业提供各种成熟的应用。移动互联网是在传统互联网基础上发展起来的，因此二者具有很多共性，但由于移动通信技术和移动终端发展不同，它又具备许多传统互联网没有的新特性。

（1）交互性。用户可以随身携带和随时使用移动终端，在移动状态下接入和使用移动互联网应用服务。一般而言，人们使用移动互联网应用的时间往往是在上下班途中，在空闲间隙任何一个有网络覆盖的场所，移动用户接入无线网络实现移动业务应用的过程。现在，从智能手机到平板电脑，我们随处可见这些终端发挥强大功能的身影。当人们需要沟通交流的时候，随时随地可以用语音、图文或者视频解决，大大提高了用户与移动互联网的交互性。

（2）便携性。相对于 PC，由于移动终端小巧轻便、可随身携带两个特点，人们可以装入随身携带的书包和手袋中，并使得用户可以在任意场合接入网络。除了睡眠时间，移动设备一般都以远高于 PC 的使用时间伴随在其主人身边。这个特点决定了使用移动终端设备上网，可以带来 PC 上网无可比拟的优越性，即沟通与资讯的获取远比 PC 设备方便。用户能够随时随地获取娱乐、生活、商务相关的信息，进行支付、查找周边位置等操作，使得移动应用可以进入人们的日常生活，满足衣食住行、吃喝玩乐等需求。

（3）隐私性。移动终端设备的隐私性远高于 PC 的要求。由于移动性和便携性的特点，移动互联网的信息保护程度较高。通常不需要考虑通信运营商与设备商在技术上如何实现它，高隐私性决定了移动互联网终端应用的特点，数据共享时既要保障认证客户的有效性，也要保证信息的安全性。这不同于传统互联网公开透明开放的特点。传统互联网下，PC 端系统的用户信息是容易被搜集的。而移动互联网用户因为无需共享自己设备上的信息，从而确保了移动互联网的隐私性。

（4）定位性。移动互联网有别于传统互联网的典型应用是位置服务应用。它具有以下几个服务：位置签到、位置分享及基于位置的社交应用；基于位置围栏的用户监控及消息通知服务；生活导航及优惠券集成服务；基于位置的娱乐和电子商务应用；基于位置的用户换机上下文感知及信息服务。

（5）娱乐性。移动互联网上的丰富应用，如图片分享、视频播放、音乐欣赏、电子邮件等，为用户的工作、生活带来更多的便利和乐趣。

（6）局限性。移动互联网应用服务在便捷的同时，也受到了来自网络能力和终端硬件能力的限制。在网络能力方面，受到无线网络传输环境、技术能力等因素限制；在终端硬件能力方面，受到终端大小、处理能力、电池容量等的限制。移动互联网各个部分相互联系，相互作用并制约发展，任何一部分的滞后都会延缓移动互联网发展的步伐。

（7）强关联性。由于移动互联网业务受到了网络及终端能力的限制，因此，其业务内容和形式也需要匹配特定的网络技术规格和终端类型，具有强关联性。移动互联网通信技术与移动应用平台的发展有着紧密联系，没有足够的带宽就会影响在线视频、视频电话、移动网游等应用的扩展。同时，根据移动终端设备的特点，也有其与之对应的移动互联网应用服务，这是区别于传统互联网而存在的。

（8）身份统一性。这种身份统一是指移动互联用户自然身份、社会身份、交易身份、支付身份通过移动互联网平台得以统一。信息本来是分散到各处的，互联网逐渐发展、基础平台逐渐完善之后，各处的身份信息将得到统一。例如，在网银里绑定手机号和银行卡，支付的时候验证了手机号就直接从银行卡扣钱。

1.3.3.4 大数据

大数据（Big Data），IT 行业术语，是指无法在一定时间范围内用常规软件工具进行捕捉、管理和处理的数据集合，是需要新处理模式才能具有更强的决策力、洞察发现力和流程优化能力的海量、高增长率和多样化的信息资产。

在维克托·迈尔-舍恩伯格及肯尼斯·库克耶编写的《大数据时代》中，大数据指不用随机分析法（抽样调查）这样的捷径，而采用所有数据进行分析处理。大数据的 5V 特点：Volume（大量）、Velocity（高速）、Variety（多样）、Value（低价值密度）、Veracity（真实性）。

现在的社会是一个高速发展的社会，科技发达，信息流通，人们之间的交流越来越密切，生活也越来越方便，大数据就是这个高科技时代的产物。阿里巴巴创办人马云在演讲中就提到，未来的时代将不是 IT 时代，而是 DT 的时代，DT 就是 Data Technology 数据科技。有人把数据比喻为蕴藏能量的矿山。金属矿按照性质有金矿、铁矿、稀土矿等分类，而露天矿山、深井的挖掘成本又不一样。与此类似，大数据并不在"大"，而在于"有用"。价值含量、挖掘成本比数量更为重要。对于很多行业而言，如何利用这些大规模数据是赢得竞争的关键。

大数据的价值体现在以下几个方面：

（1）对大量消费者提供产品或服务的企业可以利用大数据进行精准营销；

（2）做小而美模式的中小微企业可以利用大数据做服务转型；

（3）面临互联网压力之下必须转型的传统企业需要与时俱进充分利用大数据的价值。

不过，"大数据"在经济发展中的巨大意义并不代表其能取代一切对于社会问题的理性思考，科学发展的逻辑不能被湮没在海量数据中。著名经济学家路德维希·冯·米塞斯曾提醒过："就今日言，有很多人忙碌于资料之无益累积，以致对问题之说明与解决，丧失了其对特殊的经济意义的了解。"这确实是需要警惕的。

1.3.3.5　空间信息技术

空间信息技术（Spatial Information Technology）是 20 世纪 60 年代兴起的一门新兴技术，20 世纪 70 年代中期以后在我国得到迅速发展。主要包括卫星定位系统、地理信息系统和遥感等的理论与技术，同时结合计算机技术和通信技术，进行空间数据的采集、量测、分析、存储、管理、显示、传播和应用等。

空间信息技术的研究内容主要涵盖地理信息系统（Geographic Information System 或 Geo-Information System，GIS）、遥感技术（Remote Sensing，RS）、全球定位系统（Global Positioning System，GPS）和数字地球（The Digital Earth）技术。

1.3.3.6　VR 虚拟现实技术

不管是矿山三维地理信息系统还是感知矿山物联网应用系统，均要求实现其可视化。目前，智能矿山三维 GIS 综合信息管理系统、智能矿山综合监控管理系统、矿山安全掌上管控系统、数字矿山生产管理系统等领域已经有所成果，但是，整体而言，VR 虚拟现实技术在智能矿山领域的应用尚处于起步阶段。

VR 虚拟现实不仅仅是为了娱乐、影视应用，也不仅仅只是看到虚拟的数字矿山。在智能矿山中，VR 虚拟现实技术应用的核心问题是大幅提升生产力，创造潜在的经济价值巨大，还可以通过在虚拟环境中的模拟实训，大幅降低在真实环境中操作的错误，从而提高安全水平以及应对安全事故的应急处置能力。把握 VR 虚拟现实技术带来的新机会，拥抱 VR 应用的大潮！让 VR 技术走进矿业行业，让矿山更智能、让矿山更安全（见图 1-8）。

基于 VR 的
矿山安全教育

图 1-8　VR 技术概念

1.4 智能金属矿山的目标及发展趋势

1.4.1 智能金属矿山的目标

在矿业发达国家矿山，信息技术的应用已相当普及，目前，现代矿山建设的重点已转移到矿山生产过程的自动化，重点在远程遥控和自动化操作方面。高度自动化、信息化的智能矿山是未来矿山的终极目标（见图1-9）。

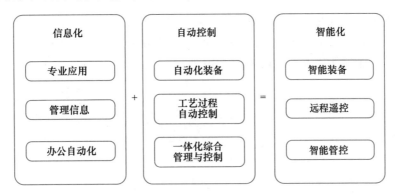

图 1-9 智能技术矿山目标

采矿业是一个复杂的产业。从地壳中提取出不同形状、大小和化学成分的原料，并将它们加工成为有着统一标准、高质量的最终产品，这是一个极具挑战性的过程。更不要说该过程要涉及大规模的原料运输、调度和去向，这就像一个没有标记的盒子制造业工厂。

自动化在矿山环境中具有重要作用。然而，对于大多数采矿企业来说，自动化是一个比调控系统、监管和仪器化更大的概念。自动化覆盖了从地质/地理信息系统软件到自动化机器，从矿山运行软件到优化系统等方方面面。

智能化是指使对象具备灵敏准确的感知能力、精准的判断决策能力及行之有效的执行能力，能够根据感知信息进行智能分析、决策与执行，并具备自学习与自优化的功能。智能化应具有三要素：一是具有对外部信息的实时感知与获取的能力；二是具有基于对感知信息的存储、分析、判断、联想、自学习、自决策的能力；三是具备基于自决策的自动执行能力。

智能化矿山是指开拓设计、地测、采掘、运通、洗选、安全保障、生产管理等主要系统具有自感知、自学习、自决策与自执行的基本能力。矿山智能化是一个不断发展的过程，矿山智能化程度也是一个不断进步的过程。滥用智能化概念修饰和以苛刻僵化的观点否定矿山智能化技术进步的观点都是片面的、不可取的。

矿山智能化发展中，应牢固树立创新、协调、绿色、智能、开放、共享的发展理念，以实现资源的安全、高效、绿色、智能开发为主线，以建设智能矿山为抓手，围绕矿山与物联网、大数据、人工智能等深度融合的关键环节，大力推进智能系统、智能装备的技术创新和应用，全面提升我国矿山智能化水平。

矿山智能化发展的目标是建设智能矿山，智能矿山与智能社会、智能城市、智能交通等具有类似的科学内涵，是指矿山主体系统实现智能化，将物联网、云计算、大数据、人工智能、自动控制、移动互联网、机器人化装备等与现代矿山开发技术相融合，开发矿山感知、互联、分析、自学习、预测、决策、控制的完整智能系统，建设开拓、采掘、运通、洗选、安全保障、生态保护、生产管理等全过程智能化运行的智能矿山，创建矿山完整智能系统、全面智能运行、科学绿色开发的全产业链运行新模式。

1.4.2 智能金属矿山的发展阶段、挑战和建议

对于智能化开采的表述，中国煤炭科工集团及其下属的北京天地玛珂电液控制系统有限公司一般将其称为"智能化无人开采"或"无人化开采"，一些国外公司将其表述为"高级自动化"。智能矿山发展阶段如图 1-10 所示。

图 1-10   智能矿山发展阶段

对于智能化开采处于什么阶段，从几个点出发，进行初步探讨。

1.4.2.1   路线与阶段

2008 年，方新秋等发表《煤矿无人工作面开采技术研究》，基于科学采矿理念，分析煤矿开采现状，研究存在的问题，提出高度自动化与传统综采工艺相结合的无人工作面的概念和系统模型，构建了无人工作面的技术框架，分析了需要解决的关键技术，包括采煤机自动调高、采煤机自主定位与导航系统、煤岩界面自动识别、井上/井下双向通信、采煤工艺智能化、工作面组件式软件和模型及数据库技术，指出了应用状况。

2014 年 9 月，张良等发表《煤矿综采工作面无人化开采的内涵与实现》，针对目前煤矿井下综采工作面无人化开采的概念、可行性及实现方式等存在争议的现状，提出了综采工作面无人化开采的内涵，并阐明了工作面无人化与工作面智能化、自动化等内在联系与区别；分析了影响无人化开采的技术因素和非技术因素，并提出了无人化开采需经历遥控型无人开采和智能型无人化开采两步走的技术路线。

中国能源报 2017 年 11 月对中国煤炭科工集团北京天地玛珂电液控制系统有限公司董事长张良作了题为《煤矿智能化无人开采引领美好未来》的专访，张良指出，我国煤炭智能化无人开采技术从 2010 年起分别经历了可视化远程干预（1.0 时代）和工作面自动找直（2.0 时代）两个技术阶段，目前正处于向透明工作面（3.0 时代）研究过程中，最终将进入透明矿井（4.0 时代）的技术阶段，实现煤炭无人化安全高效开采的目标。

智能化无人开采技术 3.0 时代在 2016 年开始准备的国家重点研发计划"煤矿智能开

采技术研究与装备研发"中提出，按照"产学研用"模式，由天地科技股份公司牵头，联合神华神东煤炭公司、陕煤化黄陵矿业公司、兖矿集团、阳煤集团等国内相关领域实力强大的 19 个单位开展基于矿山"透明工作面"的智能开采技术研究与装备的研制，计划到 2020 年实现"透明采煤"，即在常规地质勘探成果基础上，以地质雷达、电磁波 CT 等精细工程物探成果和巷道激光扫描数据构建初始地质模型，以煤岩识别等数据实时修正形成动态地质模型，融合设备位置姿态和环境状态等实时数据形成动态透明工作面。

智能化无人开采技术 3.0 时代是针对矿山井下围岩状态感知及生产装备控制难题，主要研究基于透明工作面的高精度三维地理模型构建、智能开采控制和超前巷道智能化协同支护等技术，研制支撑智能化安全生产的地理信息系统和设备定位装置、综采成套装备智能控制系统、智能化超前支护等装备。

1.4.2.2　面临的挑战

环境因素：环境因素是影响矿山工作面无人化开采的关键因素之一，工作面的顶底板条件、矿压、采高、倾角、俯仰角度、瓦斯等都会对开采起到很大影响。

设备因素：工作面无人化开采对设备的要求较高，对设备的可靠性、稳定性及自动化水平都有很高要求，如采煤机应具备在线检测、故障自诊断及全工作面记忆截割功能，液压支架电液控制系统应具备围岩自适应及全工作面跟机自动化功能。同时，综采工作面无人化开采需要有更可靠的手段获知工作面的设备运转情况，这就对设备的通信方式、视频系统效果、监控延迟性等技术都提出较高要求。

技术因素：矿山井下自动化、智能化技术水平仍较低，相比工人实际操作水平有较大差距。因此，模拟人的感官和大脑运作，是实现智能型无人化开采的关键因素。一些智能化关键技术，如煤岩分界、煤岩识别技术、工作面直线度控制技术、采煤机随动截割等技术目前还处于研究阶段，导致部分较为复杂条件的工作面无法实现无人化开采。

观念因素：人的观念成为影响综采工作面无人化开采是否能成功的关键因素。认为无人化根本不可能实现，无人化无法提高甚至有时会减少产量，无人化技术对于工人的技术水平要求高等观念，严重影响了对于无人化开采的探索。

管理因素：工作面无人化开采方式也必然带来矿山的组织结构、管理模式的转变，传统的支架工、采煤机司机都将有角色的转变，从现场操作工变为远程控制工和现场巡检工，而传统的矿山管理模式也必须进行相应的改变。

1.4.2.3　发展建议

A　从简单地质条件到复杂地质条件逐步展开

井下综采工作面地质环境复杂多变，影响了工作面无人化开采的发展。应在较为简单的地质条件下实现无人化，再通过不断的技术提升，使得无人化开采技术不断进步，逐渐适应较为复杂的地质条件。

B　从远程遥控型无人化开采到智能型无人化开采

（1）遥控型无人化开采采用拟人手段，将人的视觉、听觉延伸到工作面，将工人从工作面解放到监控中心，实现在监控中心对设备的远程操控，达到工作面无人化开采的目的。遥控型无人化开采是在当前矿山自动化、智能化技术水平较低，关键设备如采煤机还不能自适应自主割煤、液压支架还不能自适应围岩的情况下，当地质条件发生变化或个别设备异常时就需要人工干预调整。

（2）智能型无人化开采是指突破综采工作面恶劣环境下信息安全传输、煤岩识别、工作面直线度控制、综采设备姿态定位、安全感知、视频监控、远程控制等多种关键技术，形成一套集检测、控制、视频、音频、通信于一体的综采工作面智能控制体系，确保综采设备连续、协调、高效、安全运行，实现工作面生产过程智能化、管理信息化、操作无人化。

C 对实现 2030 目标需要解决的问题

首先，从认识层面来看，要引导改变有些人存在智能化无人开采技术普遍推广会导致矿山工人失业的误解，其实通过应用智能化无人开采技术，解放出来的工人可以转到设备维护、技术维护等工作岗位。另外，智能化无人开采技术的应用是解决采煤工人招工难的唯一出路。其次，从国家政策层面来看，国家应给予指导政策，就像推广新能源汽车一样，支持智能化无人开采新技术推广应用，给予应用智能化无人开采新技术的矿山一定补贴，通过示范应用产生的成效，引导矿山进行技术装备升级换代。

目前距离真正实现智能化、无人化、常态化，仍须在管理观念、投入力度、研发团队建设等多方面下大功夫。实现"智能采矿"的核心内涵是建设包括资源、设计、生产、安全及管理等功能集于一体的矿山综合信息平台；研发（或引进）自动定位和导航、遥控全自动高效采、掘、运等成套设备，以及地下矿山无线通信系统等；研究与智能采、掘设备相适应的集约化开采系统和以矿段为回采单元的、规模化的采矿技术工艺。

智能化发展的重点环节：（1）发展矿业软件产业。我国矿业软件产业发展很快。国产软件基本取代了进口产品。当前的目标在于开发与建立矿产资源评价、开采优化设计、安全生产管理、生产过程管控等功能集于一体的矿山综合信息平台，以实现资源高度共享，为智能采矿提供支撑。（2）研发智能采掘设备。没有先进装备，就不可能有先进采矿技术工艺。要重视引进国外技术、合作开发，以加快提升我国智能采掘设备的开发水平；要加大投入，以基础较好的厂家为主体，走引进-消化-吸收-再创新的道路。（3）建设智能采矿示范区。实践智能采矿，要以重点矿山为依托，从建设示范工程起步；在当前基础比较薄弱的情况下，首先要引进国外智能设备与技术。示范工程的目标应着眼于引进技术和产业升级，通过示范为我国矿业转型发展、走新型工业化道路提供技术支撑。（4）培养新型的矿业人才。知识是第一生产要素。现在培养的人才，影响今后几十年的矿业发展。为了适应矿业发展形势，需要优化采矿工程人才的知识结构；在职人员要结合岗位扩大知识面，学以致用；高校矿业学生要开设"智能矿山技术"等必修课。（5）从实际出发稳步推进。我国金属矿山数以万计，大中型矿山是推动智能采矿的主力，应该走在前头；小型矿山应依据自身条件和需要，从实际出发，不求整体推进，而是有选择地移植、集成、开发应用相关成果，逐步提升采矿科技水平。

1.4.3 智能金属矿山的发展趋势

趋势一：应用信息系统来完成数据集成和用户自定义的数据聚合。

在一些采矿作业中信息大量存在。各种不同的和专有的系统提供了大量的数据，比如程序控制、企业资源计划（ERP）、制造执行系统（MES）、实验室信息管理系统（LIMS）、加工信息管理系统（PIMS）、质量控制、资产管理、团队管理、地理信息系统（GIS）和能源管理系统。而这些数据如果不以一种有效的方式来处理、过滤和集成的话，将会是无用的。

如果无法得到合理的融合，一些应用程序会因为数据库的孤立做多余的工作，重复生成数据和电子数据表，这时候就需要人工输入或是利用自制的自定义软件来连接这些应用程序。

为了解决这一难题，采矿作业正向信息综合集成化的思路和框架转变，要以一种合理的方式将不同的应用程序连接成为一体，从而达到共享信息、集中数据以及更好地数据交换和编排。此外，供应商系统个体也需要更加友好并使用开放标准来确保信息是可访问的。

用户自定义的数据聚合，使用聚合数据时，一个生产经理能够自定义他的个人电脑屏幕来显示能源效率的信息、矿石颗粒大小、等级、成本和排放量。他所需要做的就是拖拉那些目前急需的关键绩效指标、报告和趋势，即使这些信息来自不同的源和层。

从一个更高水平来说，一个车间经理能够集中和形象地看到更多的信息，而不仅仅局限于处理信息。整体矿山的能源和开采设备的消耗与 IT 以及计算机的处理装置能够被集中显示在一个屏幕上。总的来说就是用户可以从所有可用的数据来源中，根据自己的需求来自定义他们的界面。

趋势二：采场的网络和以太网技术。

来自采场和控制系统的有用数据能够透明直接地输入生产和业务应用层面，并且成为一个重要的信息来源，这将大大减少数据录入、重复输入以及输入错误。更重要的是，这些信息来自实际的生产过程。

包括仪器仪表、在线分析仪表、电机控制在内的设备，还有一些专用设备，比如测量矿石重量和气体排放的设备，这些与以太网网络相连接的设备允许用户获取数据制作可视化数据，并且以一种流程化的方法来配置和维护这些设备，而不仅仅局限和孤立于某一个流程的领域。

嵌入式 Web 服务器允许用户只需使用商业 Web 浏览器就可以访问监控和配置设备。一个开放的工业以太网网络可以节省用户专有软件的成本并提供更加直观的工具。这项技术还允许用户根据他们的需求来定制设备主页。一旦出现错误或者变量处于临界水平，电子邮件服务器会通知用户。

趋势三：集中操作和监控。

在采矿作业中，一个必须提及的概念就是中央虚拟控制室的使用。中央控制室在一个固定的位置来监控远处不同位置的矿山。例如，中央控制室可以监控来自不同的单位的所有能源消耗，并且在一个固定位置对比不同矿区的性能，包括其装备水平和负荷。从商业角度来看，这有助于基准测试和对比不同矿区的相同处理过程。

趋势四：无线通信。

多年来，无线通信已在矿山环境中得到使用，例如危险源监测、偏远位置的远程泵系统、视频监控。但是世界正变得越来越无线，可想而知，这项已有技术的下一步就是在工业生产和工厂中的使用。

无线传感器、射频识别材料和个人跟踪、状态监测和数据采集都变得越来越普遍，并且在矿山工业中都能找到其应用。一些矿业公司为了达到可追溯性的目的已经测试了那些与铁矿石球团混合的标签。此外，为了达到高效率的监管和资产管理策略，无线网络技术正在往仪器和设备网络发展。

无线正面临技术整合和过程控制这两大挑战。正如多年之前的光纤"战争"，一场无线技术间的斗争正在进行。除了性能和安全，用户们正在等待这项技术的标准化和技术定义。

趋势五：自动化系统。

采矿公司正在对自动化设备和机器的安全和效率做深入的调查，如自动卡车、自动铲运机等。该项技术包括从远程操作和半自动操作到一个完全无人类参与的自动化系统。最大的挑战不仅仅是设备的完全自动化，还包括需要设计一个系统，该系统要涉及多个自动化机器的同步运转，所有的操作以一个协调的方式遵循同一个时间表，并且保持适当的位置和安全措施，以避免碰撞。此外，整个系统必须是智能的，并且有能力适应生产变化和意想不到的突发事件。

趋势六：图像和视频处理工具。

迄今为止，相机系统和视频监控还只是应用于人类和财产保护方面。然而，它们也可以被应用在矿山环境中，与常规的监控不同，它们能够自动识别有缺损的设备和矿山的安全隐患。影像分析的优化整合和相机系统的自动化工具，如过程控制、监督体系等，将有助于改善图像和视频的解决方案。

这六项趋势像是一个缩影，诠释了自动化将怎样影响未来的采矿作业。合理整合的自动化技术，加上更加先进的提取和精炼技术，一定会帮助用户更加安全、高产、高效和环保地进行作业。

—————— 本 章 小 结 ——————

本章具体讲解了人工智能的定义、目标、研究内容及工业人工智能和通用人工智能的差异；从智能金属矿山的产生背景出发，讲述了其典型的体系架构和关键技术，总结智能技术矿山未来的发展趋势和挑战。

思 考 题

1. 人工智能的定义是什么？
2. 工业人工智能和通用人工智能的差异是什么？
3. 智能金属矿山产生的背景是什么？
4. 智能金属矿山的总体架构和组成是什么？
5. 智能金属矿山有哪些关键技术？
6. 智能金属矿山的总体目标是什么？
7. 智能金属矿山建设遇到的挑战是什么？
8. 智能金属矿山的发展趋势是什么？

2 智能金属矿山的物联网感知系统

本章课件

本章提要

　　本章从矿山物联网基础系统入手，详细讲述了矿山信息传输技术、数据中心及矿山主要的安全感知监测系统，最后讲述矿山物联网系统集成设计的定义、要求和主要步骤。

　　智能矿山应该具有感知、记忆和思维能力，以及学习、自适应及自主的行为能力。具有在复杂开采环境中的动态智能感知能力，就需要利用多源信息融合技术，将跨时空的同类和异类传感信息进行汇集和融合，才能通过记忆、学习、判断和推理，以达到认知环境和对象类别与属性的目的。在此基础上，才能使基于经验判断和智能处理的决策成为可能。

　　智能矿山中物联网的终极目标是实现物理矿山世界在数字世界的实时复制，即矿山的数字孪生。目前，互联网经过半个多世纪的发展基本将物理世界复制到数字世界，但是没有实现对物理矿山环境在数字世界实时复现。目前，更多数据是通过人机接口的方式进入数字世界的。传感器作为矿山物理时间到数字世界唯一的非人接口，是物联网实现地球数字孪生的最基础、最重要的基础条件。

　　随着传感器在智能矿山中的广泛应用，未来的传感技术和产品的发展将朝着具有感、知、联一体化功能的智能感知系统方向发展；通过高度敏感的传感器实现多功能监测；通过边缘计算实现在线数据处理；基于无线网络实现感知测量系统的数据汇聚。

　　通过本章学习，了解感知系统物联网的起源、定义，掌握 RFID、无线传感网络、智能信息设备、基本通信协议、5G 和 6G。能够对基本传输网络、常用网络硬件、数据中心有系统的了解。能够掌握矿山传感感知系统的重要组成部分及特点。初步掌握物联网集体集成的定义、要求、特点和步骤，能够进行物联网感知系统的设计。

2.1　矿山物联网基础系统

2.1.1　物联网概述

　　物联网这个名字自提出以来，其概念的内涵经历着不断演进的过程：1995 年比尔·盖茨首次提出"物与物"相联的"物联网"（Internet of Things，IoT）雏形；1998 年麻省理工学院提出了"物联网"的构想；1999 年美国自动识别中心提出了"物联网"的初步概念；2005 年国际电信联盟（International Telecommunication Union，ITU）发布报告，正式提出了"物联网"的基本概念，指出物联网是囊括所有物品的联网及应用；2008 年 IBM 基于物联网提出了"智能地球"的概念，美国奥巴马政府将其作为刺激经济复苏的核心环节上升为国家战略，并预测今后 10 年，世界上物联网的业务将达到互联网的 30 倍。至此，日、韩、欧盟、新加坡等地都着手"智能城市"的研究和部署。2009 年 6 月欧盟委员会提出了针对物联网行动方案。2009 年 8 月国务院总理温家宝提出，要"尽快建立'感知中国'中心""要着力突破传感网、物联网关键技术"。各行各业人士对物联网基本内涵的理解有以下几种。

理解一：物联网是指通过安装在物体上的各种信息传感设备，如射频识别（Radio Frequency Identification，RFID）装置、红外感应器、全球定位系统（Global Positioning System，GPS）、激光扫描器等，按照约定的协议，并通过相应的接口，把物品与互联网相连，进行信息交换和通信，从而实现智能化识别、定位、跟踪、监控和管理的一种巨大网络。

理解二：物联网是互联网的延伸和扩展，是在计算机互联网的基础上，利用射频识别技术、无线传感网技术、无线通信技术等构造一个无所不在的网络。其实质就是利用智能化的终端技术，通过计算机互联网实现全球物品的自动识别，达到信息的互联与实时共享。

理解三：物联网是随机分布的，集成有传感器、数据处理单元和通信单元的微小节点，通过自组织的方式构成的无线传感器网络。其实质是借助于节点中内置的智能传感器，探测温度、湿度、噪声等表征物体特征的实时参数。

从分析传感网、通信网、互联网、物联网、泛在网的相互关系，可以进一步理解物联网的基本内涵。传感网是信息感知网，是"物与物"互连；通信网和互联网是信息传输和共享网络，是"人与人"互连；物联网则是传感网、通信网和互联网的渗透与融合，是"物与人"互连；泛在网则是指无处不在的社会网，包括现在和未来所有网络的互联互通和共融。物联网是泛在网和"智能地球"的核心，而"智能地球"的核心是"更透彻的感知、更全面的互联互通和更深入的智能化"。基于上述内容，从用户实体角度来看，物联网是"物与物"相联、"物、人、信息、社会"相通、无处不在的智能化泛在网；从技术角度来看，物联网是"智能终端（Intelligent Terminal，IT）""计算机、通信、控制（Computer Communication Control，3C）"与 Internet 的多技术渗透融合网。

物联网概念随着信息领域及相关学科的发展仍将不断改变与充实，因此，目前仍难以提出一个权威、完整和精确的物联网定义。不同领域的研究者给出了一些有代表性的物联网定义。

定义 1：物联网是未来网络的整合部分，它是以标准、互通的通信协议为基础，具有自我配置能力的全球性动态网络设施。在这个网络中，所有实质和虚拟的物品都有特定的编码和物理特性，通过智能界面无缝连接，实现信息共享。

定义 2：物联网指通过信息传感设备，按照约定的协议，把任何物品与互联网连接起来，进行信息交换和通信，以实现智能化识别、定位、跟踪、监控和管理的一种网络。它是在互联网基础上延伸和扩展的网络。

定义 3：物联网是通信网和互联网的拓展应用和网络延伸，它利用感知技术与智能装置对物理世界进行感知识别，通过网络传输互连，进行计算、处理和知识挖掘，实现人与物、物与物信息交互和无缝连接，达到对物理世界实时控制、精确管理和科学决策的目的。

定义 4：物联网是指具有感知和智能处理能力的可标识的物体，基于标准的可互操作的通信协议，在宽带移动通信、下一代网络和云计算平台等技术的支撑下，获取和处理物体自身或周围环境的状态信息，对事件及其发展及时作出判断，提供对物体进行管理和控制的决策依据，从而形成信息获取、物体管理和控制的全球性信息系统。

定义 5：物联网指的是将无处不在的末端设备和设施，包括具备"内在智能"的，如传感器、移动终端、工业系统、楼宇控制系统、家庭智能设施、视频监控系统等，以及"外在使能"的，如贴上 RFID 的各种资产、携带无线终端的个人与车辆等"智能化物件或动物"或"智能尘埃"，通过各种无线或有线的长距离或短距离通信网络实现互联互通、应用大集成，以及基于云计算的 SaaS 营运等模式，在内网、专网或互联网环境下，采用适当的信息安全保障机制，提供安全可控乃至个性化的实时在线监测、定位追溯、报警联动、调度指挥、预案管理、远程控制、安全防范、远程维保、在线升级、统计报表、决策支持、领导桌面（集中展示的 Cockpit Dashboard）等管理和服务功能，实现对"万物"的"高效、节能、安全、环保"的"管、控、营"一体化。

2.1.2 自动感知识别与 RFID

感知和标识技术是物联网的基础，负责采集物理世界中发生的物理事件和数据，实现外部世界信息的感知和识别，包括多种发展成熟度差异性很大的技术，如传感技术、识别技术等。

传感技术利用传感器和多跳自组织传感器网络，协作感知、采集网络覆盖区域中被感知对象的信息。传感器技术依附于敏感机理、敏感材料、工艺设备和计测技术，对基础技术和综合技术要求非常高。目前，传感器在被检测量类型、精度、稳定性、可靠性、低成本、低功耗方面还没有达到规模应用水平，是物联网产业化发展的重要瓶颈之一。

识别技术涵盖物体识别、位置识别和地理识别。对物理世界的识别是实现全面感知的基础。物联网标识技术以二维码、RFID 标识为基础，构建对象标识体系，是物联网的一个重要技术点。从应用需求的角度出发，识别技术首先要解决的是对象的全局标识问题，需要物联网的标准化物体标识体系指导，再融合及适当兼容现有各种传感器和标识方法，并支持现有的和未来的识别方案。

RFID 技术分类：

类型 1：包括简单、更廉价的射频识别标签（RFID tags）。这类标签属于被动标签，即只能被射频识别阅读器（RFID readers）读取，而不主动向其发送信息，因此可以称之为只读被动标签。只读被动标签仅能编码一次，因此，编好的信息不会再改变，但嵌入此类标签的物体无须提供电源。

类型 2：嵌入标签中的已编码信息在必要时可以被阅读器修改，其他特征与类型 1 相同，因此可以称此类标签为读写被动标签。

类型 3：包括一种特殊的射频识别标签，此类型能使用被嵌入的专用电池提供的能量来向标签写入数据，称之为半主动标签。而被动标签只能在处于阅读器工作范围内才能获得其工作所需能量供应，并且离阅读器越远，被动标签收到的能量越小。

类型 4：此类属于主动标签，其特征是基于被嵌入电池提供的能量可以实现向另外的主动标签或阅读器发送数据。因此，一组主动标签可以组成无线传感器网络来相互通信。

如何节省通信能量以延长此类标签的寿命是一种挑战。

类型 5：包括称为阅读器的智能设备，用于检索标签中的数据。显然，类型越高，功能越多，同时成本也越高。类型 1、2、3 需要阅读器提供能量，主要用于相同类型的应用领域。尽管类型 4，即主动标签比较昂贵，但能同时适应不同的应用需求。下面先具体介绍被动标签，然后给出对主动标签的详细阐述。

被动标签需要阅读器的电磁场产生动力以用于发送自身保存的数据，由芯片和天线组成。天线具有双重作用，其一是允许标签发送和接收数据，其二是当位于阅读器的电磁场内时，天线将产生电流为芯片提供动力，因而具备数据传输能力。

被动标签的优点：可以起电子条码作用以避免对物品烦琐地逐一处理。没有视距的限制，即在非视距情况下也可以操作，越来越多的数据可以储存在标签中，对此类标签的读取速度快，阅读器每秒可读 250 个标签。由于技术的进步，标签可以存 2KB 的数据，并能通过使用密码或口令保护数据。

被动标签的缺点：电磁场易受液态或金属物质的干扰，干扰的强弱与阅读器使用的频率有关。例如，低频受液体干扰很轻微，这也是低频 RFID 技术用于对动物进行标记的一个原因。

主动 RFID 标签是自治的，这类标签嵌入了电池，能够用来发送数据或接收来自其他主动标签的数据。通常可外加传感器（如感知温度、湿度等）。这类标签的构成包括带有微处理器和内存的芯片、传感器、天线，因此，具有成为无线传感器网络节点的条件。

2.1.3　无线传感网络

ZigBee 支持星状、簇状、网状三种网络拓扑，ZigBee 标准规定一个单一网络最多可容纳 65536 个节点，可依据不同形态的 WSN 加以灵活运用。ZigBee 以其网络拓扑特性与成本优势可以作为 Wifi 以及 RFID 的中介。目前 ZigBee Smart Energy 2.0 标准已经和 Wifi 整合，进一步应用在家庭智能电网领域，从而扩大了无线传感器网络的整合范围。ZigBee 还可结合 RFID 的识别优势，以达到物品管理、追踪及定位等目的。ZigBee+RFID 标签成本虽然较被动式高，但具有较长的传输距离、可调整危险区域的感应距离、可传输温度数据、可进行人员与物品定位管理等优点，最重要的是，RFID+ZigBee 可同时监控庞大的标签数量。

2.1.4　智能信息设备和嵌入式

实际的数据采集系统往往需要同时测量多种物理量（多参数测量）或同一种物理量的多个测量点（多点巡回测量）。因此，多路模拟输入通道更具有普遍性。按照系统中数据采集电路是各路共用一个还是每路各用一个，多路模拟输入通道可分为集中采集式（简称集中式）和分布采集式（简称分布式）两大类型。

处于分散部位的数据采集点相当于小型的集中数据采集系统，位于被测对象的附近，可独立完成数据采集和预处理任务，并将采集的数据转换为数字信号的形式传送给上位机，采用数据传输的方法可以克服模拟信号传输的固有缺陷。分布式数据采集系统的主要特点如下：

（1）系统适应能力强。因为可以通过选用适当数量的数据采集点来构成相应规模的系统，所以无论是大规模的系统，还是中小规模的系统，分布式结构都能够适应。

（2）系统可靠性高。由于采用了多个数据采集点，若某个数据采集点出现故障，只会影响某项数据的采集，而不会对系统的其他部分造成任何影响。

（3）系统实时响应性好。由于系统各个数据采集点之间是真正"并行"工作的，所以系统的实时响应性较好。

（4）分布式数据采集系统使用数字信号传输代替模拟信号传输，有利于克服常模干扰和共模干扰。因此，这种系统特别适用于在恶劣的环境下工作。

（5）分布式降低了网络和主机负载，便于横向扩展。

分布式数据采集与集中式数据采集相比设计上较为复杂，重点要考虑站点间数据同步的准确性和效率。集中式设计相对简单，重点考虑的是网络和主机效率。目前在大规模的数据采集场合，一般都采用分布式数据采集技术。

分布式数据采集系统由多个数据采集节点组成，各个数据采集节点都具有各自的本地时钟。各本地时钟系统的计时机制中微小的差异和偏移都会导致各数据采集节点数据采集的不同步。矿山物联网要进行分布式测量，生产环境需通过多样泛在式的传感器对矿山环境、生产设备、工作人员等进行实时监测、感知、保障，实现矿井及时定位、事故问题反映等功能。而这些功能的实现和正常工作，必须要保证各传感器或节点间具有准确、统一的时钟同步。物联网时间同步概念的提出，可充分满足矿井系统中对生产自动化和信息化的高标准要求。

2.1.5 无线宽带与基本通信协议

典型的矿用无线感知网络结构如图 2-1 所示，其主要由交换机、AP 控制器（AC）、接入点 AP 和终端 4 部分组成。各个部分的主要功能如下：

（1）AP 控制器（AC）主要负责对接入点 AP 的管理，包括对 AP 的升级、AP 连接情况及 AP 网络的故障信息的监测、配置及管理。

（2）接入点 AP 主要负责信息的传输，将终端接入无线网络，对终端采集到的信息发送给服务器并将服务器给终端的数据发送回去。

（3）交换机的作用主要是作为系统中 AC 与服务器的桥梁，把 AP 从井下采集的各种数据信息经交换机传到井上服务器中，以供工作人员查看。

（4）终端包含智能终端、机车定位卡、无线摄像头等。终端通过 AP 接入无线感知网，将采集到的环境参数、定位信息、视频数据、语音数据等通过 AP 传送到特定设备。

2.1.6 5G、6G 网络与物联网无线网络

5G 无线是一个概括的术语，用来描述一系列更快的无线互联网的标准和技术，理论上比 4G 快了 20 倍并且延迟降低到 1/120，为物联网的发展和对新的高带宽应用的支持奠定了基础。这个技术在世界范围内完全发挥它的潜能还需要数年时间，但同时当今一些 5G 网络服务已经投入使用。5G 不仅是一个技术术语，也是一个营销术语，并不是市场上的所有 5G 服务都是标准的。

吞吐量不是 5G 仅有的速度提升，它还有的特点是极大降低了网络延迟。这是一个重

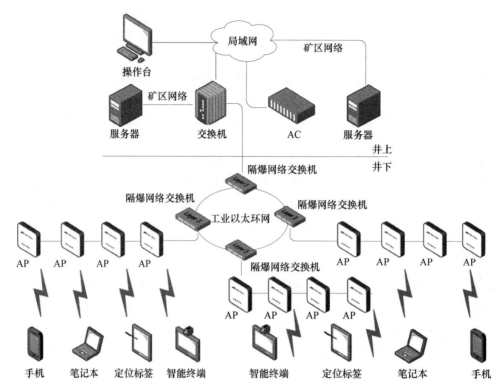

图 2-1　典型矿用无线感知网络结构图

要的区分：吞吐量用来测量花费多久来下载一个大文件，而延迟由网络瓶颈决定，延迟在往返的通信中减慢了响应速度。延迟很难量化，因为它因各种网络状态变化而变化，但是5G 网络在理想情况下有能力使延迟率在 1ms 内。总的来说，5G 延迟将是 4G 的 1/120～1/60。这会使很多应用变得可能，例如当前虚拟现实的延迟使它在远程无线变得不实际。

　　5G 网络大部分使用在 30～300GHz 范围的频率。（这些高频范围能够在每个时间单元比低频信号携带更多的信息，4GLTE 当前使用的就是通常频率在 1GHz 以下的低频信号，或者 Wifi，最高 6GHz。）毫米波技术传统上是昂贵并且难以部署的。科技进步已经克服了这些困难，这也是 5G 在如今成为了可能的原因。

　　尽管 5G 基站比 4G 的对应部分小多了，但它们却带了更多的天线。这些天线是多输入多输出的（MIMO），意味着在相同的数据信道能够同时处理多个双向会话。5G 网络能够处理比 4G 网络超过 20 倍的会话。大量的 MIMO 保证了基站容量限制下的极大提升，允许单个基站承载更多的设备会话。这就是 5G 可能推动物联网更广泛应用的原因。理论上，更多地连接到互联网的无线设备能够部署在相同的空间而不会使网络被压垮。

　　一些专家认为 5G 的缺点是不能够达到延迟和可靠性的目标。这些完美主义者已经在探寻 6G，来试图解决这些缺点。一个研究新的能够融入 6G 技术的小组"融合通信与传感中心"，努力让每个设备的带宽达到 100Gbps，除了增加可靠性，还突破了可靠性并增加速度，6G 同样试图允许上千的并发连接。如果成功的话，这个特点将帮助物联网设备联网，使在工业设置中部署上千个传感器。

2.2　信息传输干线网络和数据中心

根据开采过程涉及的各个系统的特点，一般采用松耦合的设计思路，基于物联网和云计算的开采过程预警监测体系框架（自底向上为监测物联网、大数据中心、开采过程云计算平台、应用等粗粒度的层次），提出一套从数据生成到组织、存储、查询、分析、服务完整的框架性体系结构，为构建"智能开采"提供参考（见图2-2）。以物联网作为监测数据采集的触角，通过应力应变监测系统、微震监测、航空磁力仪、电子罗盘、地震仪、矿物成分仪、电法仪器、钻探设备等采集第一手资料，而这些设备或仪器均可以通过移动互联网、卫星、网络等与数据中心进行实时、分时或离线通信；通过网络进行信息传输，将通过各种方式采集或人为加工的数据统一存储到数据中心（逐步形成大数据中心，可以是分布式的，也可以是集中式的），数据包括属性数据和空间数据，以及其他数据，数据格式可以有结构化数据也可以有非结构化数据；基于云计算搭建的开采过程云计算平台，采用虚拟化等系列核心技术，实现数据云存储、开采过程云计算，专用网络中建立矿山私有云、中心公有云，并提供相应的云服务（不同粒度的数据服务、计算服务等），以进行软硬件资源管理、负载管理、空间聚类分析、储量计算、矿产资源潜力分析甚至资费管理等；用户可以通过普通浏览器、客户端应用程序、平板电脑、手机等各类终端访问云端资源。开采过程云计算平台与物联网可以通过数据中心间接通信，也可以直接通信，如通过

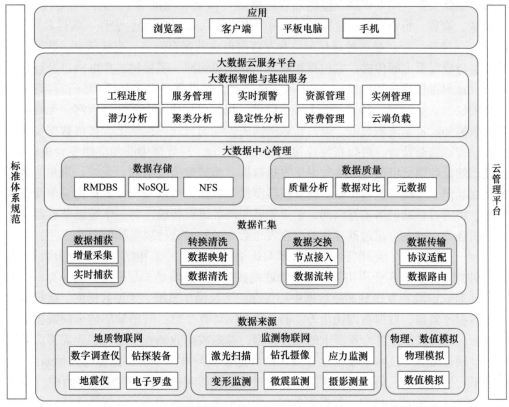

图 2-2　基于物联网和云计算的开采过程信息化框架模型

云计算服务可以直接读取某个野外设备数据、通过手机可以直接访问某个观测设备的实时或分析数据（如开采设备发布的实时数据），还可以访问其他地质资料（如矿业权开采工程图、钻井、勘探线、探槽、平硐、勘探报告等）。数据中心采用集中式和/或分布式进行管理，对于大数据处理而言，NoSQL 数据库进行存储、处理、分析。

参考物联网的基本体系结构，由感知层、网络层和应用层三层组成，自下而上经过采集到传输、保存、处理、分析、应用等环节，形成了一个开采信息"感、传、知、用"的完整流程。

（1）基础空间数据：基础空间数据主要有两个组成部分。一是自然地理中地形、水系、地貌的基础地理信息；二是社会地理信息中的交通、居民住区以及行政区划。这些基础空间数据主要存在于测绘部门并由其发布。（2）业务数据：业务数据主要是关于地质结构体和人工结构体内容的描述数据，包括地质灾害点、隐患发生点、详尽勘察点以及监测点位置、类型、分布、范围、巷道、采场等相关数据。（3）专题信息数据：专题信息数据是指相关部门拥有的空间数据，如地质、植被、人类活动、教育、医疗以及卫生等数据。（4）监测数据：监测数据是通过各种监测仪器在监测点采集的应力、变形、水量、位移量、GPS 等信息，是实时动态的数据。

感知（互动）层：本层由大量具有感知和识别功能的设备组成，是物联网的基础层及信息接口，主要用来感知和识别物体，采集并捕获监测相关信息。主要有地震烈度监测仪、滑坡监测仪、电子标签、地面沉降监测仪、数字地质填图采集器、三维地质罗盘、航空探测、摄像头等，用来识别、监测和管理微震（位置、烈度等）、钻孔（方位等）、采场（位置、高程、形态等）、地下水（流向、流速等）、岩芯编号、岩性、项目名称等。

网络（传输）层：是各种通信网络和互联网形成的融合网络，完成信息、数据与指令在感知层与应用层之间传递。它包括互联网、移动通信网、卫星网、广电网以及行业专用通信网（或局部独立应用网络）。在山区、矿区等位置部署的各类传感器（位移计、倾斜仪、伸缩仪、水量计等）和若干个无线接收器，局部可构成一个无线局域网，无线接收器自动接收感知设备采集的数据，通过物联网网关连接到光纤等网络上，再将数据发送到数据中心。智能监测设备，可以直接连接到移动网络上，与数据中心和应用平台进行交互。某些使用的设备则可以通过北斗等卫星发送数据。而摄像头（有线、无线）采集的数据可以通过互联网、专网等进行传输。地质仪器测量的数据，可以先统一解析到一个便捷式计算机上，再通过移动网络或互联网、矿业物联专网等进行传输。每一个智能节点都具备一定的分析能力，当发生超过基准值时，在发送数据的同时进行现场预警。

应用（服务）层：是指将物联网技术与矿业行业专业需求相结合。细分为数据中心、应用（计算）平台、矿业应用等。矿业物联网数据中心：将感知层采集到的各类矿业数据统一（实时或定时）发送到矿业数据中心保存。涉及操作系统、大型数据库、数据库自动管理、数据库集群、数据查询优化等。矿业物联网计算平台：对感知层传来的数据进行处理和分析，并开发满足各专业需求的业务模型，并形成矿业调查中心、矿业灾害应急指挥中心等。通过服务等技术手段构建开放式的数据集成与共享平台，能够与其他系统平台、物联网平台进行通信、集成。矿业应用：通过云服务访问矿业物联网应用平台中（或其他系统、物联网）的矿业模型、数据服务等，根据业务需要构建不同的智能系统，给出各类矿业调查、灾害预警、决策分析结果等。可能的应用有地面沉降监测分析、地震监测分析、滑坡监测分析、地下水监测分析、断层稳定性监测分析、矿业安全保障分析、野外成果监测及管理、动态数字填图系统、岩溶水监测分析、危机矿山监测系统、地应力变化监测分析、矿山实时监测分析、实物矿业资料管理与应用等，以及资源储量动态计算、矿业环境实时动态评价、矿业权动态审批等。

2.2.1 基础传输网络

综合工业以太网传输网络平台的主要作用是为矿山建立容量大、功能强、安全可靠、便于维护的数据传输网络，要求能够综合传输矿山各生产自动化子系统监测监控数据、工业电视视频图像、数字语音、调度数据等信息，网络应具有以下特点：

（1）快速实时。对于自动化系统来说，大数据量的采集、响应应保证毫秒级的无差错传输，对于视频和语音数据，应保证网络的抖动和延迟不影响实时数据流的传输。这就要求骨干网络设备具有很强的交换性能和很大的容量，并在提供安全访问控制、针对不同应用的服务质量保证和网络管理功能时对性能不受影响，以确保骨干网络上端到端传输的实时性。

（2）稳定可靠。由于生产环境恶劣，对网络设备的可靠性要求比企业网络要高得多，网络设备在环境适用和防护方面应达到工业级的可靠性，支持模块冗余和热插拔。骨干网络拓扑结构应支持网络冗余和耦合，自愈时间应小于300ms。

（3）高安全性。由于面向多个子系统的接入和不同的用户，网络的安全性尤其重要，不同子系统利用不同的逻辑通道在网络中传输，同时利用各种加密技术、认证技术确保数据资料的完整性和保密性。

（4）保证服务质量。网络对不同的业务传输应提供不同的服务等级，支持TS和QoS，以确保高优先级业务的服务质量。对工业电视视频图像传输业务，网络应提供组播功能，以降低网络流量。

（5）易于扩展。网络技术应选用开放的硬件和软件平台，支持多种主机互联，系统互联应全部采用国际标准的网络层通信协议TCP/IP，以符合IP网络的发展趋势。网络应具有简单易行的扩充升级能力，满足未来应用扩展的需要。

（6）智能化网络管理。网络应具有智能化管理功能，能够实现自动拓扑发现、无厂家针对性的设备组态，支持远程在线故障诊断。支持CLI、Telnet、SNMP、WEB等多种管理方式，支持端口镜像。

目前，矿山行业的工业网络平台主要有以下三种传输网络：

（1）工业以太网传输系统。

主要优点：工业级产品，技术成熟，开放性好，成功案例很多。

主要缺点：价格偏高。

（2）无源光网络传输系统。

主要优点：无源。

主要缺点：非工业级产品，冗余性差，成功案例少。

（3）基于多业务的MCTP系统。

主要优点：多业务。

主要缺点：非工业级产品，成功案例少。

矿山现场生产环境复杂，因此对设备的安全性能要求较高，综合以上三种传输网络的优缺点，多数矿山选用安全性较高的工业以太网传输系统作为主干生产网络传输平台。

在工业以太网中，大型控制系统大多为分布式控制系统。因此，多采用总线结构或环形结构设计。为了进一步提高网络的可靠性，可以采用星形、环形、双环形等组网技术。以下是几种工业以太网结构的比较：

（1）总线形组网拓扑结构。在总线形组网拓扑结构下（可理解为星形结构），一个网络核心节点下连各个分节点，布线简单，管理方便，直接通过背板交换，交换速度快，主要用于在网络业务比较简单、可靠性要求不高的网络环境下组网，不适于矿山自动化网络多业务平台的需求。

（2）单环形组网拓扑结构。单环形组网拓扑结构属于分布式网络，各个网络节点串联成闭环结构，某一传输链路或网络节点出现一处断点时，不影响网络的数据传输。发生链路故障时，环网自动在一定时间内自愈，属于简单而又实用的冗余组网方式，性价比高，可靠性高，适用于矿山多业务自动化网络平台。

（3）双环形组网拓扑结构。在双环形组网拓扑结构下，每个网络节点具有两套网络设备，各个节点串联成两套环网。冗余网络是常用的高级工业冗余网络系统，主要用于电信核心级网络。尽管双环网的可靠性要高于单环网，但成本也是单环网的两倍以上，而且双环网布线复杂，如网络设备、网络光（电）缆、网卡均为双份，成本非常高，不适合矿山行业的实际情况。

根据以上三种组网结构的对比，矿山综合自动化监控网络中各骨干网络均采用单环形网络的方式组网，保证整个综合自动化监控网络的可靠性及在突发情况下的自愈能力。使用冗余环网技术，搭建 1000Mbps 冗余环网，构成环网交换机的数量无具体限制，其中使用一台交换机作为冗余管理器。

物联网的接入与组网技术涵盖泛在接入和骨干传输等多个层面的内容。以互联网协议版本 6（IPv6）为核心的下一代网络，为物联网的发展创造了良好的基础网条件。以传感器网络为代表的末梢网络在规模化应用后，面临与骨干网络的接入问题，并且其网络技术需要与骨干网络进行充分协同，涉及固定、无线和移动网及 Ad Hoc 组网技术、自治计算与连网技术等。

物联网需要综合各种有线及无线通信技术，其中近（短）距离无线通信技术在物联网中被广泛使用。由于物联网终端一般使用工业科学医疗（ISM）频段进行通信，例如，全世界通用的免许可证的 2.4GHz 频段，此类频段内包括大量的物联网设备以及现有的无线保真（Wi-Fi）、超宽带（UWB）、ZigBee、蓝牙等设备，频谱空间极其拥挤，这将制约物联网的实际大规模应用。为提升频谱资源的利用率，让更多物联网业务能实现空间并存，需切实提高物联网规模化应用的频谱保障能力，保证异种物联网的共存，并实现其互联互通互操作。

2.2.2　平台硬件及案例

海量感知信息的计算与处理是物联网的核心支撑。服务和应用则是物联网的最终价值体现。主要技术包括海量感知信息计算与处理技术、面向服务的计算技术等。

海量感知信息计算与处理技术是物联网应用大规模发展后所必需的，包括海量感知信息的数据融合、高效存储、语义集成、并行处理、知识发现和数据挖掘等关键技术，以及物联网"云计算"中的虚拟化、网格计算、服务化和智能化技术。核心是采用云计算技术实现信息存储资源和计算能力的分布式共享，为海量信息的高效利用提供支撑。

物联网的发展应以应用为导向，在"物联网"的语境下，服务的内涵将得到革命性的扩展，不断涌现的新型应用将使物联网的服务模式与应用开发受到巨大挑战，如果继续沿用传统的技术路线必定束缚物联网应用的创新。从适应未来应用环境变化和服务模式变化的角度出发，需要面向物联网在典型行业中的应用需求，提炼行业普遍存在或要求的核心共性支撑技术，需要针对不同应用需求的规范化、通用化服务体系结构以及应用支撑环境、面向服务的计算技术等的支持。

建设案例1 由于井下特殊的作业环境条件，保证安全生产成为矿山企业效益的最直接体现。采用多种现代化信息与自动化技术，建立全矿井监测、控制、管理一体化、基于网络的大型开放式分布控制系统，用于改造传统的矿井生产运行方式，形成全矿井生产各环节的过程控制自动化、生产综合调度指挥和业务运转网络化、行政办公高效化，对矿山生产安全和运营状况可实行远程监察，以保证对全矿井安全状况和生产过程进行实时监测、监视、控制、调度管理。系统分为管理层、控制层和设备层三层结构。其中，管理层为矿山地面局域网，控制层采用千兆高速环网传输平台，设备层采用现场总线，保证了现场子系统的实时性和可靠性。将在金山店铁矿井下建设1套以太环网网络，用于承载井下各系统的数据传输，并通过光缆将各系统信号传送至地表站系统的网络支撑环境与拓扑结构（见图2-3）。

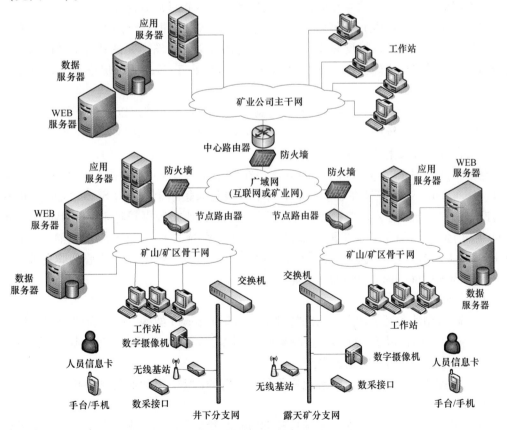

图2-3 数字矿山系统网络拓扑方案示意

井下工业以太网传输网络要求满足以下要求：

（1）开放性：网络平台是完全开放的，符合国际公认的网络标准 IEC61158，具备成熟的第三方连接能力；

（2）信息传输服务：控制层设备提供方便的接入端口，无论从任何一点接入，都能方便地支持编程上传/下载、系统诊断和数据采集功能，且不需要复杂的编程或特殊的软硬件支持，同时不影响实时信息传输性能；

（3）网络模式：井上井下采用现场工业总线+千兆工业以太环网的模式；

（4）工作模式：支持生产者/消费者模式的数据通信结构。数据块传送和报文发送都可通过组态完成，不需额外编程；

（5）网络速率：网络上任意节点的数据传输速率大于 5Mbps；

（6）网络节点数：单一网络提供不小于 99 个站点的连接能力，并应根据应用需要，支持灵活的网络分段以及相应的隔离或者桥接方案；

（7）网络介质：网络介质支持同轴电缆和光纤连接，根据实际需要提供灵活的电缆形式，如铠装、地埋、高柔性等电缆形式；

（8）拓扑结构和范围：拓扑结构能够根据现场情况，支持星形、树形、总线形和环形等多种拓扑结构，通过中继器和光纤，最大拓扑距离不小于 30km；

（9）组态：拥有现成灵活的网络组态工具和强大的网络诊断功能，任何节点接入网络，而不需要更改从前的站号和配置，并充分考虑今后扩展的方便性；

（10）冗余：系统通过光纤环网方式实现以太网连接，即骨干网上任何一点的光纤连接意外断开，系统都能通过反向环的方式提供后备以太网链路，无论是骨干环网内部、二级环网内部还是多环之间通信，要求故障切换时间均小于 50ms，以保证系统可用性的同时兼顾经济性。

建设案例 2　平台软件的架构应充分考虑矿山安全生产的特点以及办公自动化的需求，在设计时重点考虑系统的安全性、可靠性、先进性，良好的扩展性，监控系统的可实施性，并结合最新的技术和产品。

组态软件采用 Proficy HMI/SCADAiFX，在综合集控中心设置两台实时/历史数据库 Proficy Historian，通过安装在各矿子系统的本地数据采集站上的 I/O Server 实时采集各矿井监控主站的数据并存入历史数据库。工矿图和实时/历史数据通过 Proficy Portal 发布给不同的部门使用和浏览。系统配置如图 2-4 所示，集成监控平台软件选型如下：Proficy HMI/SCADA iFIX：上位组态监控软件；Proficy Historian：企业级的核心数据存储平台；Proficy Realtime Information Portal：工业信息门户。

功能与特点：

（1）高可用性和冗余功能：组态软件采用 Client/Server 架构，在综合集控中心设立两台采集服务器，两台服务器间自动实现数据的同步，并互为热备，当某台服务器故障时，另一台自动接替，以防止数据丢失。

（2）监控功能：能实时、准确地采集各子系统的数据，并以组态画面和组态图表的形式表现出来。

（3）实时管理界面的功能：系统具有编辑态、置数态和运行态三个状态。在编辑态下可修改系统的一些消息类别、用户文本块和报警临界值；在置数态下可对一些动态变量进

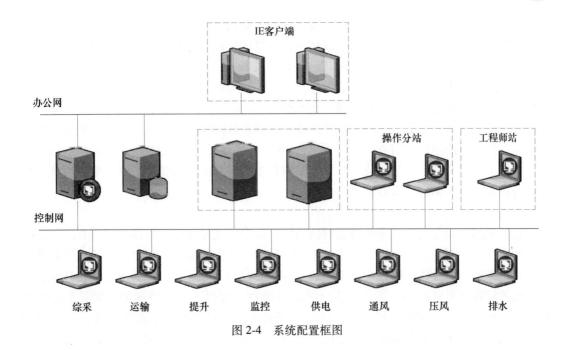

图 2-4　系统配置框图

行修改，人工置数的功能是在自系统故障时，人工抄表补数使用；在运行态下只能对实时模拟量数据进行监视。

（4）报表及曲线功能：系统提供实时、历史报表曲线。实时曲线画面反映一定时间间隔的实时数据的变化趋势，历史曲线画面反映过去某个时间段的实时数据变化趋势。通过曲线报表将子系统的各个主要设备参数连续地记录并保存，以便以后的查询、调用管理。增加"四大件"电能计量（提升、运输、通风、排水），工序能耗的报表。

（5）历史事件记录功能：按时间顺序，将各个动作的性质、时间记录下来，供事后分析使用。

（6）实时报警功能：当设备故障或模拟量超限时，综合自动化系统显示报警信息。

（7）检修示警功能：即大型设备信息化管理和周期设备检修示警功能。

（8）控制功能：即本地和远程启、停功能。

（9）网络功能：与其他集控系统（如管理系统）组成网络并纳入全矿计算机局域网，供矿调度指挥中心、矿领导及有关部门随时掌握井上、井下各系统工作情况。支持 XML 和 OPC2.0。

2.2.3　数据中心

继物联网、云计算之后，"大数据"已经迅速成为当下最热门的科技热点。对于什么是大数据，目前并没有一个统一的结论。研究机构的定义是：大数据是指需要新处理模式才能具有更强的决策力、洞察发现力和流程优化能力的海量、高增长率和多样化的信息资产；维基百科对大数据的定义是：大数据指的是所涉及的资料量规模巨大到无法通过目前主流软件工具，在合理时间内达到获取、管理、处理并整理成为帮助企业经营决策目的的资讯；国际数据公司麦肯锡对大数据定义是：大数据是指无法在一定时间内用传统数据库软件工具对其内容进行采集、存储、管理和分析的数据集合。

最近几年，各个领域特别是信息领域的数据量增长最为迅猛，是大数据概念的产生的基础。可以预计，在数据大爆炸的时代，各行各业都将迎来前所未有的挑战和发展空间。大数据时代的到来，不单单需要新的数据处理技术作为保证，更重要的是改变传统的应对数据的方法，以数据的视角分析世界，让数据发声。

以全体数据为分析依托，弱化随机采样在数据获取困难的时代，人们利用随机采样获取数据，但采样的随机性直接影响了数据精确性。这使得在依托随机采样的样本做分析时，漏掉了许多个性化和差异化的样本，其中包含了许多潜在的信息。在大数据时代，数据的分析是建立在掌握所有数据的基础上，至少是尽可能多的数据基础上，可以发现更加具体的细节，在微观层面发掘潜在的关联。

在传统的数据分析中，重视数据的精确度，数据的质量被反复强调。因为在有限的数据资料中，一些细小的偏差，都会使分析的结果产生严重的错误。但是，在追求数据精度的同时，必然会牺牲数据的数量，增加数据分析的时间。但是在很多情况下，快速获得一个大致的轮廓和发展脉络，要比追求严格的精确性重要得多。在快速分析海量数据的时候，追求相关关系，弱化因果关系，知道"是什么"，往往要比知道"为什么"重要得多。这是因为基于因果关系的数学建模十分困难，需要严格的推导和验证。而在大数据时代，分析相关关系，不论从算法还是建模上都比因果关系要快得多，也更容易实现。在追求分析速度的要求下，相关关系比因果关系更加有优势。

随着信息时代科技的发展，尤其是网络、储存等技术的进步，众多企业需要面对四面涌出的数据流的冲击。提出大数据的典型特征：海量性、多样性、高速性、易变性，数据量呈指数级增长、非结构化数据大量涌入，数据层次关系愈发复杂已经深刻影响了各行业的发展，从数据中获取有价值的信息已成为增强企业竞争力不可或缺的要素。信息技术的发展以及信息化的逐步深入，以过程控制为主的现代化工业生产过程也逐步体现出大数据的特性：海量性是工业数据传统认知中最重要的部分，也是研究最多的部分。一个复杂工业生产过程往往需要对大量的测点以及回路进行监视和控制，如超临界机组测点数量达到100个，控制设备100个、电动门电磁阀200台、电气开关300个，控制回路50套。监控系统产生的大量信息经过长时间积累，构成了名副其实的数据海洋。

通过对采集的数据进行及时处理，将生产过程中的多个参数与预警安全指标进行对比分析，确定矿山生产是否处于安全状态。与传统海量数据的处理流程相类似，大数据在预警监测系统中分为采集数据、处理数据、输出解译信息三部分。大数据处理基本流程如图2-5所示。

（1）采集数据。通过在各种检测对象上设置的传感器将采集数据传输到计算机。采集的实时动态数据主要包括矿山各种设备设施运行参数（如电压、电流、温度、转速、功率等）、环境参数（如应力、应变、微震等）等。还有安全管理制度及人员信息数据，这些数据均采用分布式文件系统 HDFS 保存。多样性是大数据的一个重要特征，它意味着数据来源的广泛与数据类型的复杂，就是这种多样的数据环境给大数据的处理分析工作带来极大的挑战。在处理大数据的过程中，首先要对数据源进行抽取和集成，并经过关联和聚合后采用统一的结构来存储此类数据。此过程需要对数据进行清洗，保证数据质量及可靠性。

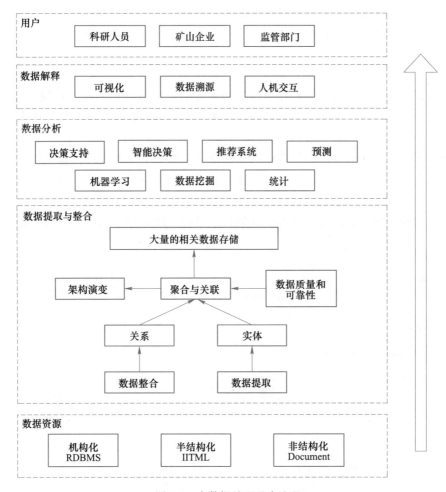

图 2-5 大数据处理基本流程

（2）数据分析与处理。经过数据采集，数据形成能够被分析处理的存储形式，此时的主要工作是对采集到的数据进行分析处理，这是大数据的核心工作之一。从大量采集的设备、环境、员工数据中挖掘出与应用需求对应的数据，为后面的预警信息的分析与判断做准备。数据价值的产生取决于数据分析过程的精细程度，这也决定了数据分析在大数据处理流程中的核心地位。分析过程的原始数据来自异构数据源的抽取和集成，根据不同需求可以从该类数据中有选择型地进行分析处理。

（3）用户解译与输出。将处理数据得到的结果与安全准则相比，超过预警指标则提醒相关工作人员，从而使之可以尽早实施相关措施避免事故发生，数据解释的方法有很多，例如以文本形式输出在电脑终端以供用户阅读，但这种方法仅适用于处理少量数据。大数据时代的数据分析结果在数量上庞大，在结构关联上复杂，采用传统的数据解释方法难以有效阅读，这使得科研人员研发出针对大数据的数据解释方法：引入可视化技术。通过对分析结果的可视化，用形象的方式向用户展示结果，同时图形化方式比文字更易理解和接受。常见的可视化技术有历史流、标签云等，让用户在一定程度上了解和参与数据分析过程，既可以采用人机交互技术，利用交互式数据分析过程引导用户逐步进行分析，使用户在获取结果的同时更好地理解分析结果的由来，也可以采用数据起源技术，通过该技术可以帮助追溯数据分析的过程，有助于用户深入理解结果。

2. 2. 4   调度监控中心

调度大屏系统是矿井综合自动化监控感知系统的监控中心，主要由集控中心室、UPS电源室、设备间等组成。它不但是企业重要的生产安全信息枢纽，而且是现代企业的对外窗口。

调度大屏系统是针对全矿井综合信息自动化建立的一个基于光纤传输、数字处理技术和计算机网络的现代化监控、监测中心，在调度大屏系统中可以监控矿山井上、下安全生产全过程，并可通过网络将其传输到矿山调度指挥中心及相关领导所在地。

整个系统由大屏幕拼接显示系统、辅助显示系统、LED 显示系统、图像控制系统、控制软件、机柜等组成（见图 2-6）。

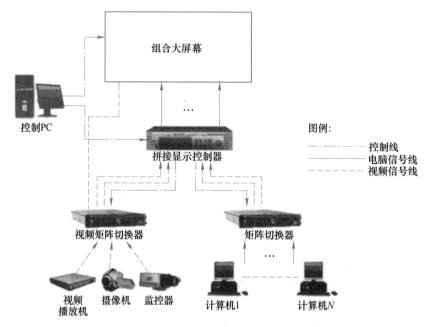

图 2-6   调度大屏系统组成结构示意图

（1）系统特点。液晶拼接墙既可以采用小屏拼接，也可以采用大屏拼接。拼接可任意组合，选择合适的产品和拼接方式，提出具体实施方案，满足系统的应用需求。可以根据用户对输入信号的要求，选择不同的视频处理系统，实现 VGA、复合视频、S-VIDEO、YPBPR/YCBCR、DVIL/HDMI 信号、IP 网络信号的输入，满足不同使用场合、不同信号输入的需求。可以通过控制软件，实现各种信号的切换、拼接成全屏显示、任意组合显示、图像拉伸显示、图像漫游显示、图像叠加显示等。通过 RS-232 通信接口来控制图像控制器来实现任意组合显示模式的切换、信号的切换等。

（2）显示模式。根据矿山调度指挥工作的实际需要，前端全液晶显示墙整合逻辑显示，配置多种显示预案，实现安全生产、监测监控、自动化、生产管理系统在一块逻辑大屏幕上按需求显示。

（3）系统结构。系统结合云数据中心，由十路云终端设备提供显示接入，可实现对生产调度、选厂调度以及通防调度 3 个区域的十路 PC 信号分区域拼接显示（最大支持全屏幕拼接显示），同时实现工业电视及安防监控的视频信号单屏显示。提供应急预案对接控制接口，根据矿山应急预案自动触发显示多种预案。

（4）系统软件。控制管理软件为 B/S（Brower/Server 浏览器/服务器）架构，大屏幕系统的任何控制计算机无须事先安装任何软件，只要通过 E 浏览器登录控制服务器，即可实现对显示墙和所有处理器的控制，包括处理器属性设置、信号源窗口管理、信号质量设置、预案设置与加载、多个显示墙管理、信号回显、信号预览、多人操控、显示墙分区管理、底图更换等。

对井上、井下情况的视频监控是十分必要的，这对井上监控人员的生产调度监控和发生突发情况时监控人员对井下人员的指挥调度有着重要意义。尤其对井下安全生产环境和设备运行状况以及人员行为有着更为直接的了解和掌握，当生产设备实现无人和少人高度自动化程度时，视频系统将作为视觉的延长和扩展，形成其他设备不可替代的作用，将被广泛地使用。

通过视频图像监视巷道扬尘情况，是否散水降尘，辨别炮烟中毒隐患；结合井下人员定位系统和视频数字录像回放功能，在特殊情况下更具体地确认人员行踪，为定时按规范路线进行巡检（设备巡检、安全巡检等）提供可靠的检查依据，整顿和规范井下人员的行为，进一步保证矿井安全生产制度的落实。

多媒体监控是数字矿山的显示平台，多媒体监控系统包括视频监控和大屏幕监控（见图 2-7），这些监控模块不仅功能强大，而且都设计为独立模块，既可集中使用，也可独立运行或和第三方监控系统集成。

图 2-7　大屏幕监控系统

2.3　矿山传感感知系统的组成

矿山安全避险"六大系统"中的地压监测、岩体位移监测是感知系统的一部分，根据采矿工艺要求及委托资料与国家安全监管总局关于印发金属非金属地下矿山安全避险"六大系统"建设规范（AQ 2031—2011~AQ 2036—2011）展开设计，为了提高矿山自动化控制水平，确保生产过程安全、经济地运行，改善操作人员的安全保障、劳动条件，加强管理、提高劳动生产率，对采矿生产各环节实施自动监控与报警，通过计算机网络，送至总控制室控制与记录，从而使整个生产过程得到实时监控与记录。

2.3.1　定位系统

人员定位系统能够及时、准确地将井下各个区域人员情况动态反映到地面计算机系统，使管理人员能够随时掌握井下人员的总数及分布状况，干部跟班下井情况，矿工入井、升井时间以及运动轨迹，便于进行更加合理的调度管理，保证井下人员安全。

矿用无线、人员定位系统是新一代无线接入及定位系统产品，为矿山安全生产提供了一套经济实用的定位、接入解决方案，实现矿井目标定位、跟踪、报警求助、预警救援、考勤统计等基本功能，并扩展了安全监测管理、区域禁入管理、丢失报警、紧急事件声光报警处理、车辆设备管理、系统运行管理、历史数据的记录与查询、统计分析等功能。

矿山人员定位系统按新建系统考虑，建设集井下人员考勤、跟踪定位、灾后急救、日常管理等功能于一体的井下人员定位系统。在系统建设完成后，将人员定位系统接入综合自动化监控平台，实现综合集控中心远方监测。

借助矿山井下人员定位系统，井下作业人员以及相关设备情况可以实时、准确地传输到地面计算机系统。管理人员就可以及时掌握井下人员及设备的分布以及运动轨迹，从而更加合理地进行调度和管理。一旦有安全事故发生，救援人员可根据井下定位系统所提供的数据及图形资料，准确掌握井下作业人员当前所在区域或最后出现区域。

对井下矿工的分布情况分区域实时监测。可实时监测全矿井井下矿工总数、采场工作区矿工总数、掘进工作面矿工总数以及井下其他区域矿工总数。根据各矿实际情况绘制动态的井下巷道、采区图，随着井下人员的移动，地图显示的各区域人数会实时更新。在地图上用鼠标点击，可以显示某个选定区域的人员名单；进一步点击还可以显示某个选定人员下井后的行踪。

输入任意人员的姓名或编号，系统可以立即以图形方式显示此人当前所在区域；也可以同时输入多个人员，系统将以文字方式显示这些人各自在井下的当前位置。在井下巷道图上，还可以实时动态地显示井下人员行踪。

对于井下的某些特殊区域，如规定不准一般人员进入的危险区域，在行踪保留时段内可以随时进行查询，列出进入该区域的人员和出、入时间，并可以在此区域安装本安型显示屏进行警告提醒。

2.3.2　有毒有害气体监测

2.3.2.1　一氧化碳、二氧化氮传感器技术参数

一氧化碳、二氧化氮传感器要求具备红外遥控调校零点、灵敏度、报警点等功能。有毒有害气体监测系统采用集散式体系结构。矿井监测监控部分采用两级结构：第一级为地面监控主机；第二级为地下分站及传感器。

一氧化碳、二氧化氮传感器的监测数据通过防爆防水型控制光缆传输至井下监控分

站，每台监控分站具有多个输入通道，可以任意配置多种制式的传感器，各传感器至监控分站的有效传输距离为2km。各监控数据再通过监控分站接入井下环网交换机，然后由光缆传输至地表。一氧化碳传感器检测范围值为 $0 \sim 500 \times 10^{-6}$，报警浓度值为 $30mg/m^3$；相应时间要求小于35s，能三位LED就地显示，采用红色LED闪烁或蜂鸣器鸣叫报警方式，报警声不小于80dB，工作电压9~24V，额定电流不超过60mA，距分站距离不超过2km。二氧化氮传感器检测范围值为 $0 \sim 200 \times 10^{-6}$，报警浓度值为 50×10^{-6}，响应时间要求小于40s，能三位LED就地显示，采用红色LED闪烁或蜂鸣器鸣叫报警方式，报警声不小于80dB，工作电压9~24V，额定电流不超过60mA，距分站距离不超过2km。采用便携式气体检测报警仪对采掘工作面爆破作业后产生的炮烟中的一氧化碳、二氧化氮进行检测，便携式气体检测报警仪检测范围可根据现场具体情况进行调节。

2.3.2.2 一氧化碳、二氧化氮传感器设置案例

根据有毒有害气体监测建设要求以及矿山生产实际情况，例如，张福山西区-410m生产中段采场进、回风天井与-340m分段巷道联络道处设置11套一氧化碳传感器和11套二氧化氮传感器，张福山东区-340m生产中段采场进、回风天井与-298m分段巷道联络道处设置12套一氧化碳传感器和12套二氧化氮传感器，余华寺-340m生产中段采场进、回风天井与-242m分段巷道联络道处设置5套一氧化碳传感器和5套二氧化氮传感器。独头掘进巷道设置10套一氧化碳传感器，10套二氧化氮传感器。

2.3.3 通风监测系统

井下总回风巷及各个水平（中段、分段）的回风巷应设置风速传感器。主通风机应设置风压传感器，主通风机风压的测点布置要求。风速传感器应设置在能准确计算风量的地点。主要通风机、辅助通风机应安装开停传感器。

2.3.3.1 通风系统检测传感器技术参数

风速、风压传感器具有红外遥控调校功能和调校简单等功能。风速传感器监测范围为 0.3~15m/s，测量误差小于±0.3m/s，响应时间小于40s，能三位LED就地显示，工作电压DC8~21V，工作电流不超过70mA。风压传感器检测范围0~5kPa，测量误差小于±250Pa，响应时间小于40s，能三位LED就地显示，工作电压DC8~21V，工作电流不超过70mA。开停传感器要求能准确检测到主扇及辅扇的开停状态。

2.3.3.2 控制系统

通风系统检测系统采用集散式体系结构。矿井检测监控部分采用两级结构：第一级为地面监控主机；第二级为地下分站及传感器。

风速、风压、开停传感器的监测数据通过防爆防水型控制光缆传输至井下监控分站，每台监控分站具有多个输入通道，可以任意配置多种制式的传感器，各传感器至监控分站的有效传输距离为2km。各监控数据再通过监控分站接入井下环网交换机，然后由光缆传输至地表控制室内的综合信息管理平台系统中，并显示在大屏幕上，进一步实现对监测数据进行统一存储，提供实时数据、历史数据的访问接口。

2.3.3.3 通风系统检测传感器设置案例

余华寺矿区主通风机房已设置风速传感器，仅能监测总风量。根据"监测监控系统"

中通风系统检测的建设要求以及矿山生产实际情况，例如，张福山如下地点设立风速传感器：张福山东区-270m上、下盘回风道，张福山东区-200m东副井石门巷道，张福山东区-298m分段巷道与采场回风天井联络道；张福山西区-410m中段采场回风天井与-340m中段相连的回风联络道，张福山西区-340m西风井石门巷道，张福山西区-270m西回风井马头门；余华寺-200m水平与回风斜井联络道，余华寺矿区-242m分段巷道与采场回风天井联络道。其中张福山东区设立9套风速传感器，张福山西区设立8套风速传感器，余华寺矿区设立4套风速传感器，总计21套。张福山东区-270m回风水平1号、2号风机硐室及张福山西区-270m西回风井联络道处风机硐室设风压传感器和开停传感器，共设3套风压传感器和3套开停传感器。

监控分站为矿用本安型，工作电压为DC18V，最大工作电流不大于250mA，可接受200~1000Hz频率型模拟量，可接受1~5mA或4~20mA电流型模拟量，频率型和电流型可通过跳线互换，模拟量的转换误差不大于1%。

2.3.4　地压监测系统

2.3.4.1　地压监测要求

（1）对于在需要保护的建筑物、构筑物、铁路、水体下面开采的地下矿山，应进行压力或变形监测，并应对地表沉降进行监测。（2）存在大面积采空区、工程地质复杂、有严重地压活动的地下矿山，应进行地压监测。（3）变形监测的等级和精度要求应满足GB 50026—2007有关要求。

2.3.4.2　地压监测设计内容

矿体的开采将引发采场地压活动，采场应力监测和变形监测是矿山生产管理的重要组成部分。通过现场监测数据的实时采样、在线传输、同步处理、及时反馈预警等功能，能有效提高矿山安全管理的高效化、自动化，同时通过对采样结果的点—线—面综合分析，得到采场地压活动规律，为矿山生产决策提供有力依据。

2.3.4.3　采场压力监测布置

A　系统功能

整个系统具有模拟信号与数字信号转换，历史记录查询，数据采集、传输、存储、处理、显示、打印，声光预警，远程控制等功能。采场压力监测系统具备以下几个功能：实时监测矿山关键位置的应力变化，诊断和预报高应力灾害区域和危险程度；采场地压历史记录查询与分析；井下与地表数据的同步传输及监测数据的在线管理。

B　系统结构

采场地压监测预警系统共包含如下三大功能模块：地压测量和采集系统，信号转换传输系统，信号分析处理系统。

该系统由以下十个部分组成：压力传感、压力变送、模拟信号传输、I/V转换、下位机数据采集与处理、数字信号传输、光电转换、上位机数据采集与处理、远程控制、数据管理。

C　压力监测点布置

根据各区矿、岩工程地质条件，矿岩较破碎，为压力监测的主要位置。

例如，金山店铁矿东区生产中段为－340m 中段，下盘矿体即 II 矿体已开采完，待开采矿体为东区 I 矿体，目前生产分段水平为－298m 出矿水平，－312m 采准水平。东区－298m、－312m 水平矿体较厚度大区域即进路垂直矿体走向布置的区域每条进路布置 2 个监测点；东区－298m、－312m 水平进路沿走向布置区域每条进路布置 1 个监测点；总共 55 个压力监测点。

2.3.4.4　变形监测

A　系统功能

（1）井下关键部位采准工程的收敛及顶板变形测量，变形数据的汇总分析、危险性评价、灾害预报。

（2）变形点监测数据历史记录查询与分析。

B　变形监测系统结构组成

（1）井下测量系统，主要包括收敛变形测量系统、顶板下沉量测量系统。（2）数据分析处理系统，对监测数据按一定时间间隔进行测量录入，形成监测点变形量的历史曲线，可实现在线数据查询、打印等功能。（3）破坏预警系统，通过输入变形破坏判定原则，确定监测位置的危险等级，按照不同颜色预警显示。

C　监测设备

变形监测包括收敛变形监测和顶板离层监测，收敛变形量使用的数显收敛计。顶板围岩变形采用顶板离层仪监测，通过不同埋点的相对读数得到巷道顶板变形。

D　技术指标

（1）收敛计技术指标：测量范围为 0.5～30m；数显示值为 0.5～30m；测量精度为 0.1mm；分辨率为 0.01mm；数显示值稳定度为 24h 内不大于 0.01mm。（2）顶板离层仪技术指标：基点量程为 150mm；深基点量程为 210mm；精度为 ±1mm；浅基点测量范围为 3m；深基点测量范围为 8m。

E　变形监测点位布置

例如，金山店东区矿岩较破碎，地压显现较明显。东区－298m、－312m 水平矿体较厚度大区域即进路垂直矿体走向布置的区域每条进路布置 2 个变形监测点；东区－298m、－312m 水平进路沿走向布置区域每条进路布置 1 个变形监测点；总共 55 个变形监测点。

2.4　矿山传感感知系统应用案例

2.4.1　微震监测系统

冲击矿压灾害是一种开采诱发的矿山地震，不仅造成井巷破坏、人员伤害、地面建筑物破坏，而且会引发煤矿瓦斯、煤尘爆炸。由于这种灾害发生时间、地点、区域、震源等的复杂多样性和突发性，对其防治，特别是预测是世界性的难题。微震监测系统可实现对矿井包括冲击矿压在内的矿震信号进行远距离、实时、动态、自动监测，给出冲击矿压等矿震信号的完全波形（见图 2-8）。通过分析研究，可准确计算出能量大于 100J 的震动及冲击矿压发生的时间、能量及空间三维坐标，确定出每次震动的震动类型，判断出冲击矿压发生力源，对矿井冲击矿压危险程度进行评价；能分析出矿井上覆岩层的断裂信息，描述空间岩层结构运动和应力场的迁移演化规律，为矿山的安全生产服务。

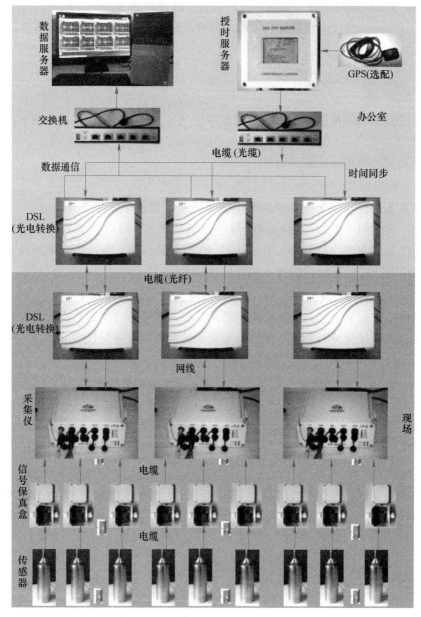

彩色原图

图 2-8　微震监测系统拓扑图

微震监测仪能够监测矿山井下开采引起的冲击矿压及微震事件并提供以下功能：

（1）岩体震动信号的采集、记录和分析。系统能够即时、连续、自动采集矿山岩体震动信号，自动生成震动信号图，进行记录并进行滤波处理，自动保存；定期打包保存震动记录信息；历史震动信息主站全部浏览和分析。

（2）多组波形分析。可进行积分、微分、滤波和频谱分析等；可进行矿震参数的输入和修改、岩层中震动波传播速度的确定、误差分析等。

（3）矿震三维定位和能量计算。手动（自动）捡取监测通道信息进行震源定位，自动计算震动能量，并将震源位置和能量显示在矿图上，矿图能够放大和平移，方便观察震动源点，并可以以文件的方式打印出来。

（4）自动检测设备工作状态。地面信号采集站自动检测微震探头的工作状态及信号线路的通信状态。

（5）系统可以监测和定位能量大于100J、频率在0~600Hz的震动。

（6）记录信号报警功能。

2.4.2 变形监测与点云数据融合与应用

2.4.2.1 研究背景

通过监测巷道顶板下沉、两帮移近的收敛变形，根据是否超过安全阈值，可以判断巷道变形是否影响巷道的正常使用、是否存在稳定性隐患，收敛变形监测已被公认为是岩体工程测试的主要方法之一，测量方法从传统的接触式收敛仪到最近发展起来的非接触式激光测量，人们做了大量研究，提出了三维数据可视化方法，建立了变形监测系统，在岩土工程应用中发挥重要作用。接触式测量通过在巷道内埋设监测点，量测两点间距离的变化来监测围岩的变形量，由于仪器便宜、简单易行、数据较为可靠，一直是矿山生产监测中常用的手段，但是数据的后处理一般还是采用 Excel 等半手动的处理方法，在收敛展示上用监测点变形曲线或巷道断面变形云图来表达，不足以直观显示真实巷道的收敛变形情况；新型的非接触式激光测量能够全面扫描整个巷道，形成大量的点云数据，可以逼真再现巷道，但是在仪器价格、测量精度、不影响井下生产连续监测等方面还有待进一步提高。因此把两者优势结合起来，建立一种巷道表面收敛变形方法，在保证监测简单、数据可靠的前提下，利用激光测量建立巷道表面模型、空间插值技术来弥补采样点数据信息的不全面，直观动态显示收敛分布与变化趋势。

2.4.2.2 基本思路

基于激光点云及收敛监测数据，利用 HOOPS 图形引擎壳体颜色更新 API，在不考虑旋转、消隐、明暗处理算法和图形硬件设备的前提下，实现三维收敛量云图的可视化动态显示，具体实现步骤如下：

（1）利用 CMS 激光扫描获取被监测巷道的点云数据，转换成大地坐标，根据三角形生长算法，生成用于显示收敛量三维云图的巷道几何壳体模型，并保留三角形断面的顶点坐标，用于后期的插值操作。

（2）利用全站仪获取监测点的坐标，根据监测断面的布置形式（三点式、四点式、五点式等，见图 2-9），考虑对作业生产影响，选择相应计算公式，计算出监测点的收敛值，形成监测收敛量原始数据。

（3）在时间域内，应用线性插值算法，对监测点的收敛值进行插值，加密测量数据，保证动画显示流畅；在空间域内，选择合适的空间插值算法，计算巷道壳体三角形顶点的收敛量。

（4）根据三角形顶点的收敛量数值，按照收敛量与颜色索引对应关系，将监测数值转

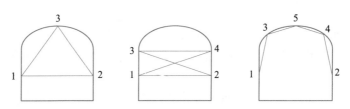

图 2-9　巷道收敛监测断面布置形式

换为 RGB 的色彩索引作为点云绘制的颜色值，利用 HOOPS 的顶点颜色索引动态修改 API，完成三维云图的绘制；按照时间序列，进行顶点颜色索引的动态修改，并在刷新场景后形成收敛量的三维云图动态显示。

2.4.2.3　体系结构

系统主要由收敛仪传感器、前置服务器、数据服务器和客户端监测应用四部分组成，如图 2-10 所示。

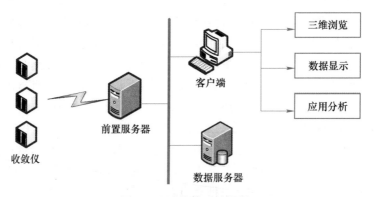

图 2-10　系统体系结构图

（1）收敛仪传感器是系统的基础监测数据来源，其主要部件为拉线位移传感器，将机械位移量转换成可计量的、成线性比例的电信号。

（2）前置服务器位于井下，一方面通过无线方式连接收敛仪，采集收敛仪的监测信号并进行存储；一方面通过光纤局域网把数据上传到地面数据库服务器中。

（3）地面数据库服务器中除了存储实时监测信息外，还存储传感器监测点的位置、点云数据等信息，便于监测点绘制与查询、计算收敛量。

（4）客户端监测应用核心是三维云图显示，显示不同监测点的位置、巷道表面任意一点收敛值并实时显示收敛量云图；同时支持监测数据的历史查询与动态云图回放。

2.4.2.4　软件系统功能设计

根据巷道收敛监测的处理流程及功能需求，进行系统功能模块设计，系统总体功能由工程管理、数据输入、基本操作、数据显示分析四大部分组成，总体功能框架如图 2-11 所示。

2.4.2.5　工程应用

铁蛋山矿位于辽宁朝阳北票市城区北东方向 50km 处，矿体赋存条件复杂、结构破碎，围岩抗压强度低、变形大、来压快、遇水极易破碎膨胀，导致其矿山沿脉运输巷道的稳定性问题十分突出，巷道施工完毕后不久即产生开裂变形，进而产生片帮、冒落和沉降变

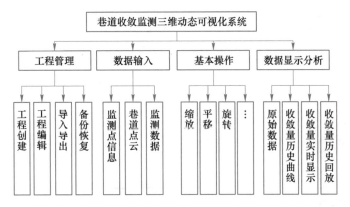

图 2-11 巷道收敛监测三维动态可视化系统功能结构图

形，严重影响了矿山的开采和运输。为了弄清巷道变形区域、大小及分布规律，项目组在 +35m 水平和+20m 水平位置进行巷道收敛监测，历时 3 个月时间，利用本系统获得了 8 个断面 40 个监测点共 7 万多条收敛记录（见图 2-12）。通过给定任意巷道断面点或时间范围，可显示收敛量三维云图和查询收敛数据信息，并实现收敛量随时间变化过程的实时动态显示。通过图 2-13 可以观测出在第 8 监测断面处巷道的收敛量由小到大的动态发展过程，突出展现了存在大变形的区域及被监测巷道的变形不规律，点击巷道的任意点，可以显示出该点的收敛量历史变化曲线，进而分析巷道收敛的变化趋势，根据巷道变形的安全阈值，在第 8 监测断面附近及巷道交叉处进行支护。

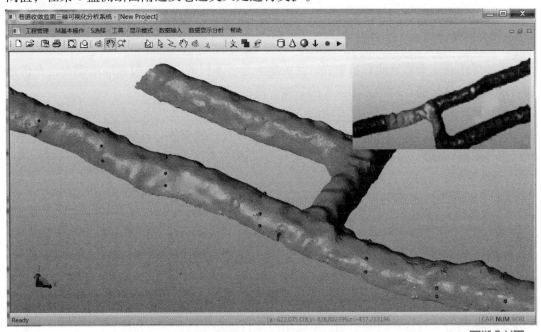

图 2-12 铁蛋山收敛量三维云图动态显示结果

彩色原图

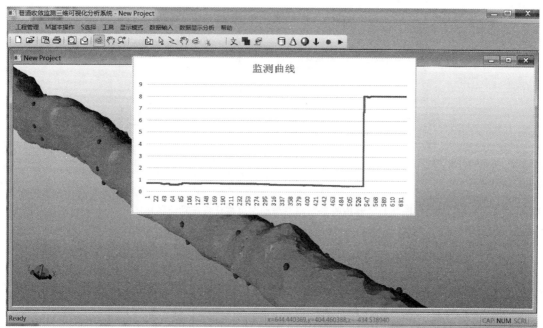

图 2-13　监测点收敛量查询与历史曲线可视化结果

彩色原图

2.5　矿山物联网系统集成设计

2.5.1　系统集成的定义与特点

智能矿山是多个系统的有机集成，系统集成是将不同的系统，根据应用需要，有机地组合成一个一体化的、功能更加强大的新型系统的过程和方法。

系统集成是在系统工程科学方法的指导下，根据用户需求，优选各种技术和产品，将各个分离的子系统连接成为一个完整可靠、经济和有效的整体，并使之能彼此协调工作，发挥整体效益，达到整体性能最优。

系统集成有以下几个显著特点：

（1）系统集成要以满足用户的需求为根本出发点；

（2）系统集成不是选择最好的产品的简单行为，而是要选择最适合用户的需求和投资规模的产品和技术；

（3）系统集成不是简单的设备供货，它体现更多的是设计、调试与开发的技术和能力；

（4）系统集成包含技术、管理和商务等方面，是一项综合性的系统工程，技术是系统集成工作的核心，管理和商务活动是系统集成项目成功实施的可靠保障；

（5）性能性价比的高低是评价一个系统集成项目设计是否合理和实施是否成功的重要参考因素。

总而言之，系统集成既是一种商业行为，也是一种管理行为，其本质是一种技术行为。

2.5.2　系统集成的要求

物联网系统集成通过结构化的拓扑设计和各种网络技术，将各个分离的设备、功能和信息等集成到相互关联、统一协调的系统之中，使资源达到充分共享，实现集中、高效、便利的管理。系统集成应采用功能集成、网络集成、软件界面集成等多种集成技术。

系统集成实现的关键在于解决系统之间的互联和互操作性问题，它是　个多厂商、多协议和面向各种应用的体系结构。这需要解决各类设备、子系统间的接口、协议、系统平台、应用软件等与子系统、建筑环境、施工配合、组织管理和人员配备相关的一切面向集成的问题。

系统集成本质就是最优化的综合统筹设计，即所有部件和成分合在一起后不但能工作，而且全系统是低成本的、高效率的、性能匀称的、可扩充性可维护的系统。为了达到此目标，需要高素质的系统集成技术人员，他们不仅要精通各个厂商的产品和技术，能够提出系统模式和技术解决方案，更要对用户的业务模式、组织结构等有较好的理解。同时还要能够用现代工程学和项目管理的方式，对信息系统各个流程进行统一的进程和质量控制，并提供完善的服务。

2.5.3　系统集成的步骤

网络系统集成的步骤通常有网络系统的需求分析、逻辑网络的设计、物理网络设计、选择系统集成商或设备供货商、系统安装和调试、系统验收与测试、用户培训和系统维护。

2.5.3.1　网络系统的需求分析

需求分析是从软件工程和管理信息系统引入的概念，是任何一个工程实施的第一个环节，也是关系一个物联网系统设计工程成功与否最重要的砝码。如果物联网系统设计工程应用需求分析做得透，物联网系统设计工程方案的设计就会赢得用户方青睐。同时网络系统体系结构架构得好，物联网系统设计工程实施及网络应用实施就相对容易得多。反之，如果设计方没有对用户方的需求进行充分的调研，不能与用户方达成共识，那么随意需求就会贯穿整个工程项目的始终，并破坏工程项目的计划和预算。从事信息技术行业的技术人员都清楚，网络产品与技术发展非常快，通常是同一档次网络产品的功能和性能在提升的同时，产品的价格却在下调。这也就是物联网系统设计工程设计方和用户方在论证工程方案时一再强调的工程性价比。

因此，物联网系统设计工程项目是贬值频率较快的工程，贵在速战速决，使用户方投入的有限的工程资金尽可能快地产生应用效益。如果用户方遭受项目长期拖累，迟迟看不到系统应用的效果，集成公司的利润自然也就降到了一个较低的水平，甚至到了赔钱的地步。一旦集成公司不盈利，用户方的利益自然难以保证。因此，要把网络应用的需求分析作为网络系统集成中至关重要的步骤来完成。应当清楚，反复分析尽管不可能立即得出结果，但它却是物联网系统设计工程整体战略的一个组成部分。

需求分析阶段主要完成用户方网络系统调查，了解用户方建设网络的需求，或用户方对原有网络升级改造的要求。需求分析包括物联网系统设计工程建设中的拓扑结构、网络环境平台、网络资源平台、网络管理者和网络应用者等方面的综合分析，为下一步制订适合用户方需求的工程方案打好基础。

A   物联网系统工程需求调研

需求调研的目的是从用户方网络建设的需求出发，通过对用户方现场实地调研，了解用户方的要求、现场的地理环境、网络应用及工程预计投资等情况，使工程设计方获得对整个工程的总体认识，为系统总体规划设计打下基础。

这里首先要进行网络用户调查。网络用户方调查是与需要建网的企事业单位的信息化主管、网络信息化应用的主要部门的用户进行交流。一般情况下可以把用户方的需求归纳为以下几个方面：

（1）网络延迟与可预测响应时间；

（2）可靠性/可用性，即系统不停机运行；

（3）伸缩性，网络系统能否适应用户不断增长的需求；

（4）高安全性，保护用户信息和物理资源的完整性，包括数据备份、灾难恢复等。

概括起来，系统分析员对网络用户方调查可通过填写调查表来完成。

其次要进行网络应用调查，弄清用户方建设网络的真正目的。一般的网络应用，从文件信息资源共享到 Intranet/Internet 信息服务（WWW、E-mail、FTP 等），从数据流到多媒体的音频、视频多媒体流传输应用等。只有对用户方的实际需求进行细致的调查，并从中得出用户方的应用类型、数据量的大小、数据源的重要程度、网络应用的安全性及可靠性、实时性等要求，才能设计出适合用户实际需要的物联网系统工程方案。应用调查通常由网络系统工程师深入现场，以会议或走访的形式，邀请用户方的代表发表意见，并填写网络应用调查表。网络应用调查表设计要注意网络应用的细节问题，如果不涉及应用开发，则不要过细，只要能充分反映用户方比较明确的需求、没有遗漏即可。

B   网络安全、可靠性分析

一个完整的网络系统应该渗透到用户方业务的各个方面，其中包括比较重要的业务应用和关键的数据服务器。安全需求分析具体表现在以下几个方面：

（1）分析存在弱点、漏洞与不当的系统配置；

（2）分析网络系统阻止外部攻击行为和防止内部员工违规操作行为的策略；

（3）划定网络安全边界，使内部网络系统和外界的网络系统能安全隔离；

（4）确保租用通信线路和无线链路的通信安全；

（5）分析如何监控内部网络的敏感信息，包括技术专利等信息；

（6）分析工作桌面系统的安全。

为了全面满足以上安全系统的需求，必须制订统一的安全策略，使用可靠的安全机制与安全技术。安全不单纯是技术问题，而是策略、技术与管理的有机结合。

C   工程预算分析

首先要设法弄清建网单位的投资规模，即用户方能拿出多少钱来建设网络。一般情况下，用户方能拿出的建网经费与用户方的网络工程的规模及工程应达到的目标是一致的。用户方在认定合作者时，要对系统集成商的工程方案、工程质量、工程效率、工程服务、工程价格等，进行全面、综合的考虑。只有知道用户方对网络投入的底细，才能据此确定网络硬件设备和系统集成服务的"档次"，产生与此相配的网络设计方案。

2.5.3.2　逻辑网络的设计

逻辑网络是指将各种不同应用的信息通过高性能的网络设备相互连接起来，提供可靠、连续的通信能力，并使网络资源的使用达到最优化的程度。逻辑设计过程主要由以下三个步骤组成：确定逻辑设计目标、网络服务评价、技术选项评价。逻辑网络设计目标主要来自需求分析说明书中的内容，网络需求部分。

第一，逻辑网络设计的目标包括以下一些内容：合适的应用运行环境、成熟而稳定的技术选型、合理的网络结构、合适的运营成本、逻辑网络的可扩充性能、逻辑网络的易用性、逻辑网络的可管理性、逻辑网络的安全性。

第二，网络服务评价涉及服务质量和安全。网络管理服务可为服务质量提供保障。常用网络管理服务包括：网络故障诊断、网络的配置及重配置、网络监视。在网络安全上，应明确需要安全保护的系统、确定潜在的网络弱点和漏洞、尽量简化安全制度。

第三，技术选项评价，包括通信带宽、技术成熟性、连接服务类型、可扩充性、高投资产出。

2.5.3.3　物理网络设计

依据逻辑网络设计的要求，确定设备的具体物理分布和运行环境；分析现有网络和新网络的各类资源分布，掌握网络所处的状态；根据需求规范和通信规范，实施资源分配和安全规划；理解网络应该具有的功能和性能，最终设计出符合用户需求的网络。在物理网络设计中，设备选型要考虑的产品技术指标有：成本因素、与原有设备的兼容性、产品的延续性、设备可管理性、厂商的技术支持、产品的备用备件库、综合满意度分析、对于网络安全设备是否通过了国家权威机构的评测。物理层技术选择原则包括可扩展性与可伸缩性、可靠性、可用性和可恢复性、安全性、节约成本。

2.5.3.4　选择系统集成商或设备供货商

系统集成商指能为客户提供系统集成产品与服务的专业机构，通常为法人企业或企业联合。系统集成商需要有一定的资质认证，需要掌握三种技术：网络、软件、业务。系统集成包括设备系统集成和应用系统集成。因此系统集成商也分为设备系统集成商和应用系统集成商。系统集成商需要具有国家建设部、工信部、公安部颁发的专业资质，对于不同的项目，应需要其中一项或多项专业资质。另外，系统集成商必须掌握集成领域的主要厂商的技术、产品与应用方案，因此也需获得厂商的技术工程师认证和集成商资格认证。系统集成商通常由厂商供货或厂商的分销商供货。

一般选用下列方式之一挑选供货商：

（1）招标选择供货商，这种方式适用于采购标的数额较大、市场竞争比较激烈的设备供应，易于使采购方获得较为有利的合同价格。

（2）询价—报价—签订合同：采购方向若干家供货商发出询价函，要求他们在规定时间内提出报价。采购方收到各供货商的报价后，通过对产品的质量、供货能力、报价等方面综合考虑，与最终选定的供货商签订合同。

（3）直接订购：采购方直接向供货商报价，供货商接受报价，双方签订合同。大型设备采购合同由于标的物的特殊性，要求供货方应具备一定的资质条件，因此均应采用公开招标或邀请招标的方式，由采购方以合同形式将生产任务委托给承揽加工制造的供货商来实施。

2.5.3.5　系统安装和调试

安装与调试流程可分为如下几个部分。

（1）设备要求：网络设备应安装整齐，固定牢靠，便于维护和管理，高端设备的信息模块和相关部件应正确安装，空余槽位应安装空板；设备上的标签应标明设备的名称和网络地址，跳线连接应稳固，走向清楚明确，线缆上应有标签。

（2）机柜安装：设备根据设计要求安装在标准机柜内或独立放置。除机械尺寸注意空间外，还须满足水平度和垂直度的要求，螺钉安装应紧固，最重要的是设备本身及机架外壳的接地线符合规范标准和设计要求。

（3）系统配置：检查系统配置要求。按各生产厂家提供的安装手册和要求，规范地编写或填写相关配置表格并应符合网络系统的设计要求。按照配置表，通过控制台或仿真终端对交换机进行配置，保存配置结果。

（4）连通性测试：连接相关的广域网接入线路观察接入设备运行状态及 IP 地址，确认正常连接及路由的配置正确。从接在网络集线器或交换机端口的站点上 Ping 接在另一端口站点的 IP 地址，检查网络集线器或交换机端口的连通性，确认所有的端口均应正常连通。连通性检测方法可采用相关测试命令进行测试；或根据设计要求使用网络测试仪测试网络的连通性。路由检测方法可采用相关测试命令进行测试；或根据设计要求使用网络测试仪测试网络路由设置的正确性。

（5）网管软件测试包括：

1）软件的版本及对应的操作系统平台与设计（或合同）相符；

2）配置一台网络管理软件所需的计算机，并安装好网络管理软件所需的操作系统；

3）按照网络管理软件的安装手册和随机文档，安装网络管理软件，并符合设计要求。

（6）网络管理软件应具备如下管理功能：

1）网管系统应能够搜索到整个网络系统的拓扑结构图和网络设备连接图；

2）网络系统应具备自我诊断功能，当某台网络设备或线路发生故障后，网管系统应能够及时报警和定位故障点；

3）应能够对网络设备进行远程配置，检测网络的性能，提供网络节点的流量、广播频率和错误率等参数；

4）网络管理软件功能测试，应符合设计和合同要求。

确认网络管理软件能够监测所需管理的设备的状态和动态地显示网络流量，并据此设置这些设备的属性，使网络系统得到优化。

（7）设备容错测试：容错功能的检测方法应采用人为设置网络故障，检测系统正确判断故障及自动恢复的功能，切换时间应符合设计要求。检测内容应包括以下两个方面：

1）对具备容错能力的网络系统，应具有错误恢复和隔离功能，主要部件有备份，并在出现故障时可自动切换；

2）对有链路冗余配置的网络系统，当其中的某条链路断开或有故障发生时，整个系统仍应保持正常工作，并在故障恢复后应能自动切换回主系统运行。

2.5.3.6　系统验收与测试

验收可能由软/硬件设备采购、应用系统开发、整体安装部署等多个方面组成，验收工作根据子系统不同参考产品采购项目、应用系统开发项目等进行。

2.5.3.7 用户培训和系统维护

网络系统维护是为保证系统能够正常运行而进行的定期检测、修理和优化。应严格按照 ISO9001：2000 质量体系标准，运用完整的质量管理运作流程，总结出一套适宜的网络应用案例的作业保证体系，不但为客户提供各种最佳设计和实施方案，而且为保证方案的应用落实提供优质、可靠的服务保障体系。另外，为使系统操作用户尽快了解和掌握系统的使用方法，做好系统的维护和应用的培训也十分重要。

网络服务的维护方法与保障机制应包括：为所有网络设备进行全面维护、升级和标准化工作；为客户提供信息技术知识咨询、操作、维护等方面的技术培训工作；建立客户网络信息化档案。维护档案内容包括：申请人、时间、机器名、服务内容、故障现象、处理结果、维护人员、验收人员等信息情况；维护档案一式两份，双方各执一份，以便查询。

服务保障机制的建立包括：

（1）建立行业服务中心，专业人员与队伍来保证对客户的及时服务。

（2）保证各类问题及时响应服务。

（3）服务有电话支持、网络支持、现场服务：通过电话服务对客户的故障设备做出基本故障判定、故障排除、操作指导的服务；通过电子邮件等网络交流方式向客户提供技术支持；需现场服务的保证及时到位，排除故障。

———— 本 章 小 结 ————

智能的重要支撑技术之一即是智能感知，需要利用矿山各个系统中安装的各种传感器获取生产和环境信息，并利用智能推理达到正确识别生产和环境的目的，在此基础上才能完成自动控制和执行。为了达到这个目的，需要在网络化系统的支撑下，使信息充分发挥纽带和桥梁作用，将各系统平台链接成一个结构紧密、反应灵敏、能充分发挥各平台优势的网络化体系结构。用于信息感知的无线传感器网络的出现，为数据获取提供了便利，并且还可以避免传统数据收集方式给环境带来的侵入式破坏。

本章从矿山物联网的基础出发，具体讲述了智能金属矿山物联网感知系统的信息传输网络和数据中心，介绍了矿山感知系统的主要组成部分，给出了地压监测系统的应用案例，最后详细讲述了矿山感知物联网系统集成的设计要求和设计步骤。

思 考 题

1. 简述目前物联网体系结构的研究现状。你认为目前有被产业界广泛认同的矿山物联网体系结构吗？无论有无请阐述你的理由。

2. 简述网络系统设计的目标、原则、步骤以及折中考虑。

3. 简述感知层涉及的主要技术及其特点。

4. 简述 RFID 分类与工作原理。

5. 目前有哪些主要的 RFID 标签冲突避免算法？各有何优缺点？

6. 简述感知层面临的主要安全问题及其目前的对策。

7. 简述矿山重要的感知系统。

8. 矿山物联网感知系统集成设计的要求和步骤是什么？

3 智能金属矿山的智能装备执行系统

本章提要

　　智能矿山的装备生产系统是智能化开采的执行系统，也是当前研究的热点和亮点，最能够提升矿山的效益，减人无人提升安全。金属矿山开采环境复杂、作业地点分散、生产流程不连续、大部分矿山生产规模较小等实际情况，在凿岩、装药、出矿、支护、溜井放矿、运输提升等采矿重点作业环节，设备分散、动态性强、作业环境恶劣、安全隐患突出，鼓励矿山企业利用虚拟仿真、自动控制、人工智能等多种手段，着力提升装备水平、实现自动控制与自主运行，实现作业的自动化、智能化与现场无人少人化，提升整个矿山的安全水平与生产效率。

　　通过本章学习，了解主要智能装备系统的主要组成部分，包括采掘无轨设备、铲运机、凿岩机、无人驾驶系统、智能调度系统、通风、提升、供电和给排水等智能装备和系统，了解各个系统的简介、主要功能和系统特点，能够在矿山设计中选用智能装备时查阅资料进行选型。

3.1　智能采掘无轨系统

　　无轨设备的无人化作业是矿山智能化的关键系统，其核心技术包括设备的线控系统、定位导航和安全系统构建。通过低延时无线网络通信（5G）、智能导航、远程控制等技术与系统的开发和应用，构建井下无轨运输智能化系统，解决采矿生产安全、效率和成本问题（见图 3-1 和图 3-2）。

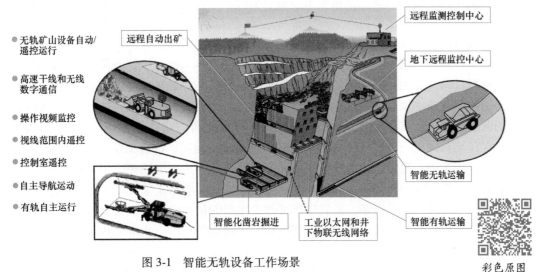

图 3-1　智能无轨设备工作场景

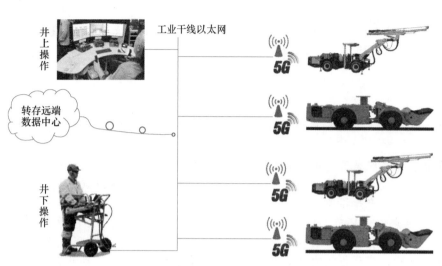

图 3-2　无轨设备控制系统拓扑图

彩色原图

3.1.1　智能凿岩机

凿岩机是用来对矿岩进行钻孔等作业的机械化设备。钻孔爆破法是最常用的采矿方法。它首先用凿岩机械在岩石的工作面上开凿一定深度和孔径的炮孔，然后装药爆破，最后将爆破后的碎石由装岩设备运走，实现凿岩和掘进。钻孔爆破法作业循环包括钻孔、装药、爆破、出渣、喷锚支护等过程，钻孔爆破法施工中使用的凿岩机械有凿岩机和凿岩台车。凿岩设备的发展历史较久，1844 年生产出第一台气动凿岩机。20 世纪 70 年代，液压凿岩机开始投入使用，并迅速占领了大部分国外市场，与此同时，电动凿岩机、内燃凿岩机也有了较大发展。根据采用的动力不同，凿岩机可分为气动凿岩机、液压凿岩机、内燃凿岩机和电动凿岩机等。

凿岩爆破法对坚硬岩石的巷道掘进与矿石开采所耗能量小、成本低。但凿岩是较繁重的生产环节，用人工或气腿式凿岩机凿岩，劳动强度大、工效低、作业条件差，已经不能满足日益增长的工业生产的需要。凿岩钻车是将一台或几台凿岩机连同自动推进器一起安装在特制的钻臂或钻架上，并配以行走机构，使凿岩作业实现机械化。凿岩时它能做到：

（1）按炮孔布置图的要求，准确地找到工作面所要凿的炮孔位置和方向；（2）排除岩粉并保持炮孔深度一致；（3）将凿岩机顺利地推进或退出，改善工作人员劳动条件。

在采矿作业中，根据矿体的赋存条件和不同的采矿方法，选用相应的采矿钻车，可以提高采矿生产率，减小劳动强度；既改善了工作条件，又增强了采矿作业的安全性。

在中小型露天矿或采石场，凿岩钻车可作为主要的钻孔设备；在大型露天矿，凿岩钻车可以用于辅助作业，完成清理边坡、清底和二次破碎等工作。水电工程、铁路隧道、国防等地下工程，采用凿岩钻车钻孔，具有更大的优越性。

凿岩钻车类型很多，按驱动动力可分为电动、气动和内燃机驱动的钻车；按装备凿岩机的数量可分为单机钻车、双机钻车、三机钻车、多机钻车等（见图3-3和图3-4）。

图 3-3 凿岩机工作场景

图 3-4 凿岩机精确控制概念图

在凿岩台车的基础上，进行改装形成智能凿岩机，系统先进、凿岩速度快、工作效率高，整机结构紧凑，机动灵活，具有高效、安全、节能、环保、可改善人员作业环境等优势。一般能够实现自动布孔，高精度导航对孔，自动检测钻孔深度。

自动布孔：

（1）高精度采点仪器，现场采集爆区区域；

（2）根据爆区区域和布孔规则，自动布孔并上传爆区布孔地图。

自动检测钻孔深度：

（1）采用深度采集仪器，通过深度采集仪器返回的数据，实时计算当前钻机打孔深度，并图文并茂地显示在智能终端上；

（2）达到目标深度，给予语音提示；

（3）打完的孔位的信息自动上传至数据库，并自动形成报表。

效益分析：

（1）自动布孔较传统的布孔方式省时省力，保证孔网参数，不会出现布错孔的情况；

（2）自动布孔由技术员布孔较以前的布控方式更加自由，方便，快捷；

（3）高精度自动对孔较传统的对孔方式更快捷、方便，大大提高钻机对孔速度和效率；

（4）高精度自动对孔较传统的对孔方式对于对孔精度大大提升，可保证在10~15cm；

（5）高精度自动对孔较传统的对孔方式对于钻孔效率大大提高，每班可调高5%的工作量；

（6）自动检测钻孔深度精度在+10cm上下，提供钻头高程，保证爆破效果，节省爆破材料。

3.1.2　智能装药机

智能装药车模型如图3-5所示。

图3-5　智能装药车模型

新型装药机采用柴油液压驱动，适用于地下矿山和隧道的生产装药，最大工作面高度达8m，装载的铵油炸药船可提供数个工作面使用，不用中途添加炸药。可以把炸药、起爆药和雷管等现场所有需要的材料一次带到工作场所，并且省去了额外的炸药维修车。在向上1：7倾斜隧道中，高效运行，最高速度为10km/h。

驾驶室配有关键的仪表控制台，提供了良好的前后视野。封闭的驾驶室提供的噪声水平小于75dB。CAN总线载体控制系统带有故障诊断。每天都可以在地面进行检查。这个还不能称作完全意义上的智能装药机，仍然需要人工来进行驾驶操作。智能装药车地面调试如图3-6所示。

适应性广：采用满足矿安标准的汽车底盘，满足矿山井下运输、作业及环保要求。装药车（器）型可装填系列化乳化炸药半成品（乳化基质，配备敏化系统）及乳化炸药成品（不含敏化系统）。适应于各类岩石特性的井下矿山开采、岩土开挖、巷道掘进等工程爆破作业，特别是对提高井下矿山上向（下向）中深孔装药效率及施工安全度、推广爆破机械化装药具有广泛的市场前景。

图 3-6　智能装药车地面调试

装药适用的孔径：上向中深孔，$\phi 50 \sim 80mm$；下向孔或水平孔，不小于 $\phi 50mm$；根据炮孔深度可配备 $20 \sim 100m$ 装药管道。

节能、环保、成本优势：

（1）装药作业时采用压缩气源驱动，汽车发动机处于熄火状态，对作业面无尾气污染。

（2）装药过程中无废水、废料排放，基质或炸药成品运输桶均可回收使用，对作业环境无污染，装药车未使用完的原材料或炸药，待装药结束后通过返料泵返回原料桶内，车载原料罐几乎零存料，清理更为便捷。

（3）装药效率 $65 \sim 120kg/min$，一人操作即可，替代井下人工装药（特别是上向中深孔）效率提高 $5 \sim 10$ 倍。

（4）炮孔装药结构实现了全耦合装药，孔底线装药密度提高后，爆破效果得到有改善、大块率降低，可适当加大网孔设计参数，有利于降低爆破综合成本。

安全特点：

（1）装药车（器）采用活塞式柱塞泵灌装基质或炸药，该泵运行频率低、计量精准、运行稳定，实现了炸药本质安全。

（2）混装车（器）乳胶基质（或炸药）泵和敏化剂（水）泵联动、匹配运转，乳胶基质（或炸药）及敏化剂（水）按设定比例一并进入输药管道，敏化剂（水）在管道壁形成水环，大幅降低了输送压力，在临近管道出口端，两种原料才通过静态敏化器混合后形成炸药进入炮孔。装药压力（决定于管道长度）一般 $0.4 \sim 1.2MPa$，相对于同类型产品，压力降低 50%。

（3）装药动力来源为压缩空气，安全可靠。

3.1.3　智能喷锚机

混凝土喷涂机如图 3-7 所示。

图 3-7　混凝土喷涂机

喷涂机械手安装在一个坚固的履带式移动平台上,由最新一代强大而安静的柴油发动机驱动。两个强大的独立液压驱动轮毂马达允许现场转动。液压激活的稳定器确保在喷洒过程中载体的安全站立。包括额外的脚块在松软的地面和斜坡上提供更大的稳定性。机器中心易于接近的吊点允许轻松安全地起吊。动力电动机或柴油机为喷射臂和喷头提供用于动态喷洒操作的充足的液压动力。保护良好的空气/油冷却器提供连续运行所需的冷却能力。为了达到目的,在吊杆和托架上安装六个强大的 LED 灯,为工作环境提供了很好的照明,这使得任何额外的照明都省略了。喷射速度快,适用范围广。由于机器的稳定性以及从安全距离远程驾驶和喷洒,安全性进一步提高。此外,驱动轮毂电机配有弹簧接合制动器,只要操作员松开控制装置,该制动器就会启动。

3.2　井下智能遥控铲运机

智能铲运机工作场景如图 3-8 所示。

图 3-8　智能铲运机工作场景

3.2.1 铲运机智能化的发展背景和应用

在金属矿山的生产过程中，不论是露天矿的剥离与开采，还是井下矿的掘进与回采，经凿岩爆破作业崩落下来的岩石和矿石，都需要经装载作业将矿岩装入矿车、皮带运输机、自卸汽车或其他运输设备，以便运往井底矿仓、选矿场和废石场。

装载作业是整个采掘生产过程中最为繁重而又费时的工序。据统计，在井下巷道掘进中，消耗在装载作业上的劳动量占掘进循环总劳动量中的 40%～70%，而装载作业的时间一般占掘进循环总时间的 30%～40%。在井下回采出矿中，装载作业同样也占了很大的比重。显然，用于装载作业的生产费用将极大地影响每吨矿石的直接开采成本。所以，有效地提高装载机械生产能力，缩短装载作业时间，减轻装载劳动强度，并逐步提高装载工作机械化的配套水平，对促进采掘工业安全、高效、低成本的发展将起着重要的作用。

装载机是一种通过在前端安装一个完整的铲斗支撑结构和连杆，随机器向前运动进行装载或挖掘，以及提升、运输和卸载的自行式履带或轮胎机械。装载机具有作业速度快、效率高、机动性好、操作轻便等优点，广泛用于矿山、道路、建筑、水电和港口等工程建设。

随着地下矿山开采深度增加，地热、岩石压力也随之增加，采矿条件越来越恶劣。铲运机是地下无轨采矿的关键设备，为了保证操作人员的安全，地下铲运机的智能化程度也在不断提高。

国外铲运机智能化的发展经历了视距控制（Line of Sight Control）、视频遥控（Remote Control with Video）直到今天的远程控制（Tele-operation）、半自动（Semi-autonomous）与自动（Autonomous）控制的阶段。

铲运机远程遥控系统一般包含地面操作平台、车载控制单元、车载导向系统、车载视频系统、隔离光栅系统、通信传输系统六大部分。

地面操作平台：即指地面监控中心操作平台或井下操作室操作平台，可以实现对整个系统的操作、查看视频及检测设备状态，包括操作平台、遥控座椅、大尺寸曲面液晶屏幕、嵌入式数据分析处理器、视频处理软件、状态信息处理显示软件等。

车载控制单元：安装在受控车辆上，是铲运机实现远程遥控和自动化工作的执行部件，由接收控制指令、状态监测模块等部件组成。

车载导向系统：实现铲运机在井下巷道内的导向行走，由激光扫描仪、加速度传感器、角度传感器、旋转编码器、导向处理器等。

车载视频系统：实现车辆前后左右四个方向视频图像的实时采集，使操作人员可以对车辆进行远程操作，由高清红外摄像头、嵌入式视频采集模块、无线网桥等组成。

隔离光栅系统：可以把铲运机的工作区域独立出来，避免无关车辆、人员的闯入，由光幕传感器、反光板、光栅发射器、车载控制器等组成。

通信传输系统：用于确保发射系统、接收系统的控制信号视频数据实时、准确地在监控中心和工作面车辆之间传输，包括车辆运行轨迹上分布的专用无线 AP、矿用千兆交换机、工业路由器等设备。

智能铲运机总体逻辑及相关操作如图 3-9～图 3-13 所示。

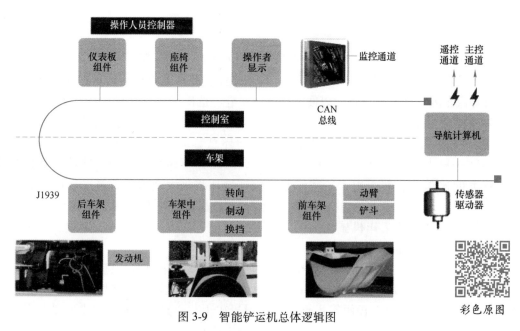

图 3-9 智能铲运机总体逻辑图

彩色原图

图 3-10 井下智能遥控铲运机

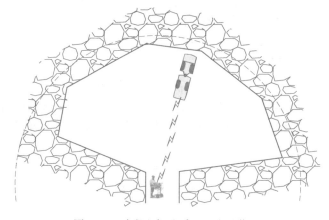

图 3-11 阶段空场法采空区出矿作业

图 3-12 操作台控制肩背式操作

图 3-13 遥控铲运机的远程控制

3.2.2 智能铲运机电液控制系统

智能遥控铲运机的电液控制系统在原常规手动操纵铲运机的液压系统基础上，结合电液控制模块构成，可将电控制指令转换成液压能量，驱动执行机构实现设备动作。系统由工作液压系统、转向液压系统、制动液压系统、油门控制液压系统、换挡控制液压系统组成。每一部分均设有手动控制和电气自动控制两种操作方式，满足铲运机在各种工作条件下的操纵要求。

3.2.3 无线遥控系统

无线遥控系统主要由发射机、接收机、机载 PC 和执行器组成，系统框图如图 3-14 所示。发射机产生所需要的控制指令，通过天线将遥控指令信号发射出去（见图 3-15）。接收机接收指令信号送到执行控制器，由执行控制器来实现必要的控制逻辑和功率放大。由执行控制器输出的控制信号直接驱动执行器——电液比例控制系统，电液比例控制系统控制铲运机前进、后退、转向、工作装置、制动，从而实现无线遥控操作。

3.2.4 自主行驶关键技术

3.2.4.1 遥控视频系统

远程遥控视频系统可帮助操作者在工作区域内获得视线之外、视频系统设备周围的清晰

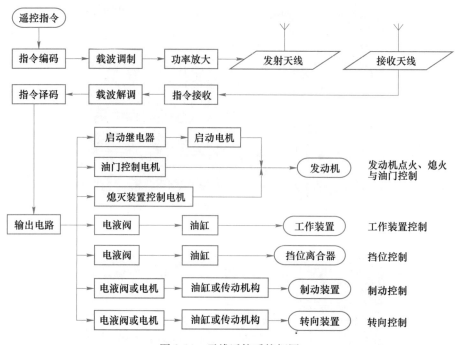

图 3-14   无线遥控系统框图

图 3-15   无线遥控器

视频图像，可应用于操作人员无法直视且不安全的工作区域。遥控视频系统组成如图 3-16 所示。

3.2.4.2 安全保护功能

无线遥控系统在设计中充分考虑了工作可靠性和安全性，表现在一旦出现遥控连接中断或没有按正确的操作顺序执行遥控/手控切换或出现紧急情况时，都能自动地使车辆及时停机，以免产生不必要的安全事故。用激光扫描器在铲运机周边设置报警区和停机保护区。一旦障碍物进入报警区，报警系统开始报警，通知远程遥控人员进行人工遥控干预；

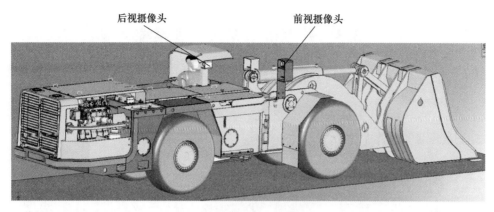

图 3-16 遥控视频系统组成

如果情况得不到及时纠正，障碍物进一步进入停机保护区，则停机保护起作用，铲运机自动刹车停机（见图 3-17）。

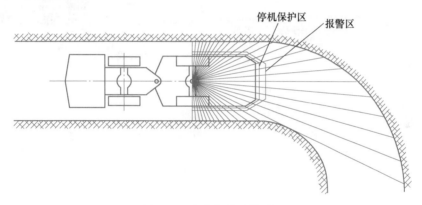

图 3-17 安全保护功能原理

3.2.4.3 定位技术

智能铲运机在作业区的工作的示意图如图 3-18 所示。编码信标放置在巷道的几个关键点处，用以得出相对准确的定位信息，而在相邻信标间则利用航迹推测法推算得出定位信息。

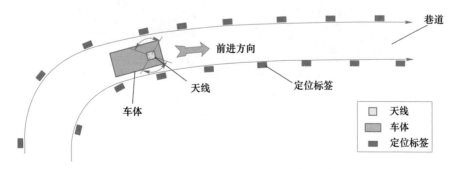

图 3-18 井下定位技术原理

3.3　井下机车无人驾驶系统

井下机车无人驾驶系统架构及运行场景如图 3-19 和图 3-20 所示。

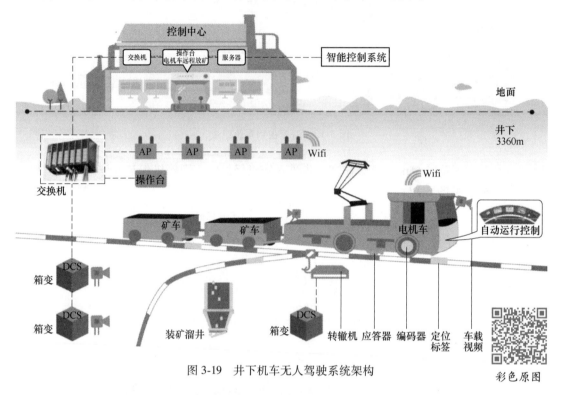

图 3-19　井下机车无人驾驶系统架构

彩色原图

图 3-20　井下机车无人驾驶运行场景

3.3.1　系统简介

井下机车无人驾驶系统利用变频技术、微电子控制技术、井下 GIS 技术、井下高精度定位技术和高带宽、高可靠物联网技术，结合生产作业优化调度模型实现井下电机车遥控作业及变速巡航自运行。系统满足矿业现代化发展趋势,为数字化采矿奠定了重要的基础。通过防撞保护、连锁保护、车载信号、定速巡航、自动升降弓和自动送断电等技术与系统开发,构建井下有轨运输智能化系统,实现井下轨道运输的无人化。

3.3.2 系统组成

井下机车无人驾驶系统由监控中心、综合网络平台系统、轨道信息监控系统、车载控制系统、装卸载控制系统、安全驾驶系统、点检监控系统和智能牵引机车构成(见图3-21)。

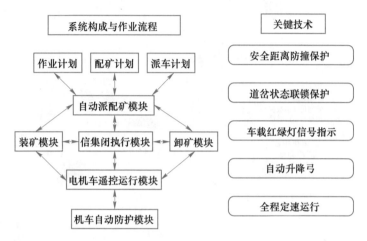

图 3-21 井下机车无人驾驶系统组成

3.3.3 功能介绍

系统可以准确检测到电机车位置及轨道占用情况,井下生产相关信息通过无线网络传递给监控中心,实现生产作业的优化调度;实时检测放矿/卸矿点物料信息,实现机车与放矿/卸矿的控制;结合机车位置信息和作业计划实现道岔正确联动和机车的遥控驾驶,可实现遥控、自运行和人工驾驶无缝切换;采集机车本身状态信息以及轨道信息,电机车本身进行状态和安全驾驶诊断;可精确记录电机车的运行数据,实现配矿管理和生产业绩管理;能更加方便准确掌握电机车整体运输的负荷情况,发挥列车的运输能力。

具体包括以下功能:高精度定位、宽带通信、变频调速、道岔控制、优化调度、遥控驾驶、变速巡航、遥控装卸载、视频联动、防碰撞、安全驾驶、点检调度。

3.3.4 效益分析

系统实施可提高矿山企业生产效率、降低能耗及备件损耗,对灾变中杜绝人员伤亡起到可靠的保证。

效率:提高生产效率5%~10%。

人员:电机车司机和放矿工合二为一,一名工人可控制两台机车,岗位人员减半。

设备:直流电动机,每辆车每年平均更换3台次,平均修1台约0.3万元,系统采用交流电动机,与同容量的直流电动机相比,价格只有其1/3,运行可靠,保护齐全,损坏的可能性相对较小，甚至 1 年可不换，节省电机的维修费用。

材料、配件：轮对、大小齿轮、铜瓦、控制器、启动电阻、碰头、触头架、受电弓拉簧、消弧罩等，总计每辆车每年节省费用为 0.6 万元。

3.4　智能调度生产系统

基于矿石流的智能调度流程如图 3-22 所示。

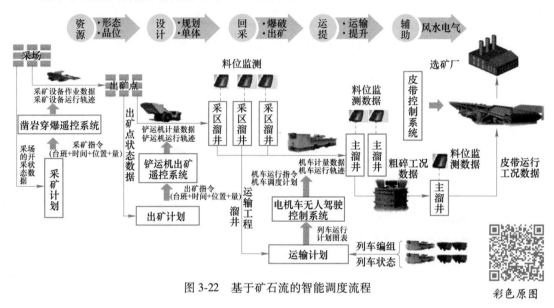

图 3-22　基于矿石流的智能调度流程

智能矿山生产调度管控系统是建立在数字化、信息化、虚拟化、智能化、集成化基础上，综合考虑生产、管理、经营、安全、效益、环境和资源等各类因素，并运用计算机、网络、通信、虚拟仿真、自动控制及监测等技术对矿山各类信息资源进行全面、高效、有序管理的系统，是一个典型的多学科交叉的新领域，涵盖了矿山企业生产经营的全过程。其系统通过对矿山生产、经营与管理的各个环节与生产要素实现网络化、数字化、模型化、可视化、集成化和科学化管理，达到安全、高效、低耗生产的过程。

露天智能调度系统：由露天矿区电铲、钻机设备、云服务器、远程操作系统、大屏中心调度系统组成，是目前应用发展最快的利用 5G 的矿业应用场景（见图 3-23）。

井下无轨车辆调度：以溜井的实时料位信息、料位增速、车辆实时位置、车辆装载量、车辆运料成本等为决策依据，基于井下运输系统协调决策算法，强化运输调度准确性，提高电机车运载效率，降低电机车闲置率，减少错车、排队及等待等低效调度行为，实现车辆经济效率最优化协调决策（见图 3-24）。

3.4.1　露天矿 GPS 车辆智能调度系统简介

露天矿 GPS 车辆智能调度管理系统综合运用计算机技术、现代通信技术、全球卫星定位（GPS）技术、系统工程理论和优化技术等先进手段，建立生产监控、智能调度、生产指挥管理系统，对生产采装设备、移动运输设备、卸载点及生产现场进行实时监控和优化管理。

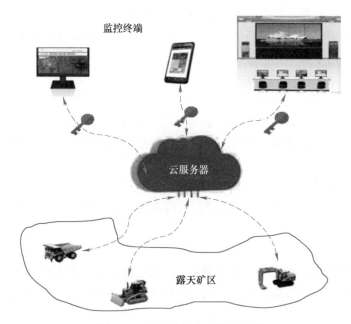

监控终端

图 3-23　露天矿调度系统概念图

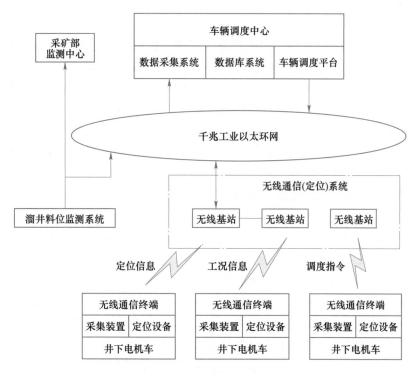

图 3-24　调度系统网络拓扑图

露天矿 GPS 车辆智能调度管理系统实现了优化卡车运输，降低总运输功和采装与运输设备的等待时间，节能降耗，有效提高采装与运输效率；实现电铲、卡车、钻机调度，优化生产，合理配矿，提高资源利用率；及时应对生产中出现的突发事件，以实现及时响应生产、及时调整生产和安全生产。"露天矿 GPS 车辆智能调度及管理系统"通过采用现代高新技术和符合露天矿生产实际的优化模型，彻底改变了传统的生产管理模式，是露天矿生产管理模式的一场革命。

3.4.2　控制目标

露天矿 GPS 车辆智能调度管理系统通过采用多种现代高新技术，对传统的人工调度系统及管理体制进行改造，通过采集生产设备动态信息，实时监控和优化调度卡车、电铲等设备的运行，从而形成一种信息化、智能化、自动化的新型现代调度控制系统和采矿生产管理控制自动化决策平台。露天矿 GPS 车辆智能调度及管理系统强调的是运输设备的系统性，调度的优化、自动化和智能化，信息交流的及时性和交互性，以及服务的广泛性。

3.4.3　系统组成

露天矿 GPS 车辆智能调度管理系统由调度中心、通信及差分系统、车载智能终端三部分构成。系统加速了矿山信息化和数字化建设的步伐，因而是 21 世纪现代化矿山建设体系的必然要求和重要发展方向。

功能特点：

（1）全自动的实时调度：系统根据实际生产中电铲、矿车、卸点、物料等情况的变化适时进行自动调度。

（2）司机对全局信息的知情：司机知道全场的工作状况（比如电铲是否处于工作状态，卸点是否处于堵塞状态等）；司机可以实时地掌握自身产量信息。

（3）人性化的电子地图监视与历史行车轨迹回放：如果是 C/S 模式，调度室和网络上其他的地图文件不同步，会造成道路网络发生变化，出现网络上的地图不一致的现象，而我们的电子地图是 B/S 模式，调度室和网络上其他的地图文件是同步的。

（4）电铲装载能力的自动采集：系统会准确地自动采集电铲的装载能力，调度无需人工设定电铲能力来适应现场生产。采用多种方法核算，设计精细方案，准确地自动采集了电铲强度，确保了采场车流动态而合理的分配。系统会自动根据电铲能力的变化而调整车流规划。

（5）大量出现特殊物料品种时派车问题的解决：如果短时间内大量出现特殊物料品种，会严重导致某些卸料点压车和某些卸料点缺车，使采场车流出现严重失衡。使用科学方法，全局考虑车流，保证了车流的均衡稳定性。

（6）长距离派车问题的解决：经过积累大量的经验与分析大量现场数据，设计了符合现场各种情况的模型，尤其是很好地解决了长距离派车的问题，在考虑铲车的情况下，同时也考虑成本消耗的情况，解决了相对长距离派车的问题。

（7）局部定铲派车的灵活性：如果一个铲锁定了几个矿车进行特殊生产作业，系统不将此铲完全隔离在整体的大规模自动调度之外，也不把锁定的运输矿车隔离在整个自动调动之外，在车流规划时也将锁定的电铲和矿车纳入计算。可以实现某一电铲特殊生产的部分锁定工作，如某个电铲锁定一个矿车，但由于此铲的工作能力很大，系统依然会给此铲根据车流规划需求自动派车，也就是将此铲剩余的工作能力纳入智能调度。

3.5 智能通风及安全系统

3.5.1 系统简介

在矿山井下开采作业过程中，有害气体和有毒气体的涌出、矿尘的飞扬、人员的呼吸、坑木的腐烂、钻孔爆破产生的炮烟等使工作环境十分恶劣，同时，随着矿井的不断延伸，地热和机电设备散发的热量，使井下空气温度和湿度也随之增高。矿井工作人员长期在这种环境中工作，不仅影响健康，甚至还会窒息。为了保证矿井工作人员的健康和安全生产，就必须使井下巷道和工作面中的污浊空气与地面的新鲜空气不断地进行交流，进行矿井通风，改善劳动条件。矿井通风设备的作用就是向井下输送新鲜空气，稀释和排除有毒、有害气体，调节井下所需风量、温度和湿度，改善井下工作环境，保证生产安全。

矿井通风设备主要有以下几个方面：（1）井下工作人员呼吸所需要的风量。（2）把爆矿后产生的一氧化碳等有害气体冲淡到安全浓度所需要的风量。（3）稀释二氧化碳所需要的风量。（4）井下火药库、机械房、变电所和其他硐室降低温度所需要的风量。

在矿井生产过程中，井下生产条件是不断变化的，为此，要根据不同的季节、温度及其他变化，及时对风量进行调节，以满足通风的需要。

井下矿通风是井下安全生产的重要前提，通风机是保证通风效果的重要设备。通风自动化控制系统采用风压、温度及 CO 含量传感器对井下通风效果进行实时检测，使用电压、电流传感器对驱动风机的交流电机进行检测，保证电机的正常运转。同时在风机附近安装视频监视装置，监视风机运转中机械装置的工作状态。风机状态信息和视频图像均通过网络传送至控制中心，在通风效果异常或风机出现故障时，通过完善的报警装置提示操作人员。最终实现对井下风机运行的实时监控，确保井下通风的安全。构建通风智能监控系统，建设对风速、风压、风温、有毒有害气体浓度进行自动连续监测的传感系统，实现控制系统的远程和就地控制功能。鼓励有条件的矿山企业对主扇、局扇及辅扇进行联动控制，实现按需通风。根据生产作业计划、井下空气质量监测数据，动态进行风网解算，实时调节风网参数，实现按需通风，降本增效。

3.5.2 控制目标

实现空压机及冷却系统自动联动控制，按程序自动执行启停及加卸载操作；实现按需自动启停一台或多台空压机，完成空压机的自动加卸载控制；实现空压机及冷却水泵自动轮换功能；实现对排气温度、电机定子温度、冷却水温度超温报警，冷却水压力、润滑油压力、冷却水断水、过载停机、电源逆相、缺相保护、超过最大工作压力安全阀动作、空气过滤器堵塞、油过滤器堵塞、油气分离器堵塞等故障的自动报警功能；具备远程启停和就地控制功能，通风系统组成如图 3-25 所示。

3.5.3 主要功能

（1）具有风速、风量、温度、电流、电压、有功功率、无功功率、有功电量、无功电量、功率因数、馈电状态、设备开停、模拟量、开关质量监测和累计量监测功能。

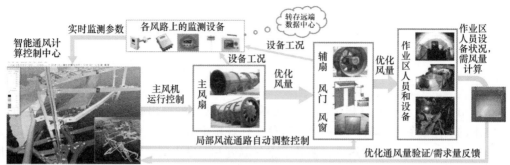

图 3-25　通风系统组成概念图

彩色原图

（2）具有超限声光报警和断电/复电控制功能。

（3）具有馈电状态监测功能。

（4）具有中心站手动遥控断电/复电功能，断电/复电响应时间应不大于系统巡检周期 10s。

（5）具有备用电源。当电网停电后，继续监控时间不小于 2h。

（6）具有自检功能。当系统中传感器、分站、主站、传输电缆等设备发生故障时，报警并记录故障时间、故障设备，以供查询及打印。

（7）系统主机双机备份，并具有自动切换功能。当工作主机发生故障时，备份主机投入工作，保证系统的正常工作。

（8）具有实时存储功能。存储功能包括：1）风速、风量、温度等主要测点模拟量的实时监测值；2）模拟量统计值（最大值、平均值、最小值）；3）报警及解除报警时间及状态；4）断电/复电时间及状态；5）断电命令与馈电状态不符报警时间及状态；6）设备开/停时间及状态；7）累计量值；8）设备故障/恢复正常工作时间及状态等。在这些存盘项目中，除重要监测点模拟量的实时监测值存盘记录应保持 24h 外，其余均应保存 3 个月以上，并且当系统发生故障时，丢失上述信息的时间长度应不大于 5min。

（9）具有列表显示功能。模拟量及相关显示内容包括地点、名称、单位、报警值、监测值、最大值、最小值、平均值、断电/复电命令、馈电状态、超限报警、断电命令与馈电状态不符报警、传感器故障。开关量显示内容包括地点、名称、开/停命令、状态、工作时间、开停次数、传感器状态。累计量显示内容包括地点、名称、单位、累计量值等。

（10）具有模拟量实时曲线和历史曲线显示功能。在同一坐标上用不同颜色显示最大值、平均值、最小值三种曲线。在一屏上，同时显示不小于 3 个模拟量，并设时间标尺，可显示出对应时间标尺的模拟量值。在同一屏上显示不小于 3 个模拟量是为了分析重要监测物理量的变化规律，例如为分析工作面风量和总回风巷风量的变化情况。

（11）具有柱状图显示功能，以便直观地反映设备开机率。显示内容包括地点、名称、最后一次开/停时刻和状态、工作时间、开机率、开/停次数、传感器状态，并设时间标尺。

（12）具有模拟动画显示功能，以便形象、直观、全面地反映安全生产状况。显示内容包括工艺流程模拟图、相应设备开停状态、相应模拟量数值等。具有漫游、总图加局部放大、分页显示等功能。为便于使用模拟图，除具有一幅显示全矿概况的总图外，一般按使用功能划分多个系统图。

（13）具有系统设备布置图显示功能，以便及时了解系统配置、运行状况，便于管理与维修。显示内容包括传感器、执行机构、分站、电控箱、主站和电缆等设备的设备名称、位置和运行状态等。

通风系统结构图及矿山风机监控画面如图 3-26 和图 3-27 所示。

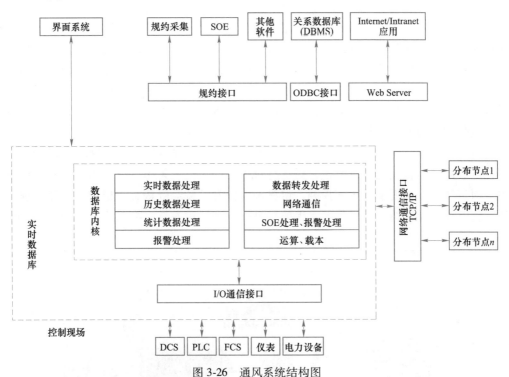

图 3-26　通风系统结构图

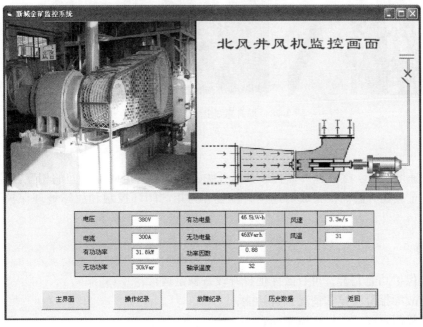

图 3-27　矿山风机监控画面

3.6　智能提升系统

3.6.1　系统简介

矿山提升设备用于沿井筒提升矿石和废石，升降人员，下放材料、工具和机械设备。提升机是井下矿工人员、物资进出的重要设备，它是矿山井下生产系统和地面作业广场相连接的枢纽，在矿山生产的全过程中占有极其重要的地位。提升系统运行场景如图3-28所示。设备能否安全稳定运行直接影响工人的人身安全和井下生产的稳定运行。矿山提升设备在工作过程中一旦发生故障，轻则造成停产，重则造成人身伤亡。因此，要求配有性能良好的控制设备和保护装置。

提升机自动化控制系统采用先进的检测设备和优化的控制方式，对提升设备的主轴、提升速度、限速装置实现实时监控，对运行过程中的超载、欠压运行、制动力矩实现自动检测，对液压站等辅助系统实施控制，最终确保提升设备运行状态的稳定，故障出现及时保护，提升设备异常情况及时预警，保障提升设备和运送人员、物资的安全。

图 3-28　提升系统运行场景

3.6.2　控制目标

实现连续速度监控、逐点速度监控、井筒开关监控、所有编码器之间的相互监控、重载下放监控、重载提升监控，完成对速度、位置和力矩的闭环控制和故障处理保护回路，实现精准停车。

3.6.3　系统特点

（1）系统保护功能完善，可有效保证提升设备稳定运行；
（2）具有故障报警和异常情况预警功能；
（3）操作界面友好，人机交流简便；
（4）预留网络接口，便于系统升级为厂级管理；

（5）采用 PLC 组成自动控制系统核心，维护工作简单；

（6）系统扩展性强，如增加相关模块即可实现软硬件升级。

3.7 智能充填系统

3.7.1 系统简介

充填，作为矿山企业生产的一个重要环节，也是数字化矿山建设的一个重要项目。充填料浆的配制、充填浓度的控制、充填料浆的运送等都直接影响着整个矿山的生产安全，老式的充填系统料浆浓度的控制是依赖常规仪器仪表来实现的，人工操作较多，工人劳动强度大，对生产的填充质量都有不同程度的影响。所以，充填系统自动化应得到广泛推广。

采用充填工艺的有色金属矿山，建设尾矿充填自动化系统，实现进仓分配，放空及冲洗，水泥仓下料量的配比控制，砂仓放料监测，料位、液位监测，联锁调节，充填尾砂浓度控制，充填尾砂量与水泥的比例控制，充填矿浆干矿量计量及浓度控制，搅拌桶液位控制，液下泵池液位检测，污水泵控制，水量计量，料仓松动防堵和充填管道清洗控制系统，尾矿输送泵房尾砂输送缓冲池，尾砂搅拌槽，水封水池液位检测和报警，尾矿输送泵房尾矿输送管路恒压输送。

充填站配料搅拌流程主界面及充填场景如图 3-29 和图 3-30 所示。

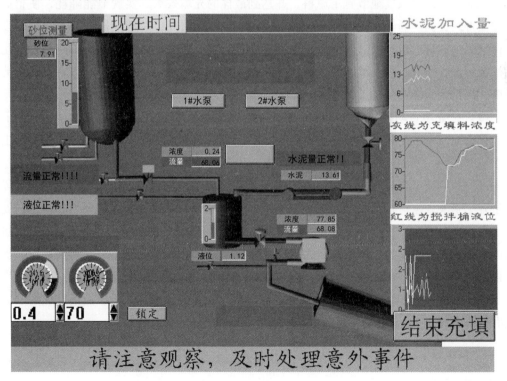

图 3-29　充填站配料搅拌流程主界面

彩色原图

图 3-30　充填场景

3.7.2　控制目标

通过控制充填尾矿砂的浓度、料浆的浓度、水泥的流量、充填流量、补加水的流量、充填浓度等参数，以及各种仪器仪表在充填自动控制系统的应用，实现了料浆的自动给定和优化配比，最大限度地节省了原料，并达到最佳的充填效果，实现节能降耗，使企业经济效益得到提高。通过对充填自动控制系统的集成监控研究，对帮助操作员及时了解设备运行状况、制订检修计划、降低故障率等方面具有重要意义。通过对某金矿充填自动化控制系统的设计研究，使充填系统实现优化控制，缩减运行成本，提高生产效率，降低劳动强度，提供了安全优质的工作条件。

（1）把充填自动控制的重点定位在提高充填产品质量上，在稳定充填浓度的前提下尽可能提高充填系统的可靠程度，浓度控制在目标浓度±5%范围内。（2）该设计与生产工艺需求紧密结合，使工艺改造能推动生产工艺、生产流程和生产设备的优化与进步。（3）采用先进的控制技术来提升控制水平与管理水平。（4）采用先进的、切实可靠的检测手段和测量方法来实现生产过程参量的识别与测量。（5）增强自动化程度，降低劳动强度，促使一线操作人员将手工操作为主替换为巡视为主，并适量削减一线人员。（6）正确采用目前国内国外充填控制技术范围内成熟的新技术和成果。（7）使工艺制造过程得到稳定，提升其设备效率，改善生产质量且确保工艺过程的技术经济指标，减少成本消耗，提高其生产率。（8）仪器的选择一定要全方位地考虑到网络化和智能化标准，给矿山信息化的发展提供有利的条件。

3.7.3　系统功能

充填自动化系统将采取 DCS 模式，配有上位机工作站，在控制室安装趋势分析软件和在线监控软件，实现最优化控制及车间级 MES，具备以太网接口，可以直接与 ERP 进行数据交换。

在确保充填料浆浓度的前提下尽可能削减水泥用量，这是对充填制备过程的重要要求。要实现这一要求就要通过控制水泥、砂量的配比来实现，同时为了保证管道输送的充填料浆有最佳的流动特性，还需要控制充填浓度。在检测水泥仓料位、砂仓料位、水泥流量、尾矿流量、水量、砂浆浓度、充填浓度等参数时，能够进行自动给料和优化配比，从而使原料使用得最少、充填效果最好、节能环保降低损耗，提高了企业的经济效益。将充填系统作为一个控制站挂在以太网上进行控制，并通过电脑网络把充填自动化系统的有关数据、实时信息传送给调度监控中心，实现远程实时监控。为了实现系统的给料、搅拌浓度等参数进行自动配比、自动控制，需要检测浓度、液位、流量，系统将根据砂量的流量按一定配比计算出水泥流量给定值，通过检测实际水泥流量值控制水泥下料输送机的转速。系统基本实现以下功能：（1）对输送电机运行状态的实时监控，实现自动下料、自动配比控制。（2）对砂仓料位、水泥仓料位、充填料浆浓度、搅拌槽液位、水泥流量、尾矿流量、水量等参数的实时检测。（3）对搅拌槽液位、砂仓料位、水泥仓料位实时监视，并实现高、低位超限报警。（4）能够实时显示各种不同的参数并能随时保存，同时也能够显示实时运行状态，能够通过图形曲线来显示模拟量参数，还可以随时搜索查看某一时间段内的历史数据。

3.8 智能供电系统

3.8.1 系统简介

井下供电系统的优劣直接影响到电网的安全性、可靠性、合理性和经济性。尤其随着矿山井下采掘机械化程度的提高，生产工作面不断向前延伸、扩大，给矿山井下安全供电带来了许多不利的影响。目前我国矿山井下常见的供电电压按《矿山井下供电设计技术规定》，高压有 10kV 和 6kV，一般采用 6kV，有 10kV 矿用变配电设备时，若经济、技术合理，可采用 10kV 供电；低压有 1140V、660V 和 380V，就高产高效工作面而言，若工作面供电电源引自采区变电所 6000V 分段母线上，则工作面就存在 6000V、3300V、1140V 和 660V 等 4 个电压等级。随着矿山井下生产工作面的不断向前延伸、扩大，高压供电电缆及设备不断深入末端，低压系统一直向前延伸，星罗棋布的电网由变压器、高低压开关和磁力起动器相连，这些供电设备和电缆安全与否，直接关系着矿井的生产安全。由于矿山井下环境条件的特殊性，在采掘过程中容易产生有爆炸危险的瓦斯（甲烷）和粉尘，并且由于电气设备经常处于温度湿度较高的状态下，设备内部产生凝露现象比较普遍，霉菌现象也时有发生。据有关资料统计，在瓦斯、粉尘爆炸事故中，电火花引起的事故约占50%；在矿山发生的触电事故中，矿山井下触电死亡人数约占 64%。可见对矿山井下进行可靠、安全、经济合理的供电，有助于提高产品质量、经济效益及保证安全生产。

为了确保安全和正常的生产，合理优化矿山井下供电系统是十分重要的。例如，金山店铁矿井下中央变电所设在−410m 水平，位于主排水泵房的旁边，担负整个井下的供电，采用 GG-1A 型高压柜供配电。

供电自动化子系统控制机通过所支持的快速以太网口就近接入环网交换机。管控服务器通过 OPC 软件接口从主控机获取数据，实现在网络终端采用多种方式（图形、表格）监测供电自动化系统的运行参数，并可在调度中心通过权限远程控制系统。

3.8.2　系统功能

集中控制所有（地面及井下）变电所设备，包括远程操作各开关的分合闸、远程调取并修改继电保护定值、事件报警、事件记录、故障保护录制、集中显示全矿供配电运行情况、报表自动生成等。对需要在露天现场安装的计量传感元件，在选型时应考虑具有较高的防护等级，以适应高温、潮湿、日晒、雨淋、振动等环境条件。对外部控制设备采用就地密封操作盒，可就地控制操作和集中控制室控制操作各变电所逐步实现无人值守。

3.8.3　监测参数

对供电系统实时运行的全部可测量的运行参数进行监测，主要监测参数包括：开关分合状态、母线电压、各回路电压、各回路电流、各回路功率、功率因数、电度量。

对地面箱式变电站、井下变电所、采区变电所、线路等变输配系统和设备的在线参数检测，实现地面调度中心对供电设备的遥测、遥调和遥控。鼓励有条件的矿山企业实时监控各个开关柜的电压、电流、功率等参数及开关所处状态，实现故障自动检测、定位、预警，通过加装烟感和电缆温度检测系统提高安全生产水平，实现高压、低压供电管理无人值守。

供电房监控界面如图 3-31 所示。

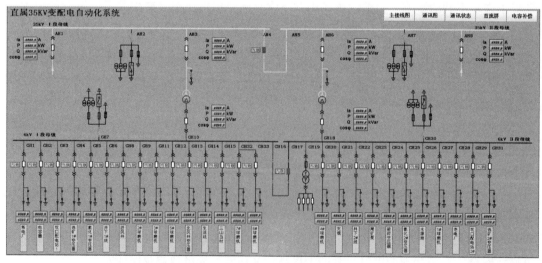

图 3-31　供电房监控界面

彩色原图

3.9　智能矿山给排水系统

3.9.1　系统简介

在矿山建设和生产过程中，随时都有涌水进入矿井（坑）。矿井（坑）涌水主要来源于大气降水、地表水和地下水，以及老窿、旧井巷积水和水沙充填的回水。矿山排水设备的任务就是将矿井（坑）水及时排至地面或坑外，为矿山开采创造良好的条件，确保矿山安全生产。

矿井水中含有各种矿物质，并且含有泥沙、岩屑等杂质，故矿井水的密度比清水大。若矿井水中含有的悬浮状固体颗粒，进入水泵后，会加速金属表面的磨损，所以矿井水中的悬浮颗粒应在进入水泵前加以沉淀，而后再经水泵排出矿井。

有的矿井水呈酸性，会腐蚀水泵、管路等设备，缩短排水设备的正常使用年限，因此，对酸性矿井水，特别是 pH<3 的强酸性矿井水必须采取措施。一种办法是在排水前用石灰等碱性物质对水进行中和，减弱其酸度后再排出地面；另一种办法是采用耐酸泵排水，对管路进行耐酸防护处理。

建设对水仓水位、水泵轴温、电机轴温、电机定子温度、水泵排水压力、负压（真空度）、水泵流量、电机电压、电流、功率、电机运行效率、电耗、水泵运行效率、工况、水泵流量、阀门状态等参数进行监测的传感系统，实现单台水泵和多泵联排的远程启停和就地控制功能。

3.9.2　系统组成

矿井排水设备的组成如图 3-32 所示。滤水器装在吸水管的末端，其作用是防止水中杂物进入泵内。滤水器应插入吸水井水面 0.5m 以下。滤水器中的底阀用以防止灌入泵内和吸水管内的引水以及停泵后的存水漏入井中。调节闸阀安装在排水管上，位于逆止阀的下方，其作用是调节水泵的流量和在关闭闸阀的情况下启动水泵，以减小电动机的启动负荷。逆止阀的作用是当水泵突然停止运转（如突然停电）时，或者在未关闭调节闸阀的情况下停泵时，能自动关闭，切断水流，使水泵不至于受到水力冲击而遭损坏。漏斗的作用是在水泵启动前向泵内灌水，此时，水泵内的空气经放气栓放出。水泵再次启动时，可通过旁通管向水泵内灌水。在检修水泵和排水管路时，应将放水管上的放水闸阀打开，通过放水管将排水管路中的水放回吸水井。压力表和真空表的作用是检测排水管中的压力和吸水管中的真空度。

3.9.3　排水设备的自动化

实践经验证明，自动化的排水设备显著地提高了排水工作的可靠性和经济性。我国不少排水设备也采用了自动控制。自动化的排水设备应当完成下列各项工作：

（1）水泵的启动和停车由水仓的水位自动控制；此外，并可由调度室操纵，以便调节变电所母线的载荷；

（2）在正常工作中，各台水泵能够自动地依次转换工作状况，使每台水泵的使用程度

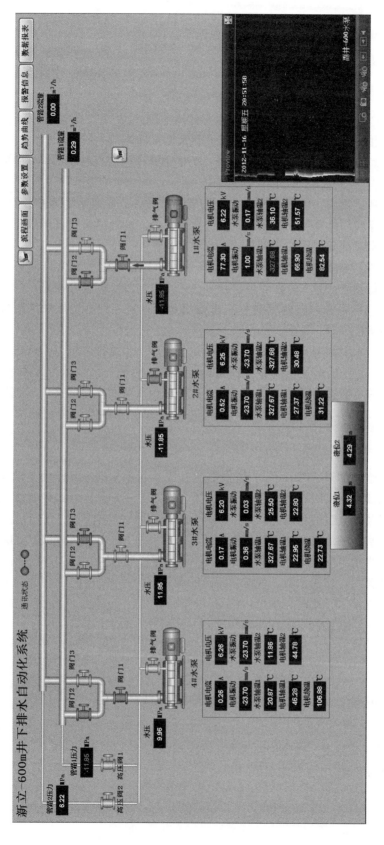

图 3-32　水泵房控制监测界面

均等，以保证可靠的备用量，并且当水仓里的水到达危险水位时，排水系统自动接入几台水泵同时工作；

（3）远距离监视水泵设备的工作情况（如流量、压力、出水量、平衡盘、水泵和电动机的轴承温度等），当工作不正常时发出信号并自动停车。

系统自动化用的仪表器械，对于酸性水流应当是防腐蚀的产品，对于瓦斯区域排水应当是防爆的和防火花的产品。

若排水设备分布很分散和小型辅助排水设备的量较多，那么采用自动控制可以节省许多人员和开支；同时，小型排水设备的自动化也比较简单，容易实现。小功率的电动机启动简单，水泵的流量小、扬程低，可以打开排水管道上的闸阀启动，这使自动化简单可靠。而大型水泵（流量 $300m^2/h$，扬程 $250\sim300m$）必须关闭闸阀启动，而后慢慢打开，停车前也须慢慢关闸阀，以免水力冲击，这就使自动化比较复杂。

3.10 无人采矿装备系统展望

3.10.1 金属矿山无人采场

实现整个采场生产过程无人化，地上下双向高速通信系统，实现地上下信息的快速、准确、完整、清晰传输，实时采集与传输采场的各类环境参数、设备工况、作业状态和调度指令等数据，并进行地上-地下双向传输，通过实时建模和三维可视化系统，在远程桌面上实时展现采场的三维动态场景，并实现全方位漫游，实现和工业视频协同监视。

3.10.2 其他无人场所

变电所、水泵房、通风机房、压风机房、运输系统、提升系统等除平时的定时巡检和维修外，都应实现无人值守和故障诊断，并且可以把系统状态和诊断主动提交到安全闭环和灾害预警系统。

3.10.3 模拟与控制系统

建立矿山生产系统的数字化模拟平台，利用四维地理信息系统和虚拟现实平台，通过配置传感感知和工业自动化系统的虚拟环境，实现整个矿山采、掘、机、运、通等全方位的一键式启动和透明管控。可以通过人机界面进行模拟和控制，为实际生产提供决策支持，模拟功能可以根据矿山作业设备的运行环境、运行特点、运行规律、机械原理和姿态控制约束条件。实现矿山作业设备运行过程和协同作业的三维可视化展现和模拟，可以用于安全、生产、调度的虚拟化训练。控制功能可以通过实时数据交换平台，根据不同设备的运行和控制特点，通过可视化监控平台实现：人机界面—通信系统—数据交换—现场监测（监视）—通信系统—可视展现—人机界面的闭环控制。

本 章 小 结

本章系统地介绍了矿山各类型采矿智能设备的基本结构、工作自动控制原理、性能参数，除了金属矿山常用凿岩爆破铲运关键生产设备外，还包括固定设备如电机车运输设备、压风设备、排水设备、通风设备、供配电设备、充填设备、提升设备、破碎设备等。

思　考　题

1. 常见的智能金属矿山的装备系统都包括哪些？
2. 简述井下无人驾驶的关键技术。
3. 井下通风系统的重要性。
4. 简要描述智能充填系统的功能。
5. 简要描述智能通风系统的控制目标。
6. 简要描述智能金属矿山的无人采矿系统。

4 智能金属矿山的信息管理决策系统

本章课件

本章提要

矿山的信息管理决策系统是智能金属矿山的三大主要功能之一，如同人类的大脑，起到中枢总控的作用，矿山信息管理决策系统泛指用于矿山的各种信息系统，诸如决策支持系统、专家系统、各种泛 ERP 系统或客户关系管理、人力资源管理这样的专职化系统，能够帮助矿山管理者优化工作流程，提高工作效率的信息化系统。矿山企业管理软件重视系统功能的全面性，流程的可控性，技术的先进性，系统的易用性。

实际上，尽管矿山的业务千差万别，但矿山信息系统总是由一些相对稳定的管理单元构成。而每个管理单元可以视为一系列管理与决策活动，这些活动的实质是在特定的管理思想与方法的指导与控制下对相关人员、矿石、物料、资金、信息等资源进行合理使用和调度。

通过本章学习，能够对智能矿山的信息管理决策系统有整体的了解，熟悉常见的各种子信息系统模块，能够在设计智能矿山时根据矿山的实际情况，分步骤的建立各种子系统，从逐渐实现智能金属矿山管理决策功能。

4.1 通用管理平台软件

4.1.1 信息安全和统一认证

智能矿山系统的网络、信息和系统安全可参照 GB/T 22080—2016、GB/T 22239—2008、GB/T 30976.1—2014 和 GB/T 30976.2—2014 的要求，并且能够实现从角色到用户，从系统到功能模块等访问权限的统一认证，实现数据层、网络层和服务层的编码、解码、滤波、校验和规范检查。对于监测监控系统、传感感知系统、工业自动化系统、智能矿山软件系统、无人采矿系统、门户系统等专业与公共应用平台系统，各业务系统间既要互相访问，又要互相隔离，访问控制满足下列要求：

（1）监测监控系统、传感感知系统、工业自动化系统、无人采矿系统等应逻辑上独立组网运行。在共用基础网络的情况下，各系统间应逻辑划分虚拟 VLAN，此时各系统传输的数据宜采用密钥加密传输。

（2）系统间的数据交互应明确制订访问控制规则，一个系统不宜直接访问另一系统的数据库或数据文件，宜采用中间数据交换系统或通信服务器机制互相访问，并定期检查系统间的数据互访是否满足制订的访问控制规则。

（3）对于数据交换容错、实时性要求高的子系统间的通信，宜采用冗余渠道通信方式。

4.1.2　三维建模与可视化平台

根据勘探、测量、监测监视数据，应自动建立真实感的地形、建筑物、道路、水体、矿体、岩层、断层、陷落柱、巷道、硐室、采场、掘进面、设备、管路、任意复杂地质体及富水区、高温区、高应力区、易燃区、岩爆区、矿震区、突出区等地面地下所有对象的三维模型，并且能根据生产状态、改造内容和二次揭露数据自动更新、重新渲染，可实现大规模三维模型的快速交互漫游、属性查询和剖切分析等，为真三维组态和四维地理信息系统提供底层支持。

4.1.3　数据仓库管理与实时数据交换平台

采用数据总线和服务模式，完成矿山数据仓库和矿山微云的 SOA 架构配置；建立各主题数据、元数据、索引数据的采集、存储、提取、转化和交换的快速通道，实现各类信息的自动编码、自动存储，自动提取；完成面向矿山大数据分析、综合应用和决策支持的全息数据敏捷计算和推送服务，数据共享交换软件的数据接入、推送等。

4.1.4　矿山四维地理信息系统平台

矿山四维地理信息系统在同一时空四维坐标系统下应能管理矿山全部的图视内容、拓扑结构和属性信息，并且提供明码文件格式。具备以下功能要求：完备的绘图功能；由数据自动成图；由图动态建库；图库双向查询；2 维 GIS 可以自动建立 3DGIS；通过与监控系统集成可以自动变成 4DGIS；可以和常用格式进行转换；能自动计算长度、面积和体积；具有 2~3 维网络分析、导航和视频监控及各种 SCADA 系统功能；能够进行 2~3 维空间的缓冲区分析、叠加分析、拓扑分析和布尔运算；可连接定位监测设备，进行 2~3 维模拟；能够向用户或其他应用软件提供所有的空间信息、属性信息和面向地理空间的各种计算服务。

4.2　生产管理系统软件

4.2.1　地测地理信息系统

4.2.1.1　系统概述

矿测地理信息系统是数字矿山系统的一个重要组成部分，是以计算机技术为基础，以常规测量和摄影测量与遥感等技术作为数据的来源，以计算机制图和图像处理等技术作为辅助手段，结合矿山的空间与资源特征建立起来的一种信息系统。它是一个针对矿山测量的专用的 GIS 平台。将 GIS 引入矿山测量的管理，是矿山测量成果管理方式的一个突破，让矿山测量的管理走向更加成熟、更加规范。

4.2.1.2 系统基本需求

通过精细地质勘探和现代化矿山测量等技术，实现井巷工程、地质体、地质构造以及富水区、瓦斯聚集区、高应力区等危险源等井上下各种对象的自动建模和属性配置，且根据采掘进尺和围岩变形的测量数据完成二维图形和三维模型的自动更新和剖切分析，自动完成各种测量改正、误差预计、测量平差、测量导航、掘进定向、误差预警等计算。利用卫星和激光扫描等技术实现岩移和地表沉陷的实时测量。并实现岩移和地表变形的精确预计，为矿柱留设和地面地下重要设施保护提供决策支持。

4.2.1.3 基本功能模块

如图 4-1 所示，系统分为系统设置、测量观测数据的管理、测量数据的处理、测量成果数据的可视化管理、基础 GIS 功能和测量常用工具六个模块。系统的设置包含用户授权、用户管理、权限管理和系统信息配置。测量观测数据的管理模块包含导线测量观测数据入库管理、水准测量观测数据入库管理和陀螺定向观测数据入库管理。测量数据的处理包含导线测量数据和水准测量数据的检核与计算，测量数据的平差计算以及观测线路的生成。测量成果数据的可视化管理包含测量成果的入库管理、控制点图层的管理和测量成果报表的输出。基础 GIS 功能包含巷道的自动生成、以图形化的方式实现贯通误差预计、以图形化的方式实现放线数据的计算、矿图的展绘和编辑、属性查询和空间分析，以及专题图的制作与出图。测量常用工具包含坐标转换、坐标正反算、高斯正反算和坐标换带计算。

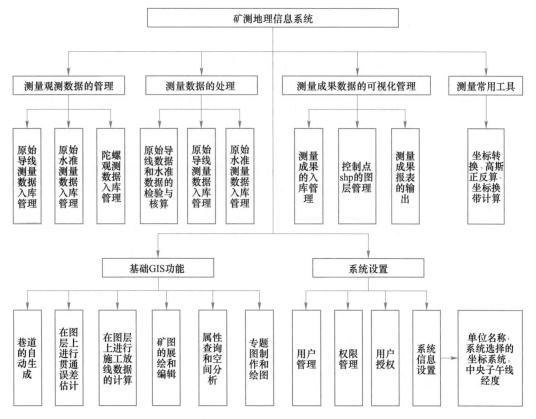

图 4-1 测量地理信息系统结构图

矿山测量 GIS 主界面如图 4-2 所示。

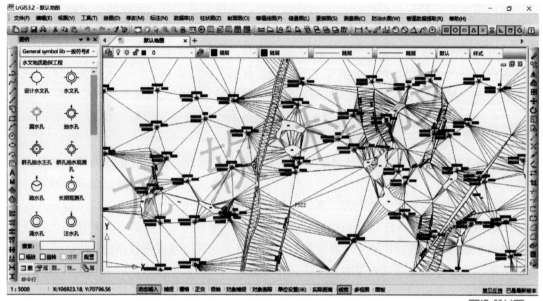

图 4-2　矿山测量 GIS 主界面

彩色原图

4.2.2　矿产资源储量评价系统

4.2.2.1　系统概述

矿产储量估算是矿产地质勘查工作成果的总结和矿山生产管理的基础，它贯穿着矿山的整个生命周期。我国矿产资源丰富，矿床类型繁多，矿体形态复杂，矿产储量估算方法多样。目前我国储量计算方法主要有三大类：以几何计算为基础的传统储量计算方法、以统计学为基础的地质统计学方法和最佳结构曲线断面积分储量计算方法（简称储量计算方法）。

近年来国内很多企业引进国外一些矿山信息化软件，其先进的地质统计学资源储量估算方法更是受到广泛支持。如澳大利亚公司的软件、法国巴黎高等矿院地质统计学研究中心研制的系统、美国斯坦福大学地球科学应用系研制的软件包、美国公司的软件、英国公司的软件等被广泛地应用于矿山地质研究和矿产资源储量的估算，为矿山生产企业增加了巨大的经济效益。但是由于国外资源储量估算软件价格昂贵，操作烦琐、复杂，技术要求高，难以适应我国矿山实际技术条件和人员的需求，其复杂的算法与操作也不如传统储量计算方法那样能被很好地理解并运用。我国地质学家和有关工程技术人员在研究储量计算的理论和方法的同时，为了能够将其应用于实际生产，研制出各种软件系统，对国内一些矿床进行储量计算。如地矿部信息研究院研制的固体矿产评价自动化系统、北京科技大学地质系研制的地质统计学方法研究程序集、北京三地曼矿业软件科技有限公司开发并推广应用的矿业工程软件等。

4.2.2.2　系统基本需求

通过钻探、物探、化探、三维地震和矿物质物化验等手段，利用地质构造、成矿、控矿规律和非线性预测技术对岩体和矿体进行精确圈定和建模，对多种矿产资源及伴生矿体进行品位估值和预测，按照品位级别建立精细岩体和矿体分级分块模型，利用科学的技术经济评价方法，为开采设计、采掘计划编制、生产调度管理提供决策支持。

4.2.2.3 基本功能模块

（1）空间信息管理功能：实现地图基本功能、钻孔自动成图、矿体自动标注以及矿体的动态连接等，同时提供灵活的调整功能，可以通过自动的方式和手动的方式相互辅助完成矿体的调整。其数据来源于属性信息管理，并为系统实现储量计算提供空间图件的支持。

（2）属性信息管理功能：属性信息管理功能包括工程/剖面/块段等平均品位的自动计算、矿产资源储量的动态分析、边界品位的动态调整、历史记录的分析等功能。同时矿产资源储量的动态分析还要集成不同矿区、不同储量计算方法以及采场的储量计算等，通过后台自动运算对矿体自动标识。该部分是矿产资源储量计算的核心部分，它为空间管理功能和输出功能提供属性数据支持，同时利用空间管理功能的结果，包括勘探线剖面、中段平面等绘制成果，完成矿产资源的储量计算。

（3）动态输出功能：输出功能主要包括储量报表、统计分析图表和空间图件等动态的输出。

（4）其他功能：集成权限管理、用户管理和系统管理等系统的基本功能，以保证系统的完整性。

彩色原图

矿产资源储量估算模块界面图及功能图如图4-3和图4-4所示。

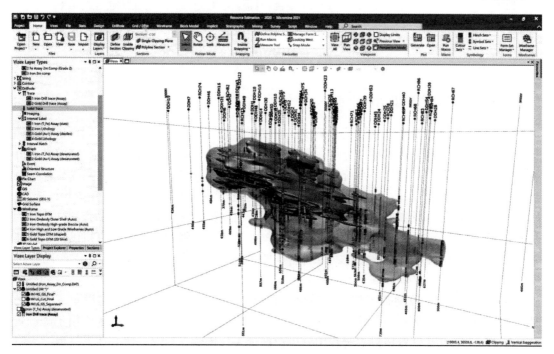

图4-3 矿产资源储量估算模块界面图

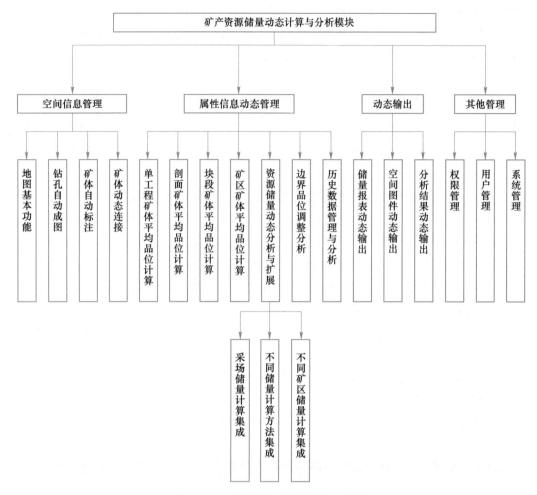

图 4-4　矿产资源储量估算模块功能图

4.2.3　矿产资源动态勘查优化软件

矿产资源勘查信息系统的开发是矿产产业发展中亟待解决的关键问题。利用矿产资源勘查信息系统对矿产资源的勘查分析、数据处理，可实现资源勘查的全面性及完整性，降低地质勘查的难度系数，这一系统的应用在矿产资源的勘查中具有重要的现实意义。

系统建立空间数据库，做好对勘查资料的规范化管理，及时对数据进行更新、查询；有效利用地理信息系统做好对文件、图像的处理，建立智能化的矿产资源勘查图件，利用人机交互的处理方式，实现图件处理的准确性、灵活性。利用网络化的计算机硬件系统建立起来的矿产资源勘查信息系统，实现矿产资源勘查工作的系统化，提高矿产勘查的效率。

为了实现矿产资源勘查工作的完整化、系统化，力求建立一套集数据采集、数据处理、数据勘查与矿产储量一体化的信息系统，全面地将地理信息系统的技术应用于矿产资源勘查领域中。在矿产资源勘查过程中，由数据录入、传输、存储，建立数学模型，人机交互制作等过程中可以看出，矿产资源勘查信息系统的建立是当前矿产产业发展中的一大需求。系统建立中采用的原则是"高效、实用、稳定、可靠",力求建立"开放、安全、可靠、规范化"的矿产资源勘查信息系统,采用先进的科学技术及信息化技术手段、先进的管理制度,全面提升矿产资源勘查系统的性能,使矿产资源的勘查工作更上一个台阶。

一般应该具有精细的三维地质建模和矿体圈定功能,且根据已有的勘探数据进行地质建模。按照地质构造的空间展布、成矿和找矿规律,利用最新的空间插值技术进行矿物品位估值分析。利用四面体剖分技术和三维等值面技术对矿体或岩体进行区化分级。利用地质控矿区域和矿区进行布尔运算得到预测靶区,对预测靶区进行勘探优化设计。将勘探结果加入原有数据集进行流程循环再分析,使勘查成本极小化和勘查速度极大化。

在矿产资源勘查信息系统中数据分析的工作主要表现为数据来源、数据分类、数据内容及数据编码四个方面。

(1) 由于矿产资源的勘查主要是通过钻探、物探、坑探等方式实现的,由此可知,矿产资源勘查信息系统中数据主要来自地质工作的调查,矿产的取样、化验、实验判定,勘探工程的施工过程等,并且这些数据获取的难度较大,时间也比较长,因此在收集数据资料时要秉持精简、全面、实用的原则,做好原始数据的收集,尽量做到对所有资料收录入库。

(2) 在矿产资源勘查过程中获得的数据不仅数量庞大还比较杂,然而从数学知识的专业角度分析,可以发现它们与一般的地质数据无差异,一般可以分为两大类,即定性数据和定量数据。其中定性数据包含有序性数据和名义型数据,定量数据包括比例型数据和间隔型数据。

(3) 矿产资源勘查信息系统中的数据首先应包含最基本的地理地质信息,即地质构造中的基本信息;其次是一些属性数据,即权属、储量信息,如矿石的厚度、矿产的采矿权、所有权等数据;再者是工程的勘探信息;还包括一些图片文件,如地质地形图、勘探线剖面图等文件。

(4) 在地理信息系统中,为了方便数据的录入与存储,实现数据资源的共享化,一般对数据做分类和编码处理,遵循规范化、科学性、系统性、完整性等原则,按照《国土基础信息数据分类与代码》及相关标准,做好地理空间要素的分类编码。矿产资源勘查信息系统数据库在矿产资源勘查信息系统中占据着重要的地位,它是信息系统建立的前提,同时又是矿产资源生产管理部门的核心所在。通过数据分析明确矿产资源勘查工作开展的方向,获取的数据结果,从中获取所需的数据进行系统分析等。

4.2.4 采掘生产计划编制系统

矿山采掘生产计划是指导矿山生产的一个重要依据,其决策是否合理,直接影响到矿山是否能够持续、稳定、均衡地生产。矿山采掘生产计划是矿井生产管理的关键环节,是指导矿区生产的重要依据,是改善矿区生产条件、合理组织矿区生产安排、提高矿区生产效率的关键因素。矿山生产过程中工艺流程复杂,不仅受各工艺内部间的约束,而且受矿山生产过程中作业场所的动态性和生产单元间的时空性等的制约,地下矿山采掘生产计划是一个有较大复杂性与难度的系统。随着信息技术的高速发展,尤其是三维可视化技术及其建模算法的迅速发展,采掘生产计划的三维可视化编制成为可能。在三维可视化环境下,地下采掘工程的空间分布与空间关系十分清晰可见。

应能根据销售计划和品质要求，实现从设计、生产空间模型到生产流程、采掘接替和网络计划模型的自动转变，通过各种参数的自动计算和资源优化。可自动生成工艺流程图、甘特图、资源统计图和采掘计划网络图等图表。可以自动连接到全面预算系统、项目管理和生产调度系统进行实时调度。

整个编制过程分为基础数据准备阶段、采掘计划编制阶段、衔接优化阶段与出图、出表阶段，其具体关键技术如下：

基础数据准备阶段，包括掘进、钻孔、采矿数据。其中，重点研究了巷道实体模型重建技术、矿体模型自动更新技术。

采掘计划编制阶段，采用动态规划与优化、模拟等相结合的思想进行采掘计划的自动编排。例如，根据无底柱分段崩落法的特点，从计划的铁精粉吨数来推计划的采掘矿石量，由求矿石量分解为求解采矿设备路线、中深孔的设备路线与掘进的设备路线，再由其确定后的路线合并起来形成各水平，各采场的采矿、中深孔与掘进量的关系，从而得到原问题的解，得到编制的中间结果——网络衔接图。

衔接优化阶段，根据各约束条件与编排的采场衔接计划图，采用人机交互的方式，方便快速地调整采掘衔接计划方案。

出图、出表阶段，采用动画的自动生成技术，从动画的展示能够进一步验证方案的合理性。用户在找到一个满意的方案后，输出生成三年采掘计划图、甘特图、定制报表等采掘计划三维模拟图如图 4-5 所示。

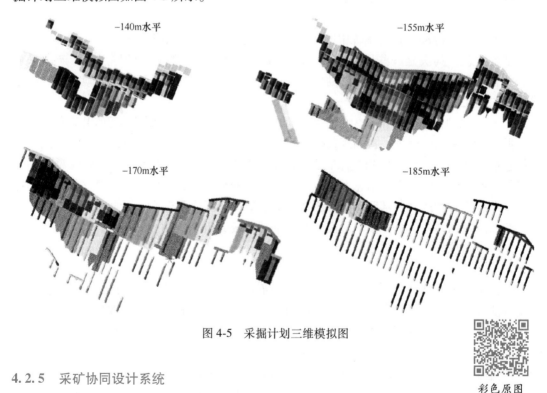

图 4-5　采掘计划三维模拟图

彩色原图

4.2.5　采矿协同设计系统

采矿协同设计 CAD 系统应能自动完成施工图设计、工程量计算、设备选型、安全评价、设计文档和三维效果图的生成，且在相同的操作界面下，可实现采掘、爆破、通风、供电、运输、提升、排水、压风、供水、注浆、抽放、充填等系统的协同设计；可把设计结果渲染成三维虚拟矿井进行各生产环节仿真。能自动生成施工图、工程量、材料表、安全评价、三维模型和设计说明等，这也是未来发展的趋势，现在还没有比较成熟的软件系统。

4.2.6 放矿管理系统

自然崩落采矿法放矿控制管理系统开发是根据生产需要，将原始数据层、各生产要素控制中间层、用户需求输出的表现层融合，建立自然崩落法生产管理系统，解决采矿过程中的出矿计划编制、出矿量控制、出矿品位预测、出矿大块率统计等管理技术问题。从而实现数据采集自动化、数据处理智能化、指令输出数字化的总体目标。

自然崩落法一体化放矿控制与放矿管理系统总的要求是能够设计出合理的放矿结构参数、确定优化放矿方案、制订科学的放矿计划并进行合理的放矿管理，减少放矿损失和贫化，从而确保矿山经济效益的最大化。主要内容包括：

（1）崩落矿岩流动模拟与流动特性分析。在此基础上，进行自然崩落法放矿结构参数优化设计以及多漏斗出矿条件下放矿分层品位计算。

（2）优化放矿点布置。根据不同放矿点的经济价值进行优化放矿点布置，并分析各放矿点之间的相互影响。

（3）确定出矿水平和出矿范围。通过分析不同出矿水平和出矿范围，以确定最终出矿水平和出矿范围。

（4）确定可采矿量。根据最佳放矿高度确定开采矿量，并根据价格和采矿成本的变化进行敏感性分析。

（5）生产计划编排。根据计划采出矿量、拉底顺序、新增放矿点速度和放矿速度等参数确定生产计划，并分析各参数之间的相互影响。

（6）贫化损失预测与控制。

（7）出矿点配矿管理。

（8）日常放矿控制。通过监控每个放矿点的实际出矿量和每个放矿点状态进行放矿控制，并将放矿控制与铲运机调度系统相衔接。

自然崩落采矿法放矿控制管理系统开发完成后系统应用简单、易操作，在了解矿山开采工艺、采场结构参数及生产需求的基础上结合应用说明就可操作应用，系统管理应用主要涵盖数据预处理、生产计划编制、品位预测、崩落控制及大块率统计、数据输出及日常数据处理等操作应用。

生产出矿计划编制在软件操作过程中主要是菜单栏中排产分析模块的应用，包括矿量约束分析、设备规划、出矿计划等子菜单应用。自然崩落法采区生产面积大、服务年限长，目前多数选择电动铲运机出矿。在确定了矿量和设备等各种约束条件后，采用线性规划的方法，来制订最佳的出矿计划。通过线性规划计算出最佳的出矿计划后，分出矿道、穿脉合计各漏斗的排产结果，得出相应的月计划指标。

以表格形式输出当月排产结果一览表，内容包括漏斗、耙道、穿脉及本月合计的担负矿量、累计出矿量、可放矿量、排产矿量、品位、金属量及生成出矿计划的动态三维模型。同时根据出矿计划数据，可以绘制出出矿前和出矿后的矿体变化趋势仿真图。并根据实际出矿数据以及岩体厚度监测系统的监测数据可对模型进行进一步的修正，得到更准确的结果。

出矿品位预测在系统的运行初期，每个出矿口均使用相同的品位估值参数，如相同的贫化点和矿岩接触线形状。在累积了部分实际生产记录后，可根据情况调整这些参数。例如根据生产记录，发现放出体中底部矿块的权值相对标准椭球体要更大，上部矿块则相反，即实际放出体近似于上小下大的类椭球体。此时可以将矿岩接触线由直线调整为上凸形状，并通过已有数据迭代计算确定最优的上凸程度，后续生产即可用这些新的估值参数来进行品位和金属量的预测。

崩落控制及大块率统计应用管理主要通过图表输出形式体现，崩落控制设计中采用控制拉底边界线的推进方向、步距和速度的方式加以控制，即推进方向符合合理的崩落顺序，推进步距和速度符合岩体应力累积的时空规律。为了有效地统计大块率，需要记录的数据包括：出矿量、大块总数、大块尺寸、液压碎石机使用位置、时间及次数等。除大块率的统计外，对大块的体积、尺寸分布、产生部位的记录和分析也很重要。在动态更新矿体三维模型时，将大块产生的时间、地点及具体尺度反映出来，可以帮助弄清大块的位置分布情况，有利于采取针对性的技术措施来改善大块集中出现的现象。数据统计是准时、自动化的过程。系统可设置统计频度和时间，例如每日零点执行统计功能。也可以在录入部分数据后即时统计，统计完成后，系统会根据原始数据、生产计划等信息与统计结果进行对比分析，必要时可向用户给出提示信息，并引导用户进行相应的处理。

数据输出与日常数据处理应用中无论是原始数据还是生产记录或是分析结果，系统都能提供多种方式输出。用户可从中选择最符合自己习惯的组合，提高工作效率。主要包括报表、图表及三维模型。如地质部分输出各出矿点的担负矿量、地质品位和金属量等，实际出矿部分输出各出矿点的实际出矿量、品位和实际金属量等，设备运行，输出各台设备在一定时期内的出矿量，累计出矿量等均可通过报表直接打印，或导出为 Excel 格式的文件（见图 4-6）。

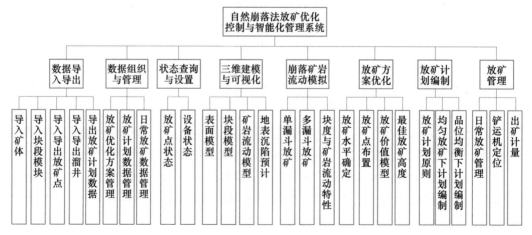

图 4-6   自然崩落法一体化放矿控制与管理系统功能结构图

4.2.7　其他辅助生产管理系统

应能完成排水系统、压风系统、供水系统、注浆系统、瓦斯抽放系统等管网的设备参数管理、系统图绘制、平差计算、选型优化计算，实现各种管网系统和辅助运输系统的可视化管理。通过与监测监控和工业自动化集成，可以实现系统故障诊断、可靠性评价和各生产环节的精确计量，可以把诊断和评价结果自动提交到安全闭环和灾害预警系统。

4.3　矿山安全保障软件

4.3.1　真三维监测监控组态平台

基于矿山四维地理信息平台，利用自动建模、实时大数据分析和增强现实技术。无缝集成各种监测监控子系统、人员定位系统和视频监控系统，建立整个矿山的真三维监测监控组态平台，实现模拟曲线类、数字显示类、流动方向类、跟踪定位类、组合开停类、监控类、音视频播放类的真三维组态和视点布局，实现实时数据的增强现实展示、报表查询、声光报警、快速定位与关联分析。利用先进的三维建模技术建立整个矿山的精细三维模型，再将监测监控子系统集成到该平台中，建立一个虚拟现实的，综合、开放、组件式的矿山信息系统。

（1）组态平台的三维可视化功能具有直观性、空间位置关系清楚、信息量大的特点。这从很大程度上方便了用户对矿井基本概况的掌握，用户可以放大、缩小、定位视口，可以进行360°方位的查看，也可以在其中进行漫游，给用户身临其境的感觉，也可以对相关模型进行信息查询。矿井上的工作人员可以快速地对矿井的生产环境、生产过程及设备分布等状况进行全面详细的了解，尤其是对井下错综复杂的巷道分布有了清晰的认识。

（2）组态平台中监测监控子系统的集成方便了用户对井下生产情况、设备运行状态的可视化实时查看。用户可以直观看到井下设备的运行状态（如水泵、通风机、皮带等设备的开停）、变电所设备的实时运行参数信息、井下人员位置、瓦斯粉尘浓度等。监管人员根据平台中的预警和报警信息实时进行可视化监控、预警与调度指挥。通过平台中井下人员与设备跟踪定位系统提供的井下人员的当前或事件发生前的分布情况，以及视频监控情况，通过系统三维空间分析，规划制订最佳逃生抢救路线，形成救援方案和救援路线模拟，进行可视化调度指挥，有力保障矿井安全，成倍提高矿山应急救援效率。

4.3.2　矿山安全预警与闭环管理系统

矿山行业一直是我国工业生产中最危险、死亡率比较高的行业之一，由于矿山在生产过程中要受到人、机、环、管四方面安全隐患的袭扰，导致安全生产事故频频发生，并且对矿山作业人员的生命安全造成了严重的威胁。大量的矿山安全事故引起国家的重视，对矿山安全的研究也投入大量的人力和物力，各级政府同时出台许多相关的法律法规。矿山企业不断提高安全管理意识，矿山工人也自觉地不断掌握完善的安全技能，提高安全意识，避免不必要的安全风险，使得我国的矿山安全管理逐渐得到改善，矿山死亡率逐年降低，但和其他世界发达国家相比仍然存在比较大的差距。

4.3.2.1 "三违"隐患的综合管理和安全预测预警

基于我国矿山行业的生产形势、安全形势以及现有技术的前提,利用现代系统的科学理论方法和计算机网络等先进手段开展安全管理动态监控与预警显得尤为重要。但是,矿山对于隐患的疏忽、人员的"三违"(违章指挥、违章操作、违反劳动纪律)行为和矿山生产环境中产生的实时隐患,导致矿山事故频繁发生。因此,针对我国矿山生产的特点,基于 PDCA 理论构建完善的矿山本质安全化管理体系及预警模型,通过建立"三违"隐患闭环管理系统,实现对矿山安全生产活动中"三违"隐患的实时监测、诊断、预警、消警的动态闭环,并能够对人、机、环、管及整个系统进行评分,为矿山的安全生产提供理论依据及技术支持,最大程度地预防及减少矿山事故的发生。

由于矿山生产作业的高危险性,在矿山生产过程中,总是存在诸多的隐患。隐患出现后,如果不能在一定时间内得到消除和控制,就可能在一定条件下造成重大安全事故或经济损失。安全信息闭环管理系统就是要依据隐患可能造成的后果或隐患处理的难度进行分级分类管理,然后落实责任单位、责任人、整改时间、整改结果、复查人员等,实现隐患从发现一直到消除的整个过程都有人监督考核,呈现一个闭合的环状结构。

通过建设完备的安全生产的信息管理、隐患排查与事故风险评价体系以及事故树模型,根据矿井的实际情况设置检查点布置方案,通过各种监测手段、动态检查方法、四违认定和事故树分析,自动实现隐患排查和危险源辨识;通过追责、处置、整改、复查、评价等闭环控制和矿山本质安全绩效管理体系。实现人员无失误、设备无故障、系统无缺陷、管理无漏洞的人、机、环境和管理高度融合的矿井恒久性安全目标。

根据系统的需求分析,需要实现"三违"隐患的综合管理和安全预测预警与状态评估,同时结合系统本身应该包含"三违"隐患知识管理和系统管理。"三违"隐患综合管理板块包含隐患录入、综合隐患、"三违"管理等功能;安全预测预警板块包含瓦斯、一氧化碳、温度、粉尘、风速、矿压和冲击地压的预测预警和数据挖掘功能;状态评估板块包含整体人员、设备、环境诊断的得分和相关数据图表分析功能;知识管理板块包含"三违"标准、隐患标准、安全规程和模型管理等功能;系统管理包含部门、用户、角色等管理功能(见图 4-7)。

4.3.2.2 矿山安全闭环管理

矿山安全闭环管理功能架构如图 4-8 所示。

安全评价通告子系统为公共栏目,主要是各部门发布评价信息的专栏,信息均为文档结构,通告主要实现对通告名称、通告描述(文档附件)、单位、发布日期(自动生成)的管理功能。

安全隐患辨识通报子系统主要是矿井、采掘区队、生产辅助单位报告安全隐患的专栏,主要实现对通报名称、通报描述(文档附件)、单位、发布日期(自动生成)的管理功能。

安全生产信息 BLOG 子系统为公共栏目,是生产部门在线交流平台,可以自由发表意见和评论,主要是各采掘区队、生产辅助单位、机关各部门安全生产技术部门人员交流的公共专栏。

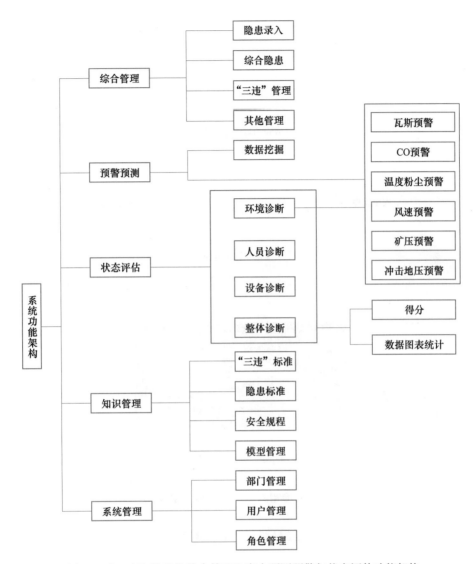

图 4-7 "三违"隐患的综合管理和安全预测预警与状态评估功能架构

　　安全隐患排查治理子系统主要是安监处每天负责发布安全生产隐患，监管单位主要包括各采掘区队和生产辅助单位，矿山各生产单位用户登录系统后自动报警提示本部门出现的隐患，及时治理反馈信息超期报警，整改后反馈。

　　安全生产信息跟踪子系统主要由安监处负责，每天发布一次，各部门负责进行跟踪处理，每星期报告一次，超期黄色提醒，处理完成绿色显示，安监处确认后消除警报。信息与跟踪采用在线填报方式，信息每天发布一次，由安监处信息办负责按部门发布。监控由各部门负责，分项目每星期至少报告一次，超期黄色提醒，完成监控绿色显示，安监处核定后消除该项目，消警后集中保存在安监处信息办项目下，保存期为一个月。按要求控制权限。

　　矿山安全闭环管理系统子页面如图 4-9 所示。

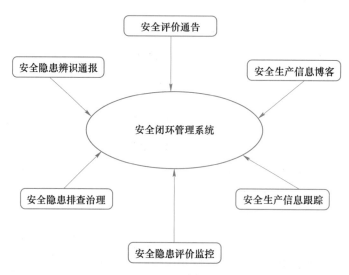

图 4-8　矿山安全闭环管理功能架构

图 4-9　矿山安全闭环管理系统子页面

4.3.3　矿山重大灾害预警系统

根据矿山基本情况、时态 GIS 数据和在线监测数据、隐患排查数据、相似矿井的灾害事故机理分析。利用大数据分析技术建立重大灾害模态化预警方法，对岩体变形、煤与瓦斯突出、突水透水、冲击地压、冒顶、自燃等灾害进行超前预测预报，实现危险性区域快速圈定和实时预警。主要功能为：

（1）冲击地压（岩爆）事故在线分析和预警：充分利用四维地理信息和空间动力学理论、采掘情况、岩移和地表沉陷、应力应变、微震（含地音、电磁辐射）事件属性、矿山压力、顶板离层和巷道变形等矿井实时监测数据，随时测算出工作面和瓦斯涌出点周围的地质构造、采掘深度、采掘扰动后的围岩分级分区物性参数分布、应力分布、临近煤层、地质构造、空区和矿柱的空间关系，结合本矿和相应矿井与地点的冲击地压（岩爆）事故演化过程监测记录。利用大数据预警系统全息普适性冲击地压（岩爆）模态化区域预警方法，实现冲击地床（岩爆）事故的在线精确预警。要求冲击地压（岩爆）的预警准确率达到90%，解警准确率达到98%，预警-解警-再预警的持续循环准确度达到95%。

（2）顶板（围岩）事故在线分析和预警：在四维地理信息系统应力分析的基础上，融合矿压监测数据（支架、离层、锚杆、锚索）、应力监测数据、微震监测，结合顶板事故记录，建立符合矿山顶板（围岩）事故发生机理的预警模型，实现顶板（围岩）事故的在线预警。要求预警准确率达到90%，解警准确率达到98%，预警-解警-再预警的持续循环准确度达到95%。

（3）水害在线分析和预警：在四维地理信息系统中建立水文地质模型，建立富水区、导水通道等信息管理。结合对富水区、观测孔（井）和涌水点的压力、水位、流量、温度、电法、磁法等数的连续监测。结合采动影响、微震和应力分析、调用专业分析服务模块实时分析各种富水区的空间位置、水量、压力、补给水源、补给和导水通道参数的变化，多水源的出水点进行水源辨别。对涌水量、突水透水量、新的导水裂隙和导水通道进行预测分析，建立符合矿井突水透水事故发生机理的水害预警模型，实现涌水址和突水透水事故发生的可能性的在线预警，要求预警准确率达到90%，解警准确率达到98%，预警-解警-再预警的持续循环准确度达到95%。

（4）热害及高污染在线分析和预警：根据四维地理信息系统、应力分析、开采破坏程度、安全监测及多气体分布式监测结果。实时估计采空区、井巷的热害及污浊程度，计算各风道的热力风压。随时进行通风系统状态估计，对隐蔽区域的门状态、井巷、采场和采空区的情况实时预测预报。模拟烟雾和炮烟的蔓延速度和范围，保证人员沿着正确的路线撤离。建立符合矿井内热害和污浊气流预警模型，实现矿井热害和高污染气流的在线预警，要求预警准确率达到90%，解警准确率达到98%，预警-解警-再预警的持续循环准确度达到95%。

矿山重大灾害监测、预警软件系统基于所建立的矿山专用地理信息系统、地测空间管理信息系统、瓦斯地质图编制系统、水文地质图编制系统和通风安全管理等信息系统，集成了瓦斯监测监控系统、动力灾害监测预警系统和水文监测系统等数据，建立了统一的矿山重大灾害监测预警系统与三维可视化平台，实现集团、分公司与生产矿井三级管理的矿山重大灾害危险源的实时监测、评价、分析与预警。基于矿山重大灾害监测预警建设需要，开展了矿山井下重大危险源指标体系、预警模型研究，围岩动力灾害多场耦合测试技术研究，深井热害炮烟污浊气体传播规律研究；并研制了矿山重大灾害监测预警系统相配套的围岩动力灾害多参数耦合测试装置、深井热害炮烟污浊气体自动隔离设施及相关监测传感器等设备设施。

4.3.4 矿山重大设备故障系统

故障预测和健康管理（PHM）技术的概念最早出现于 20 世纪 90 年代，起初主要是由英美等国应用于现代军事领域满足信息化战争对武器装备可靠性、准确性的要求。PHM技术主要是基于传感器采集的设备数据和设备运行状态数据，借助于信息技术、数学分析方法、智能推理算法等来对设备的健康状况进行监测与评估，在故障发生前进行早期预测，在故障发生时能够及时识别，并结合历史经验数据分析得出设备维护维修建议，它是一种集故障检测、隔离、健康预测与评估及维护决策于一身的综合技术。

矿山生产设备数量大，设备种类多、设备长期处于恶劣工作条件、工况复杂，且大部分设备投运寿命周期长，设备老化趋势不容乐观，动力设备故障发生的概率会大幅增加，随着工业自动化与智能化快速发展，生产过程中提供能源的动力设备发生故障概率增加，动力设备故障诊断过程复杂性增加。传统的故障诊断方式主要依靠维修人员的技术水平和工作经验，故障诊断精度不高，维修效率低，难以满足现代企业要求。将时间序列预测方法和模糊综合评判方法引入到动力设备故障诊断中，通过研究 BP 神经网络技术与模糊综合评判的相关理论，设计并实现了基于 web 的关键设备故障诊断专家系统。致力于完善卷烟企业动力设备故障的诊断分析功能，提高动力车间设备故障诊断及处理的速度，为设备维修和设备管理提供技术支持，提高动力设备的维修管理效率。另一方面，也有助于提高维修人员对设备故障机理及处理方法的系统认识，完善其在设备维修方面的专业技能水平。

通过对包括通风机、空压机、绞车、水泵等重大设备的在线监测信号（包括振动、轴温、油脂、电流、电压、功率、工况等）和点检信息的实时分析、特征对比，以及故障树分析计算等，实现设备的远程故障诊断、缺陷识别和隐患排查。准确定位故障和缺陷类型和位置。为设备健康管理、及时维修和更新决策提供信息支撑，确保设备的高可靠无缺陷运行。

故障诊断系统用户根据卷烟厂动力设备故障诊断的要求，可以将动力设备故障诊断系统分为前台和后台两个部分，前台主要用于用户注册，登录系统网站，查询设备运行情况，获取故障诊断的结论以及相关案例查询的功能。后台的功能是主要用户管理员基于专家规则库、案例库、事实库和用户信息进行管理。动力设备故障诊断系统前台的功能结构图如图 4-10 所示，而动力设备故障诊断系统后台功能结构图如图 4-11 所示。

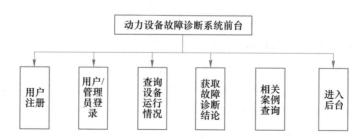

图 4-10   动力设备故障诊断系统前台的功能结构图

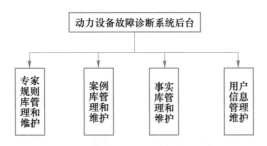

图 4-11 动力设备故障诊断系统后台功能结构图

4.3.5 矿山重大灾害防治与风险防控系统

利用精细的地质勘探结果、地质力学信息和四维地理信息平台，根据井巷和工作面布局和生产工艺，系统能够利用数理模型和方法提供瓦斯抽放、智能通风、开采、卸压、切缝、压裂、注水、注浆、注气、支护、充填等最佳灾害防治方法。并利用监测监控和物联网技术以及灾害预警系统不断地反馈和检验灾害防治效果。必要时可以修正模型参数、优化和调整灾害防治技术工艺，使得整个矿山能够在无风险或低风险状态下运行。

4.4 矿山企业经营管理软件

矿山企业经营管理软件各子系统除了各自具有完善的管理功能外，应提供开放的二次开发接口，以便实现和其他系统集成，满足上下游管理的需要。

4.4.1 定额管理系统

定额管理系统应能方便地进行定额库建立、添加、删除、编辑、查询和调用服务，能根据实际发生额和市场变化进行评价、估算和修正，并提供开放的第三方调用接口，为项目规划、设计、投资估算提供定量的技术支撑。

4.4.2 计划管理系统

计划管理系统应能充分利用网络环境达到多部门、多角色、多人协同操作，易于计划的编制、修改、审批、汇总和查询；计划编制和审批结果应进入数据仓库的计划管理数据库供查询和调用。

4.4.3 全面预算系统

全面预算系统应提供预算指标设置、预算规则定义、版本管理、预算编制、预算预测、预算调整、预算分析等功能。以销售预测为起点，经过计算，自动生成生产、采购和成本预算，对销售、生产、采购、仓存、费用管理、应收应付款管理等系统的业务处理过程进行实时监控和指导。

4.4.4 项目管理系统

项目管理系统应对项目的定制、投资、执行到项目结束的全过程进行计划、组织、指挥、监控、调度和评价，根据资源和市场变化情况，实时对工期、成本和资源消耗情况进行预测预报，对项目的后继管控提供优化方案。

4.4.5 人力资源管理系统

人力资源管理系统应实现人事管理、劳动合同、劳保管理、员工异动、教育培训、考勤管理、绩效考核、薪资福利等，人力资源管理应结合生产计划生成人力资源规划和人力资源需求计划，应体现员工的学习能力、工作技能、特别是对信息技术的掌握和运用能力。

4.4.6 设备管理系统

设备管理系统应对设备采购、租赁、合同、制造、改进、使用、异动、点检、润滑、诊断、维护、大修、折旧、报废等全生命周期进行统一的标准化跟踪控制和全生命周期管理，对于在用设备应与地理信息系统和监测监控系统相结合，在三维场景中能够看到设备的运行状态和故障参数，通过物联网实现远程故障诊断和维护支持。

4.4.7 物资管理系统

物资管理系统应实现从需求、采购、库存、供货商，到发放、回收、复用和报废的全面控制进行管理。随时监控物资申请情况、仓储状况和使用状态，并能及时预警，实现权限、流程、操作接口的灵活定制。

4.4.8 运销管理系统

运销管理系统应包括客户关系管理、供应链管理、产品信息发布、合同订单管理、RFID 车辆管理、产品质量（质量和品位）全程管理、矿石价格管理、称重计量管理、视频监控管理、料场门禁管理、物流管理、财务结算管理、销售统计管理等功能，所有数据须自动提交到矿山数据仓库中的运销数据库和供应链数据库，并可反映到调度系统中，系统可以自动生成采购计划和比质、比价、比服务采购决策支持，可以生成客户需求报告和客户满意度评价报告。

4.4.9 企业成本控制系统

企业成本控制系统应具有人力、设备、物资、动力、安全、技术、生产、经营等多角度的成本分析、预测、查询功能，并根据需求提出优化的成本控制方案，通过净值分析原理分析和监控项目进展，对偏离目标的项目予以警告或调整，按照业务流程和成本构成进行经营评价和决策支持。

4.4.10 党政工团管理系统

党政工团管理系统应实现党务、政务、工会、团委、纪委、宣传部、女工部和办公室日程公务的无纸化协同办公，将记录实时提交到矿山数据仓库，进行费用管理、绩效考核、奖罚控制和成本分析。

4.4.11 财务管理系统

除了账务管理外，财务管理系统应具有经济活动分析、投入产出分析等辅助决策功能，并开放二次开发接口，包括有关数据的提取、写入等，以便与其他系统进行集成。

4.4.12 决策支持系统

决策支持系统应能够为决策者提供所需的数据、信息和背景资料，帮助明确决策目标和进行问题的识别，通过人机交互功能进行分析、比较和判断，为正确的决策提供必要的支持。它通过与决策者的一系列人机对话过程，为决策者提供各种可靠方案，检验决策者的要求和设想，从而达到支持决策的目的。

4.4.13 门户网站系统

智能矿山集成系统应通过矿山数据仓库和各种服务软件（包括 PaaS、SaaS 和 SOA 模式）实现深度集成和互联互通，为各系统的深层应用提供服务。智能矿山集成系统应能够对各类数据进行抽取、清洗、聚集、汇总和压缩定制。按照上级管理部门的系统需求推送数据。智能矿山门户网站除自动显示常规信息外，应具有预警发布、导航查询、智能搜索、综合分析、辅助决策、信息公示、协同办公、操作培训等功能。智能矿山门户网站可自动连接大数据分析结果、预警信息和警示教育信息，实现安全、生产和经营信息的透明管理。

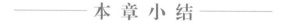

本 章 小 结

本章具体讲述了智能金属矿山的信息管理决策系统，包括通用管理平台软件、生产管理系统、矿山安全保障系统、企业管理的组成部分及主要功能，侧重矿山生产管理方面，讲述智能金属矿山的主要管理系统的功能特点和软硬件构成。

思 考 题

1. 简述智能金属矿山通用软件平台的组成。
2. 智能金属矿山的生产管理系统软件的组成是什么？
3. 简述采掘生产计划编制系统的功能。
4. 安全保障软件的主要作用及意义是什么？
5. 矿山企业经营管理软件主要由哪些部分组成？

5 智能金属矿山的信息安全

本章课件

本章提要

　　智能矿山的发展与应用，对经济发展起着至关重要的支撑作用，能够有效提升生产效率，降低生产事故，改善劳动者的工作环境，提高工作舒适度。然而，智能矿山同时也具有诸多的信息安全隐患，威胁着智能矿山的信息安全。随着矿山智能化水平的提高，其面临着越来越严峻的信息安全威胁。针对矿山关键基础设施的信息攻击不仅引发矿山内部的生产事故与安全事故，造成人员伤亡和环境破坏，甚至会扰乱矿山系统覆盖区域内的矿产品供需平衡，造成经济损失和社会恐慌等严重后果，如计算机系统遭受病毒感染、敏感数据被盗、智能矿山网络被非法入侵等问题。智能矿山的信息安全主要包括物理安全、网络安全、数据安全及备份恢复等，除此之外智能矿山还会面对由多网融合引发的新的安全问题。

　　通过本章的学习，了解信息安全的定义、内涵及矿山信息安全的体系结构，了解随着智能矿山的不断发展，矿山面临的信息安全的挑战，掌握常用的数据备份与恢复、防病毒、防火墙、入侵检测和安全新技术，如区块链、智能卡、无线网络安全等，能够设计智能矿山的信息安全防护策略。

5.1　信息安全概念

5.1.1　信息及信息安全的定义

　　现如今信息科技日益发达，信息化水平飞速提高，信息安全所包含的内容也更加丰富。从保护主机及其数据的安全到保护网络以及用户信息的安全，信息安全的定义正在不断地更新。信息安全是一个比较大的范畴，涉及硬件、软件、运行环境以及数据安全等多方面内容，信息安全的概念也处于不断地扩展和演化过程中。国际标准化组织将信息安全定义为信息的完整性、可用性、保密性和可靠性。从技术方面来看，信息安全的实质就是要保护信息网络中的信息资源和信息系统免于遭受各类干扰、篡改和破坏。从信息资源管理的角度来看，信息安全是指在信息采集、整合、传递和分析处理等过程中，防止信息被非法泄漏、篡改、破坏等。信息安全问题值得我们在国家、政府、部门和行业等各个层面和领域都引起高度的重视。

　　基于信息安全的多重概念，智能矿山信息安全的概念也包含多个层面，主要包括信息安全体系的设备安全、数据资源安全和行为安全等。其中智能矿山信息安全体系的硬件设备与信息系统安全是智能矿山信息安全的物理基础，数据资源的安全是在信息管理过程中保证信息的收集、整合、处理和应用的安全，行为安全是矿山内所有的主体在使用信息过程中的行为标准。智能矿山建设进程中，经济社会的稳定运行对信息安全体系的依赖程度越来越高，信息安全也涉及政府、矿山企业与个人等各类利益相关方。在智能矿山的双向交互模式下，信息安全体系的建设和应用是以人为中心，高度的信息化、智能化个人设备的普遍使用，使得智能矿山的信息安全在一定程度上更加依赖于用户的安全意识和安全行为，智能矿山的信息安全面临的各类风险更为突出。智能矿山的快速发展，绝对离不开现代通信技术的支持，换句话说，智能矿山发展依托通信和信息的发展，没有通信技术的支持，智能矿山是一个空谈。然而，每件事都有两面性，随着我国智能矿山的发展，信息安全问题也逐渐暴露出来。面临着信息安全的风险，在输电、配电等方面存在安全隐患和风险，一旦发生风险，将会造成不可预估的后果，大面积的停电和信息泄露不仅造成严重的经济损失，更会影响到企业的生产、经营和人们正常的生活，进而影响到国家经济建设和社会正常运转。许多情况表明，智能矿山信息安全已成为矿山稳定运行的基础。目前，国家工业部也明确表示，我们必须高度重视智能矿山信息安全。

5.1.2 信息安全的内涵

在上述背景下，信息安全概念处于不断扩展演化之中。从技术方面，其具体含义是确保信息的保密性、完整性、可用性与可控性；从信息资源管理角度看，是指在信息收集、制作、传播、处理等过程中保证信息资源客观性与权属的安全，防止信息被故意或偶然的非法授权泄漏、更改、破坏或者被非法系统辨识、控制；从社会信息化过程角度看，是指社会信息系统的建设及其功能不受外来威胁与侵害，信息安全不仅涉及技术体系，更是融合了管理、价值观、信息化法律与应用规则等多重领域的社会性问题。这些内涵各有侧重，也存在相互涵盖的方面。

现代矿山的建设越来越复杂，互联越来越多，如果矿山系统不能配备可靠的监控系统，出现任何问题都将是致命的。矿山的正常运转是建立在矿山稳定工作的基础上的。智能矿山拥有分布广、跨度大、设备自动化程度高等特点，一旦停运将会造成很大的损失。由于现在智能矿山都是被计算机前的工作人员远程控制，假如有敌人攻击不成熟的监测控制系统，很容易造成系统故障甚至矿山瘫痪。类似的通信协议与开放的系统结构在为智能矿山提供实现实时信息传播与控制的同时，会接入多种设备进行交互通信，这会对系统的安全带来更大的威胁。所以矿山系统的安全所面对的难题就是通信信息系统的稳定。矿山信息系统由于自身的特殊性，把计算机信息安全技术粗略地搬移过来是行不通的，要在重点考虑控制系统对可靠性与实时性需求的基础上应用一般计算机网络安全的性质。可以看出，将研究重点放在系统的信息安全上将会对智能矿山的安全产生积极的作用。

5.1.3 矿山信息安全的体系结构

应用层安全、感知层安全与网络层安全是矿山系统安全的三个组成部分（见图5-1）。智能矿山是物联网的延伸，它的价值在于让所有矿山产品拥有了"智能"，从而实现了人与物、物与物之间的信息交互。物联网中存在的安全问题，智能矿山中也会存在，而信息安全方面的诸多问题尤其明显，如数据安全问题、接入安全问题与网络安全问题等。

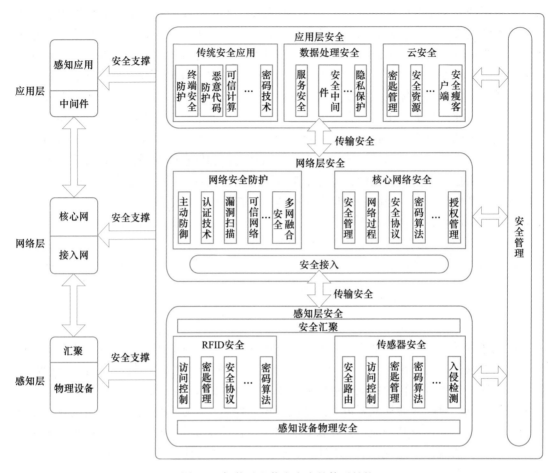

图 5-1　智能矿山信息安全的体系结构

5.1.3.1　应用安全

随着计算机网络技术的飞速发展，矿山企业的信息化水平逐步提高，主要应用系统的安全性成为智能矿山安全的重要组成部分。安全应用，我们可称之为"内忧外患"，所谓的"内部问题"是恶意行为的应用系统安全问题带来的内部员工或员工误操作，主要指的是人的因素。"内忧"的主要原因是企业内部缺乏有效的安全运维管理化制，账号权限滥用。相对于"内忧"，"外患"的主要体现手段是病毒入侵、黑客攻击等。要想解决这个问题，需要利用防火墙和入侵检测系统等技术手段，建立完善的管理方法，建立安全、有效的安全运行化制。数据的威胁主要可分为物理磁盘的故意损坏、病毒和人为错误等。矿山企业一直作为国民经济的基础产业，矿山数据，特别是智能矿山的数据安全尤为重要。因此，必须通过身份认证技术、加密文件和访问控制等技术手段来保证数据存储和传输过程的安全性、保密性和唯一性。保护数据安全方面，我们可以采用磁盘列阵、双机容错机制和异地容灾的方式。随着黑客技术手段的提升，黑客可越过防火墙直接对内网主机进行攻击，因此，企业必须高度重视主机安全防护。主机安全主要是对操作系统和数据库的加固，可采用基础防护、安全审计、身份鉴别、资源控制、访问控制、恶意代码防范、系统备份和入侵防范等措施。

5.1.3.2 感知安全

感知层在智能矿山网络中的作用是感知并采集外界信息,用于感知的设备包括传感器设备、全球定位系统、图像采集设备及 RFID 设备等,这些设备根据用户的需求收集指定的数据信息,如摄像头用于住宅的安防监控;使用 RFID 设备可以轻松控制门窗的开关;使用通信网络可以远程控制家中的电器等。但是,各种方便的感知系统给人们生活带来便利的同时,也存在各种安全和隐私问题。例如,通过摄像头的视频对话或监控在给人们生活提供方便的同时,也会被具有恶意企图的人控制利用,从而监控个人的生活,泄漏个人的隐私。特别是近年来,黑客利用个人计算机连接的摄像头泄露用户的隐私事件层出不穷。

对于矿山企业来说,巨大的应用系统数据和控制信息都存储在物理设备中,物理设备的安全性需要进行可靠性测试。只有安全可靠的物理设备才能保证数据的安全,如果物理设备失去安全性,那么企业机密信息和用户数据也失去了安全保障。所有重要的数据应建立数据备份及容灾措施。矿山企业数据的物理安全性不言而喻。因此,矿山企业应有集中备份和分散备份,建立双机热备和单镜相互补充的数据备份系统,同时采用先进的灾难恢复技术,妥善保存备份存储介质。

5.1.3.3 网络安全

矿山网络类型包括矿山信息网、调度信息网、外部网等。对于不同的网络,应配置不同的网络安全设备。例如,矿山调度网络承载着巨大的数据信息,是矿山生产的重要网络平台,需要高安全性。基于信息网络的现代矿山监控系统,其数据安全问题根本上与传统的信息网络所面对的安全问题是一致的。网络作为信息的主要载体,其信息安全的本质体现在网络信息系统的可用性、完整性、机密性、真实性、不可否认性等性质上。可用性即在病毒攻击、系统故障、战争损坏、网络破坏击等事件下,依旧能够保证服务与数据发挥作用。完整性用来保证接收者获取的消息和发送方送出的消息是完全一样的。确保传输、接收和存储的信息是完整的和没有被破坏的,即便在被改动的情况下仍能够发现被改动的情况和篡改者的信息。机密性需要保证信息被秘密地运送和保存,非法者不能观看,只有获取相关权限的接收者才能获取完整的信息,确保不暴露通信的情况。不可抵赖性用来预防参与某次进程的一方不承认该进程曾发生的事实,可以确保信息的处理人或系统的操作人承认自己的处理结果。真实性也叫作可认证性,即用来保障实体(人、系统或进程)身份和消息、消息来源是可认证的。可控性是指对通信系统与数据的应用进行合法的指定、审查、事故评估和监管等工作,可以实时控制和掌握通信系统与数据的基本状况。

5.2 智能矿山信息安全面临的挑战

5.2.1 智能矿山信息安全风险与威胁

目前,智能矿山所面临的安全威胁可分为两类——人为因素和自然因素。自然威胁指的是地震、雷电等不可抗力带来的威胁,造成电磁干扰,数据在传输过程中丢失数据,甚至破坏硬件等,从而对矿山造成的危害。人为威胁是指人故意破坏的攻击,导致机密应用系统数据丢失，遭到破坏，甚至硬件设备也造成严重的损坏，最终给国家和社会带来严重的后果。除此之外，智能矿山所使用的操作系统如本身存在的系统漏洞、缺陷或者是编程错误。在联网的情况下，黑客通过系统漏洞缺陷，植入病毒、木马等窃取系统中的机密信息，控制系统达到损坏软硬件的目的。2010 年 9 月，伊朗的核电站曾遭到黑客发起的"震网"蠕虫病毒的攻击，造成了严重的后果，经济损失巨大。更先进的技术智能矿山将会涉及更加复杂的科学技术，如各种智能终端、大数据、物联网、虚拟技术、无线通信技术等，这些技术将会给智能矿山的发展提供强有力的技术支撑。同时，这些技术也在不断地发展过程中，也有技术不稳定、不成熟的安全风险。

5.2.1.1 感知层安全风险

智能矿山信息基础设施的水平是信息科技水平的直接表现，具体包括有线网络、无线网络、物联网等信息传输系统，以及云平台、信息交换和运营支撑平台等。从技术层面来讲，智能矿山高度集中应用了现有的新兴信息技术，因此智能矿山的建设、运行和管理过程中面临的信息安全风险，其复杂性和不确定性都将更加突出。前期曝光的 Wi-Fi 安全漏洞问题，导致我们通过无线网络进行的一切线上操作都会被监视，甚至密码的设置和更改也在监视范围内。智能矿山建设中应用了大量的云技术，使得信息呈现高度集中化。一旦云平台的系统崩溃，或者云平台的信息数据遭到破坏、丢失等，政府、企业、个人用户等都将会受到巨大的影响，造成一定的损失。所以用于保护用户信息安全的各项技术本身如果没有处于安全状态，存在技术漏洞或者技术问题，以及用于保护信息存储系统安全的防火墙技术、安全平台技术、密钥技术等未处于安全状态，那么技术安全就不能得到良好的保证，进而智能矿山的基础信息设施安全也不能够得到保证，因此技术层面的安全因素对信息数据的安全具有极大的影响。

信息时代，互联网、物联网、云计算、大数据等技术实现迅猛发展，智能矿山中的智能网络接入了大量的传感器和智能终端设备，因此会有多样化的接入方式，产生复杂的接入环境。如果智能矿山基础信息设施薄弱，核心信息技术掌握不够充分，应用系统与信息安全保障技术不够成熟完善，当网络系统受到攻击时可能严重影响智能矿山的运行和管理，扰乱矿山日常生活秩序，也可能对经济造成重大损失。此外，我国智能矿山信息安全建设过程中涉及的许多核心基础设施、关键技术和应用服务均由国外大公司掌握，过度依赖国外一些大公司，核心技术的自主可控率较低，由此造成较大的信息安全隐患。

物联网基础设施覆盖率：物联网在智能矿山建设中扮演着中枢神经系统的位置，物联网通过前期布置好的传感器设备实现对矿山的全面感知，通过云平台处理这些大数据信息，支撑矿山的各种矿山应用服务，为公众提供智能的生活服务。物联网基础设施带来的威胁一直影响着智能矿山建设，大多设施部署在开阔无监控的地带，设备容易被破坏；黑客可利用漏洞对物联网基础设施进行攻击，并获取控制权，发起攻击行为，篡改数据，造成商业秘密、个人隐私的泄露，导致应用系统瘫痪，其覆盖率越广，遭受攻击的可能性越大。

5.2.1.2 网络层安全风险

来自网络的病毒或攻击会对系统网络进行骚扰，可以轻松地堵塞造成网络传输功能的下降，使信息传输的实时性有了很多不确定性，正是由于这些不确定性会造成许多权限较高数据的实时性被极大地破坏，直接对系统控制性能造成威胁。操纵与破坏工业控制软件是典型的例子。

工业以太网大量运用交换机极大地扩展了网络规模，交换机自身拥有许多优点，表面上看来极大提高了工业网络的安全性能，然而交换机本身也有许多缺陷，容易被黑客利用造成安全问题。交换机在工业 Internet 应用会存在几个潜在的漏洞：首先黑客可以通过多种途径获取改变交换机配置的权限，Internet 协议分为实时与非实时两种，非实时协议例如 HTTP 协议可以被一部分交换机钻空子访问进来，以至于达到它修改配置的目的。其次交换机可能被攻破或者被欺骗，这样黑客可以轻易进入通信网络。假如攻击成功，交换机开始怀疑自己 MAC 地址的映射关系被破坏了，所以交换机不得不提交自己的地址表，这会导致交换机短暂失效，过滤网络的功能消失，被外部攻击者利用。最后黑客通常选择交换机的监视端口作为侵入的理想入口。监视端口在交换机中有着举足轻重的位置，配置完成后它能够获取到其他全部端口发送的数据，可以想象到如果入侵者侵入到该端口后，网络中传输的信息就将全部处于其监视之下。

由于交换机较集线器价格较高，工业以太网投入成本又有限，所以网络中不可能全部用交换机，集线器和交换机会同时存在于工业以太网，这要求我们必须考虑两种设备共存条件下的信息安全问题。现在的生产过程对以太网安全高度依赖，如果网络安全性出现问题，生产必将会受到极大破坏。数据的损失，信息的时延，控制系统的服务品质与可靠性下降，控制报文的运送顺序被修改，都可以形成上层控制应用网络的阻塞，无法正常地处理各种请求，影响系统效率。

网络层的安全需求可以归纳如下：（1）数据机密性：保证数据传输过程中不会被他人窃取。（2）数据完整性：保证数据传输过程中不会被他人篡改。（3）数据流机密性：保证数据传输过程中数据流量信息不被他人窃取。（4）拒绝攻击：DoS 攻击是常见的攻击手段，网络层需要快速地检测出 DoS 攻击，防止 DoS 攻击对网络造成的进一步破坏。

5.2.1.3 应用层安全风险

对于工程师站、操作员站以及其他工作站，非授权用户可利用这些工作站上的弱口令登录人机界面，继而修改操作员站上的参数值；或是利用专有软件的其他脆弱性，修改工程师站上的配置文件以及下载至控制站的控制文件。这些非法入侵行为将可能间接影响到控制器的正常运行。

应用层设计的主要目的是满足智能矿山系统的具体业务开展的需求，它所涉及的信息安全问题直接面向用户群体，与其他层次有着明显的区别。考虑到智能矿山涉及众多用户与设备，应用层中对大量数据的处理和控制的安全性面临着很多安全问题，比如数据的隐私性、完整性及业务控制等问题有待解决。此外，应用层的信息安全还涉及信任安全、位置安全、云安全等。

所以应用层的安全挑战主要有以下几点：（1）大量的节点设备的身份认证问题。（2）大量节点数据存储的安全问题。（3）大量用户数据的隐私保护问题。（4）系统的可控性。（5）系统对恶意攻击的防御性。智能矿山网络中不仅包括大量的用户数据，更多的是海量的节点设备产生的数据，为了确保海量数据的隐私和安全，加密手段是行之有效的方法之一，但如何处理如此多的加密数据也是现阶段网络层存在的挑战之一。

5.2.2　智能矿山系统可能遭受的典型攻击场景

由于智能矿山系统普遍存在上述安全漏洞，面临着很多信息安全风险，比如通信中断、数据堵塞、数据被非法访问或篡改、数据丢失、病毒入侵等，那么攻击者可能针对智能矿山系统进行各种攻击，下面列举了一些典型的攻击场景。

(1) 网络监听。网络监听通常被用于监视网络运行状态、信息传输、数据流等。网络攻击者可以通过网络监听来截取网络上传输的数据或信息。在智能矿山系统中，攻击者在网络监听之后可能将自己伪装成 MTU 或者 RTU。比如可能利用网络监听来获得主站操作员的登录用户名和密码，从而得到相应的操作权限，这样就可以伪装成 MTU 实现对系统的进一步攻击；或者利用网络监听获得系统重要的数据或机密信息，为后续的攻击做铺垫。

(2) 拒绝服务攻击。拒绝服务攻击利用系统网络协议存在的缺陷，通过各种攻击手段耗尽被攻击对象的资源，使目标系统或网络无法提供正常的服务，导致目标系统停止响应甚至崩溃。例如，攻击者可能利用主站和从站之间的通信协议存在的缺陷，模拟 SCADA 系统的主站 MTU 向下位机 RTU 或者 PLC 发送大量无意义的消息，消耗通信网络的带宽资源，影响到工作系统中主站与从站之间的正常通信，导致主站 MTU 无法及时接收和处理从站 RTU 采集到的数据，或无法及时发出控制命令。

(3) 中间人攻击。中间人攻击是一种间接的入侵攻击，该攻击通过各种技术手段将受攻击者控制的计算机虚拟放置在 SCADA 系统通信网络中的 MTU 和 PLC 之间，拦截它们之间的网络通信数据，并进行嗅探或篡改。例如，攻击者可以利用 DNS 欺骗或者 ARP 欺骗向 SCADA 系统控制中心操作人员发送虚假的信息，导致工作人员不能了解工作现场的实际情况，诱使其执行错误操作。或者截取并修改站场监控层 MTU 操作员发往现场作业区 PLC 或者 RTU 的数据，向现场层从站 PLC 发出错误的控制命令，进而影响工作现场的阀门、油泵、电机等执行机构的正常动作。

(4) 重放攻击。重放攻击是指攻击者发送一个目标机器已经认可的口令包，以欺骗系统，达到身份认证的目的。在智能矿山系统中，重放攻击是指攻击者重复发送已被系统认证为合法的消息到从站设备，造成设备损坏。例如攻击者利用重放攻击不断地向从站 PLC 发送合法的控制命令，这样该台 PLC 就会重复执行该控制命令，导致现场工作设备损坏，影响生产。

(5) 蠕虫/震网病毒。蠕虫病毒与传统的计算机病毒不同，它是一种利用当前最新的编程语言和编程技术实现的、易于修改产生变种的新型病毒。它能利用网络进行自我复制和传播，并且不需要将其自身附着到宿主程序，比如近几年危害很大的"震网"病毒就是蠕虫病毒的一种。像震网病毒这类专门针对工业控制 SCADA 系统的蠕虫病毒能够通过各种途径进入 PLC，通过修改 PLC 来改变系统的行为，包括拦截发送给 PLC 的读/写请求，修改现有的 PLC 代码块，并往 PLC 中写入新的代码块等。在智能矿山系统中，攻击者可能利用震网病毒攻击现场层的 RTU、PLC 等设施，使其发生故障甚至损坏，这样监控层就无法实现对现场数据的实时采集和对现场设备的远程控制。这类攻击可能导致 PLC 执行错误的命令代码，做出错误的控制动作，影响现场设备的正常工作，危害系统的正常运行。

5.2.3　智能矿山信息安全的关键技术

5.2.3.1　加密技术

加密是某种特殊算法对系统传送的信息进行处理，数据送达后通过解密加还原，非法攻击者即便获取已加密信息，但解密方法未知，依然难破解和掌握原始的信息内容，从而有效阻止和避免了对信息的非法攻击。将信息加伪装是加密措施的基本出发点，即对信息实施可逆的一组数学变换，让攻击者难以理解原始的真实信息，可逆的实现，即加解密的有效实施。

加密技术是在为了满足网络安全应用需要的背景下出现的，作为网络安全的重要方案，加密技术的主要任务是保证传输信息不被外来者窃取，确保信息的保密性。现在许多文件在网络中的传输都要用到加密技术，以确保传输的信息不会被信息接收者以外的对象获取。加密技术很早就开始应用到人们的生活。早在公元前 2000 年埃及人已经将象形文字当作信息进行编码，后来，巴比伦与希腊文明陆续采用一些自己特有的方式加密他们的信息。所以加密技术已经存在了相当长的时间，只是这些年才开始应用于现在的网络和电子商务中。

密码学的本质是研究密码的改变，它是一门以研究加密和解密为对象的技术。"明文"用来表示需要加密的信息。加密的过程就是采取特定的方式将明文伪装起来，这样加密后的消息就被称作"密文"。相反，将密文去伪装变成明文的过程叫作解密。实际中数学理论常被用作为有关加密与解密过程的涉密工具，这样会有两个相对应的数学过程，一个进行加密，另外一个用作解密。在实现加密和解密功能的时候需要双方拥有一个共同的共享信息，称作密钥，通常用 K 表示。在所有的加解密过程中都必须考虑密钥的安全性，因为密钥丢失后，加解密过程就会变得没有意义。密码系统算法、明文、密文与密钥共同组成了密码系统。加密与解密的过程如图 5-2 所示，通常用 M 代表未加密的明文，C 代表加密后的明文，K_E 代表用于加密的密钥，K_D 代表用于解密的密钥。

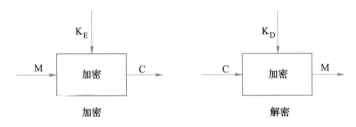

图 5-2　加密和解密

对称加密算法，顾名思义就是用于加密与用于解密的密钥相一致的涉密过程，也是一种最为传统的密码算法。通信双方在传输信息之前会共同确定一个密钥，然后在加密与解密的过程中使用该密钥。这时通信的安全就依赖于密码是否被安全保护。

公开密钥密码体系在加解密过程中使用两个相异的密钥，这是它在信息安全领域走出的重要一步。在体系内，密钥成对存在，分别称作"公钥"与"私钥"。它们之间是"逆运算"的关系，使用公钥加密的数据只能由私钥解开，同样道理私钥加密的数据只能由与它对应的公钥解开。它的原则是广播公钥，节点知道得越多越好；个体所拥有的私钥，则只能自己知道。我们可以看出由于公钥与私钥并没有什么特定联系，所以想用公钥推断出私钥是不可能的，所以广泛传播公钥是没什么问题的。

智能矿山在运营的过程中，大量采用了无线和有线传感器实现对信息的采集，为了确保采集过程中信息的安全，所有采集终端设备，数据的加/解密硬件方式实现，采用集成的对称及非对称密钥算法，主站侧数据的加/解密可运用国家密码局认可的密码机实现，采集终端与集中器可通过硬件安全模块实现。

5.2.3.2　身份认证技术

MAC 地址认证是通过对物理地址的认证，对网络访问权限进行管理的方法，MAC 地址认证技术的特点是不用安装任何客户端软件就可以实施认证。设备在启动了 MAC 地址认证的端口上首次检测到设备的 MAC 地址或者收到了设备的接入请求后，就会启动对该设备的认证流程。在整个认证流程中，用户并不需要其他操作，而只需要将合法的 MAC 地址预先录入数据库，以供设备接入时进行认证。若该用户认证成功，则允许该设备通过端口访问该网络中的数据资源，否则该用户的 MAC 地址就被认定为静默 MAC。在静默时间内（通过静默定时器配置），如果再次接收到设备的接入请求，系统直接删除该认证请求，以防止非法 MAC 短时间内进行重复认证，造成网络堵塞。

5.2.3.3　访问控制技术

基于角色的访问控制是美国 NIST 提出的一种新的访问控制技术。该技术的基本思想是将用户划分成与其在组织结构体系相一致的角色，角色直接拥有权限而不是主体，主体则通过角色的分配来实现对客体权限的授权。在系统中角色具有直观性与稳定性，减少了权限管理的复杂程度，从而降低了权限管理带来的工作量。基于角色的访问控制包括用户、角色、许可等要素。用户是访问系统资源的主体。角色是一种"职位"，用户只有坐在这个位置上，才能实现对客体的访问。许可就是对允许对客体权限的操作。用户可以"担当"多种角色，一个角色也可以让多个用户同时"担当"，每种角色拥有很多种许可，每个许可也可以授权给许多不同的角色。

5.3　数据备份与恢复技术

5.3.1　数据备份的定义

数据是表示信息的信息。数据丢失或者损坏，信息也就丢失或者被扭曲了。数据备份不仅仅是简单的文件复制，备份的内容不但包括用户的数据库内容，而且包括系统的数据库内容。为了防止数据意外丢失或者损毁，人们想出了一系列的方法来保护当前的数据。此外，为了最大程度地保护数据，人们还在其他地方保存数据的一份或者多份副本。数据保护和数据备份看似简单，实则很复杂。数据保护和备份已经成为存储领域的一门分支学科。备份包括系统备份和文件（数据）备份。系统备份即将操作系统文件备份生成文件保存下来，当系统出现问题时可以将这个备份文件恢复到备份时的状态；而文件（数据）备份即对重要数据资料，如文档、数据库、记录、进度等备份下来生成一个备份文件放在安全的存储空间内，当发生数据被破坏或丢失时可将原备份文件恢复到备份时状态。全方位的灾难备份服务主要包括基础设施保障服务、网络与通信服务、数据备份与数据处理服务、业务持续咨询计划、灾备演练与灾难恢复服务等，灾难备份服务是一个系统工程，涉及上述多项服务内容的有机结合。

数据备份是保存数据库数据文件和控制文件的拷贝，当发生不可预知故障，或者应用程序错误造成的数据丢失时，可以用备份数据恢复数据库。备份主要分为物理备份和逻辑备份。物理备份是实际物理数据库文件从一处拷贝到另一处，通常是从磁盘到磁带的备份。操作系统备份、冷备份和热备份都属于物理备份。逻辑备份是利用从数据库中抽取数据并存入二进制文件。这些数据可以重新引入原来的数据库，或者引入其他的数据库中。在实际工作中，数据备份主要采用物理备份的方法，以逻辑备份为辅助。针对不同的应用可以采用不同的备份种类和备份频率，它们直接决定恢复的速度和成功性。

5.3.2 数据失效与备份的意义

曾有一位计算机专家说过，系统数据的丢失和系统灾难的发生，不是是否会，而是迟早的问题。造成系统数据丢失的原因很多，有些还往往被人们忽视。正确分析威胁数据安全的因素，能使系统的安全防护更有针对性。导致系统失效的因素主要有以下方面，系统物理故障主要是系统设备的运行损耗、存储介质失效、运行环境温度、湿度、灰尘等对计算机设备的影响、电源供给系统故障、人为的破坏等；现今操作系统环境和应用软件种类繁多，结构复杂，软件设计上的缺陷也会造成系统无法正常工作。另外，版本的升级、程序的补丁等都会对系统造成影响，由于操作不慎，使用者可能会误删除系统的重要文件，或者修改了系统运行的参数，以及没有按照规定要求进行操作以及操作不当都会导致系统失灵。另外，自然灾害是一大隐患，地理环境决定了我国具有较高的自然灾害发生率，如地震、严重的洪涝灾害、雷击等。其次，火灾也是一大隐患，火灾的发生概率要比其他自然灾害高得多。虽然灾害与其他因素相比发生的频率并不高，但这样的灾害只要发生一次，就会给系统带来很大的麻烦。数据备份的意义就在于，当受到网络攻击、入侵、电源故障或者操作失误等事故的发生后，可以完整、快速、简捷、可靠地恢复原有系统，在一定的范围内保障系统的正常运行。

5.3.3 数据备份技术与方法

备份是容灾的基础，是指为防止系统出现操作失误或系统故障导致数据丢失，而将全部或部分数据集合，从应用主机的硬盘或阵列复制到其他的存储介质的过程。传统的数据备份主要是采用内置或外置的磁带机进行冷备份。但是这种方式只能防止操作失误等人为故障，而且其恢复时间也很长。了解了数据存储技术，选择符合需求的数据备份方式也很重要。随着技术的不断发展，数据的海量增加，不少的企业开始采用网络备份。网络备份一般通过专业的数据存储管理软件结合相应的硬件和存储设备来实现。目前比较常见的备份方式有：定期磁带备份数据；远程磁带库、光盘库备份，即将数据传送到远程备份中心制作完整的备份磁带或光盘；远程关键数据与磁带备份的结合，即采用磁带备份数据，生产机实时向备份机发送关键数据；远程数据库备份，就是在与主数据库所在生产机相分离的备份机上建立主数据库的一个拷贝；网络数据镜像，这种方式是对生产系统的数据库数据和所需跟踪的重要目标文件的更新进行监控与跟踪，并将更新日志实时通过网络传送到备份系统，备份系统则根据日志对磁盘进行更新；远程镜像磁盘，即通过高速光纤通道线路和磁盘控制技术将镜像磁盘延伸到远离生产机的地方，镜像磁盘数据与主磁盘数据完全一致，更新方式为同步或异步。

另外还有手工备份、自动备份、LAN 备份、LAN-Free 备份几种。目前，很多企业在数据存储备份时并没有考虑性能、自动化程度以及现有系统应用可扩展性等方面的因素。随着数据量的逐年增大，数据维护的复杂程度不断提高，直接影响对业务数据系统的应用。此外，由于数据备份自动化程度低，出错的几率也较大，不能快速、有效地保护数据，严重时会影响到业务系统的正常运行。因此，必须立足企业实际，结合目前主流的备份技术及架构方式，选择一种既能有效实现高性能数据保护，又能实现对复杂存储网络便捷化管理的数据存储方式。

对于操作系统的备份，可以使用操作系统提供的备份工具，直接从磁盘上备份文件到文件夹或者磁带。对于特殊应用环境下的备份，就要根据不同的应用程序采取不同的备份策略。在线事务处理环境中的备份可分为两种情况。如果数据库很小，且不要求高可靠性，就可以考虑冷备份，当对于大型系统和操作频繁的数据库管理系统，则采用热备份的方法，而对于这种备份，必须考虑平均故障修复时间，因为恢复时间取决于改动最多、最早的数据文件恢复。保证大型在线事务处理系统可用性的一个方法是开发镜像体系结构，使用磁盘镜像，两个驱动器保存相同的信息，从而使一个成为另一个的镜像。对于每一个写磁盘操作，操作系统必须同时写两个磁盘，这是一种开销很大的方法，因为磁盘数量加倍。第二种方法是将那些不被修改的数据存放到只读表空间，并且和经常要进行修改的表空间区分开来，当只读表空间数量很大时，就使备份和恢复的效率大大提高。同时还减少磁盘数量，因为只有只读表空间需要镜像。第三种方法是通过使用三重镜像减少数据库停用时间并增加容错能力。

5.3.4　数据恢复技术

根据《重要信息系统灾难恢复指南》中的定义：灾难是指由于人为或自然的原因，造成信息系统运行严重故障或瘫痪，使信息系统支持的业务功能停顿或服务水平不可接受、达到特定时间的突发性事件。典型的灾难事件是自然灾难，如火灾、洪水、地震、飓风、龙卷风、台风等，还有提供给业务运营所需的服务中断，如设备故障、软件错误、电信网络中断和矿山故障等。此外，人为的因素往往也会造成灾难，如操作员错误、破坏、植入有害代码和恐怖袭击等。由于各种灾难或突发事件而造成的业务服务中断，以及不能及时恢复系统导致企业停止运行和丢失数据，会对企业的服务质量、声誉造成严重影响。根据国际权威调研机构 Gartner 公司的一份研究报告，大约有 85% 的全球性企业对核心 IT 系统和基础设施实施了灾难恢复计划，但是仅有 15% 具备了完善的业务连续性计划。包括应急、业务恢复、危机处理等方面的流程以及相应的行动方案。恢复核心数据及关键业务应用系统的运行，以尽可能减少灾难发生引发的服务中断造成的损失。高性能的数据备份和灾难恢复技术能充分保护系统中有价值的信息，保证灾难发生时系统仍能正常工作。目前，在计算机和信息安全领域，灾难备份和灾难恢复已经成为一个备受瞩目的方向。

数据库数据维护必须保持数据库的及时性，并随时准备应付可能出现的硬件、软件、网络、进程和系统故障。对于某一个故障可以采用多种恢复方式，如果恢复计划得当，恢复操作就会相当顺利，从而保护用户和数据库。恢复处理的不同方式，取决于发生的故障类型、受到影响的结构，以及所需的恢复类型。例如常见的故障有事务故障、系统崩溃、磁盘故障。其中有些故障可能导致数据库无法使用，另一些则可能不太重要，有些故障的恢复需要人工介入，有些故障则是可由内部进行恢复的。要确定系统如何从故障中恢复，首先要确定用于存储数据的设备的故障状态；其次，必须考虑这些故障状态对数据库内容有什么影响，然后设计在故障发生后仍能保证数据库一致性和事务原子性的算法。这些算法称为恢复算法，它由两部分组成。在正常事务处理时采取的措施，保证有足够的信息可用于故障恢复。故障发生后采取的措施，将数据库内容恢复到某个保证数据库一致性、事务原子性及持久性的状态。

数据恢复技术主要分为两种类型。一种类型称为容灾恢复技术，主要是指通过之前介绍的各种备份方式，在系统出现故障或者灾难发生后，仍然能够通过之前的数据备份进行迅速的系统恢复，以最快速度保证系统能够恢复正常服务的方式。这种方式的使用场景通常需要已有数据备份存在，使用之前的数据备份能够迅速准确地将系统进行恢复。这种容灾恢复技术也是本书系统所使用的主要恢复技术。另一种较为狭义的数据恢复技术是指在数据发生损坏或丢失之后，未能通过备份直接恢复数据，而是需要经过较为底层的技术手段进行数据恢复的技术。这种技术根据具体恢复对象的不同，可以分为对操作系统、文件系统等进行恢复的软件恢复技术；对硬盘磁道、磁盘片等进行恢复的硬件恢复技术等。对于一般的恢复过程而言，通常在存有数据备份，且数据备份可以正常使用的情况下，首先使用容灾恢复技术进行数据恢复。若出现数据备份丢失或数据备份硬件损坏等情况出现，则需要按照不同情况使用软件或硬件恢复技术进行数据恢复。

无论使用什么方法，恢复的基本目的是在打开数据库之前，所有数据文件必须恢复到完全相同的时间点，并且在该点后未做任何改动。如果在数据库恢复之后丢失某些数据，则称为不完全恢复。在所有的重做日志文件、备份数据文件对于所有丢失或损坏的数据文件和一个当前有效控制文件都可用的情况下，应该采用完全恢复。不完全恢复只应在不能完全恢复所有数据时使用，不完全恢复还可以把数据库恢复到过去的某个时间点。例如，如果于上午点不慎删除了一个表，并且想要恢复它，就可从备份中恢复相应的数据文件，并且进行按时间点的不完全恢复，恢复到上午点之前。

5.3.5 误删除、误格式化等人为失误的数据恢复

当遇到文件丢失或数据损坏情况下，如果使用一些常用的备份工具，可以在短时间内将数据文件恢复，避免造成更严重的损失。使用这些常见的工具就可以从磁盘中恢复出数据来。

全球领先的灾难数据恢复工具 FinalData 以其强大、快速的恢复功能和简便易用的操作界面成为 IT 专业人士的首选工具。当文件被误删除（并从回收站中清除）、FAT 表或者磁盘根区被病毒侵蚀造成文件信息全部丢失、物理故障造成 FAT 表或者磁盘根区不可读，以及磁盘格式化造成的全部文件信息丢失之后，FinalData 都能够通过直接扫描目标磁盘抽取并恢复出文件信息（包括文件名、文件类型、原始位置、创建日期、删除日期、文件长度等），用户可以根据这些信息方便地查找和恢复自己需要的文件。

EasyRecovery 是一款威力非常强大的硬盘数据恢复工具，能够恢复丢失的数据以及重建文件系统。EasyRecovery 不会向用户原始驱动器写入任何东西，它主要是在内存中重建

文件分区表使数据能够安全地传输到其他驱动器中。用户可以从被病毒破坏或是已经格式化的硬盘中恢复数据。

5.4　防病毒技术

5.4.1　计算机病毒概述

计算机病毒在通信系统上造成的破坏是显而易见的。虽然近些年来在与计算机病毒的对抗中取得一些成效，但不可否认，计算机病毒同网络发展一样数量种类增加很快，对通信系统的破坏更强了，所以还必须引起重视。病毒本质上也是种程序，不过其有特别强的复制能力。

5.4.2　常见病毒的种类

现在世界上已经发现的计算机病毒已有几十万种，通常将它们分为以下种类：（1）引导型病毒：核心作用是伤害处在硬盘的引导扇区上的信息。（2）可执行文件病毒：各种木马病毒。（3）宏病毒：主要通过宏程序组成。（4）混合型病毒：由多种类型病毒共同构成的复杂成分病毒。（5）Internet 语言病毒：由 Java、VB 等语言编写的病毒，可以盗取用户信息，或者导致系统瘫痪。

5.4.3　对防病毒程序的要求

现在网络要求防病毒程序拥有以下作用：首先能可靠地查找病毒，及时发现程序是否被病毒感染；其次判断程序被病毒感染后能否继续安全运行。但是判断结果要求极其准确，否则容易造成大量虚假信息，正常操作可能也被当作病毒上报，使得用户体验大大下降。同样也要对真正的病毒做出判断，不然防病毒程序也就成为了摆设。所以好的防病毒软件必须做到判别准则精确，尽量少出现假警报，效率很高并且操作极少占用 CPU 处理时间，这样用户才可以获取较好的软件体验，同时不影响计算运行速度。以上的防病毒经验，可以在防病毒系统的具体实践中进行选择使用，可以自由选择，也可以适当添加新功能。

5.4.4　反病毒技术

补丁升级率：繁多的智能矿山应用系统被开放供大家使用，应用系统的漏洞时常出现，随着软件程序的复杂化，软件漏洞越来越多。漏洞的不断增多，将使得病毒攻击智能矿山，造成信息安全事件的增多。软件补丁是指一种插入到程序中并能对运行中的软件错误进行修改的软件编码，补丁的升级率有很强的及时性，如果补丁工作晚于攻击程序，就有可能被攻击，导致智能矿山信息泄露。

防病毒软件覆盖率：智能矿山快速发展的今天，互联网的开放性、共享性以及互联网程度不断扩大，计算机网络改变了大家的工作生活方式。同时，计算机网络病毒成为智能矿山信息安全的一个严峻问题。对于网络病毒目前最好的解决办法是安装正版的、杀毒能力强的杀毒软件，同时还需不定期的对软件进行升级。网络病毒的产生先于防病毒软件的产生，因此防病毒软件的覆盖率，即对已出现网络病毒起到保护智能矿山信息安全的作用。

5.5 防火墙技术

防火墙技术是用来保护局域子网的用途流行起来的。防火墙连接于私有网络和公共网络之间，它的本质是一个或一整套的网关、服务器。作为网络中的一个信任等级极高的设备，防火墙主要用来将信任等级高的网络同信任等级低的网络分离。作为一种基础设施，它在提供安全服务、信息的同时还保障着网络的安全性。

5.5.1 防火墙构成和原理

网络防火墙是信息系统网络安全防护的重要技术方法，网络防火墙技术越来越多地被应用于智能矿山信息系统网络安全防御中，网络防火墙起源于 20 世纪末，首先被应用于计算机领域中，它作为一种控制设备，可很好地控制内网和外网之间的信息、数据的交换，常常安装在内外网交界点上。

通常意义上可以将安装了防火墙软件的路由器和主机设备看作防火墙，但是防火墙同时也附加了全部系统的安全策略，可以实现许多功能。信息资源防护体系是由可靠策略组成的，它是多层次的一种构造。安全策略规定包含了用户认证、网络访问的权限、客户的职责、防御病毒策略以及员工职责等。假如网络受到攻击就会启动相应的安全等级来保证安全。所以正确的安全策略也是防火墙不可缺少的一环。

5.5.2 防火墙的优缺点

智能矿山信息安全网络在进行"内外网分区"后，针对内外网需分别部署不同类型的防火墙和入侵检测设备，具体方案如下：（1）对于信息内网，首先按照业务应用要求进行定级，定级之后对于相同安全级别的业务应用通过 VLAN 划分方式进行分类，二级及以上的系统分别独占一个 VLAN，二级系统及以下的系统可以使用同一个 VLAN；其次在定级完成后，利用高性能的防火墙设备进行安全域的划分及访问控制，其中，每个二级及以上系统均单独使用一个防火墙物理端口，确保重要系统在物理层面的安全性，二级及以下系统根据流量需求共享几个物理端口。每个安全域间制定严格的访问控制策略，并配合使用入侵检测技术对内网的所有流量进行实时监测，确保各个安全域的安全。（2）信息外网主要由 DMZ 区、信息外网客户端和互联网部分组成的，对于信息外网采取与内网相同防御措施，通过防火墙技术限制 DMZ 区、客户端对互联网的访问，通过入侵检测技术对相关流量进行检测，发现攻击行为，立即发生警报、阻断，保障智能矿山企业信息系统安全可靠。

防火墙的优点主要有以下几点：防火墙能够限定某个核心"扼制点"用来阻止黑客或攻击者进入内部通信网络。可以保证网络系统里脆弱服务进行持续的工作。防火墙可以毫不费力地监视网络并且在遇到危险的时候触发警报。防火墙可以当作用于部署网络地址的逻辑地址。确保网络的机密性，加强网络的非公有性。

同时防火墙也存在以下缺点：有效网络服务是受限的，无法处理来自内部用户自身的攻击。防火墙没有中断被病毒入侵的文件传送的能力,不能处理例如以数据作为驱动来源的威胁。防火墙在新的网络安全威胁面前是无力的。

5.6　入侵检测技术

入侵检测技术属于维护网络安全方法的一种,它的特点是主动维护系统从而不受到网络攻击。入侵检测是防火墙技术的辅助和加强,是在防火墙之后重要的安全屏障,它十分友好,可以在网络系统正常工作的同时对网络进行监控。当入侵检测系统通过统计分析发现网络中有异常活动时,它马上启动对应的预案来对抗。

5.6.1　入侵检测技术种类

从检查测试分析方法的不同可以将入侵检测系统区分成异常类型检测与特征类型检测。异常检测判定的基础是入侵者行为与常规主体的行为有明显差别,当前行为异于以前的规范时就可以称作是"入侵"。特征检测会为系统设计特别的模式,运行时检测主体行为与设定的行为是否相同从而作出判断。

从信息采集位置可以将入侵检测系统区分为基于主机的入侵检测系统与基于网络的入侵检测系统。以主机为基础的入侵检测系统(HIDS)通过监控来自解析主机的审核记录辨别入侵检测的类型。以网络为基础的入侵检测系统(NIDS)进行解析的方法则是利用将网络资源分享的方法对采集的信息进行监听。

5.6.2　检测依据及方法

IDS 入侵检测系统是结合软硬件进行入侵检测的方法。它起源于 30 多年前提出一种关于入侵检测的传统想法。到了现在入侵检测系统主要依靠以下几种检测方法:预测模式、分析状态转移、统计方法、专家系统、软计算方法和模式匹配。

随着入侵检测技术的进步入侵技术也在不断发展,黑客们也在不断寻求避开入侵检测系统(IDS)的方法进行攻击。所以入侵检测技术还将保持以下的发展态势。要采用传统入侵检测系统和分布式入侵检测相结合的方法:以前的入侵检测系统被局限在某一主机或个别网络中,这就造成无法在大规模复杂网络和异构网络中起作用,同时也存在兼容性问题需要解决。在这样的情况下,可以采用传统入侵检测系统和分布式入侵检测相结合的方法。智能的入侵检测:入侵方式的发展已经向着综合复杂的方向发展,越来越难以预防。同时神经网络、自动化和遗传算法等先进理论在入侵检测方面中使用处于初级阶段,还不能发挥出很大作用,所以现在的研究必须建立在探索的基础上对系统有更加详尽和深入的认识,以提高网络自我防范的能力。

5.7　信息安全新技术

5.7.1　无线网络通信安全技术

近年来,随着无线网络的发展,许多矿山企业开始构建自己的无线局域网。随着无线网络的普及、成本的降低，无线网络在我国矿山中越来越普及，它可以简化网络的部署并可以提高员工的使用便利性。在无线数据业务日益发展的今天，相比有线网络，无线局域网具有较好的灵活性，能够实现数据的移动通信，能够克服地域对机关办公的影响，进而提高了矿山的办公效率。随着无线网络在矿山企业的不断普及，人们对无线网络的安全性越来越关注。相比有线网络，无线网络具有移动性和开放性的特点；这给无线网络的安全带来了很大的影响。

无线网络的运行过程中，对网络接入设备进行权限管理是保持网络安全运行的一个重要方面。为了防止不法分子对矿山无线网络的入侵，无线网络采用了接入设备登记策略；在服务器端记录允许接入到无线网络的设备的信息，并为其分配账户和密码。只有登记在册，并且用户名密码正确的设备才能接入到无线网络中。因此，系统需要对无线网络接入设备进行管理。当需要为工作人员分配网络时，在系统内输入接入设备的名称、类别、IP地址和MAC地址等信息，并为其分配用户名和账户，完成接入设备的新增。在后续的运行中，如果不再允许设备的接入，可以删除接入设备的信息。无线网络管理员还可以查询接入设备的信息，并对设备信息进行修改。另外，系统还需要对无线网络中的设备进行管理。由于无线网络中的网络设备类型、型号众多，同时设备类别是设备产品的重要属性，它能够方便网络管理员更好地对网络设备进行管理，也方便网络管理员更快地找到需要查找的设备；同时，设备产品的类别可能会随着无线网络拓扑的变化而发生变化，因此，需要对设备的类别进行管理。

5.7.2 智能卡的安全控制

智能卡与磁条卡相比较，其优势不仅在于存储容量的大幅度提高、应用功能的加强和扩充，更重要的是CPU所提供的安全机制。在金融IC的安全机制中包括：认证功能、报文鉴别、交易验证、电子签名、安全报文传送、应用的独立性、一整套的密钥分散体系、密钥的独立性、先进的密钥算法以及完备的密钥管理系统。由于CPU卡可以将密码和加密算法保存在卡内，而且除密码验证方法外，还可借助随机数和一些算法对密钥进行认证，而密钥保存在卡内，禁止读出。这些安全机制大大提高了卡和系统的安全性。此外，采用内SAM模块，帮助POS及自助式终端设备完成密钥的存放和算法的实现，也使系统的安全性得到了进一步的提高，因此对脱机交易必须具有SAM模块或安全芯片，才能保证系统的安全。智能卡的安全性具体表现在：安全存储，智能卡独特的软件硬件结构增强了存储密钥的安全性，而且密钥是以密文方式存储在卡内，它只允许在符合条件时使用，否则根本无法读出，这样就杜绝了由于自己保管不善而泄露密钥的可能性。安全使用，由于智能卡内置了签名认证、加密解密算法，因此密钥的使用完全可以在卡内完成，而且密钥的每一次使用都需要验证口令通过才可使用，杜绝了用户在使用中泄露密钥的可能性，而存储卡、磁卡则不能做到这一点。另外在智能卡上可以设置PIN口令保护，在使用过程中如果3次输入错误的PIN码，IC卡将被锁死，需要解锁码解锁，如果连续3次输入错误的解锁码，IC卡则自动作废，不可以再使用。安全产生，一套完整的密钥生成、密钥分散体系是建立在密钥完全可以控制在卡片内产生的基础上的。根据金融交易中数据的保密性、数据的完整性、数据的可鉴别性的安全控制原则，我们认为，利用智能卡技术，在应用中引进智能卡之间的双向认证概念，可以使金融交易的安全得到有效控制和保证。

5.7.3　云安全

未来杀毒软件将无法有效地处理日益增多的恶意程序。来自互联网的主要威胁正在由电脑病毒转向恶意程序及木马，在这样的情况下，采用的特征库判别法显然已经过时。云安全技术应用后，识别和查杀病毒不再仅仅依靠本地硬盘中的病毒库，而是依靠庞大的网络服务，实时进行采集、分析以及处理。整个互联网就是一个巨大的"杀毒软件"，参与者越多，每个参与者就越安全，整个互联网就会更安全。

云安全的概念提出后，曾引起了广泛的争议，许多人认为它是伪命题。但事实胜于雄辩，云安全的发展像一阵风，瑞星、趋势、卡巴斯基、MCAFEE、SYMANTEC、江民科技、PANDA、金山、360安全卫士等都推出了云安全解决方案，金山、360、瑞星等安全企业都拥有相关的技术并投入使用。金山的云技术使得自己的产品资源占用得到极大地减少，在很多老机器上也能流畅运行。趋势科技云安全已经在全球建立了五大数据中心，几万部在线服务器。据悉，云安全可以支持平均每天55亿条点击查询，每天收集分析2.5亿个样本，资料库第一次命中率就可以达到99%。借助云安全，趋势科技现在每天阻断的病毒感染最高达1000万次。

紧随云计算、云存储之后，云安全也出现了。云安全是我国企业创造的概念，在国际云计算领域独树一帜。"云安全（Cloud Security）"计划是网络时代信息安全的最新体现，它融合了并行处理、网格计算、未知病毒行为判断等新兴技术和概念，通过网状的大量客户端对网络中软件行为的异常监测，获取互联网中木马、恶意程序的最新信息，传送到Server端进行自动分析和处理，再把病毒和木马的解决方案分发到每一个客户端。

5.7.4　数字水印（数据指纹）

数字水印技术是从信息隐藏技术发展而来的，是数字信号处理、图像处理、密码学应用、算法设计等学科的交叉领域。数字水印最早在1993年由Tirkel等人提出，在国际学术会议上发表题为"Electronic Watermark"的第一篇有关水印的文章，提出了数字水印的概念及可能的应用，并针对灰度图像提出了两种向图像最低有效位中嵌入水印的算法。1996年在英国剑桥牛顿研究所召开了第一届国际信息隐藏学术研讨会，标志着信息隐藏学的诞生。

数字水印（Digital Watermark）是一种应用计算机算法嵌入载体文件的保护信息。数字水印技术，是一种基于内容的、非密码机制的计算机信息隐藏技术。它是将一些标识信息（即数字水印）直接嵌入数字载体当中（包括多媒体、文档、软件等）或是间接表示（修改特定区域的结构），且不影响原载体的使用价值，也不容易被探知和再次修改。但可以被生产方识别和辨认。通过这些隐藏在载体中的信息，可以达到确认内容创建者、购买者、传送隐秘信息或者判断载体是否被篡改等目的。数字水印是保护信息安全、实现防伪溯源、版权保护的有效办法，是信息隐藏技术研究领域的重要分支和研究方向。

5.7.5　数据脱敏

数据脱敏，指对某些敏感信息通过脱敏规则进行数据的变形，实现敏感隐私数据的可靠保护。这样就可以在开发、测试和其他非生产环境以及外包环境中安全地使用脱敏后的真实数据集。在涉及客户安全数据或者一些商业性敏感数据的情况下，在不违反系统规则条件下，对真实数据进行改造并提供测试使用，如身份证号、手机号、卡号、客户号等个人信息都需要进行数据脱敏。

5.7.6 区块链

区块链这个名词最初起源于中本聪在 2009 年发布的比特币，比特币是一种加密货币，区块链是它的支撑技术，不过对区块链技术真正有明确定义与广泛讨论的时候已经是 2014 年。区块链不是一种由表及里完全原创的技术，而是一种对多种现有技术进行组合的新型应用模式，它的创新之处在于组合这些技术的方式。可以把区块链理解为通过网络收集的信息的公共分类账本，区块链技术既不是公司，也不是应用程序，而是在互联网上记录数据的全新方式，基于此也可以认为区块链的本质就是一种特殊的分布式数据库，使其成为具有突破性潜力的创新技术的则是其特殊的记录信息的方式。

区块链的命名也是得于它的工作方式和存储数据的方式，区块链上记录的信息可以是任何内容，无论是表示转移资金、所有权、交易、某人的身份、双方之间的协议，甚至是灯泡使用了多少，它们都以 transaction 的形式记录。根据区块链应用的不同，对 transaction 的定义也不一样（在比特币中一个 transaction 就代表一笔交易），多个通过了验证的 transaction 被打包在一起就成为了区块，区块链接在一起就形成了区块链账本。这样做需要网络上的若干个设备（如计算机）对 transaction 进行验证以进行授权，这些设备会对验证通过的 transaction 进行签名，当一个新产生的 transaction 得到签署并验证后，它就将被添加到区块链中，该 transaction 不会被删除或更改，其真实性也不会引起争议。

与传统记录方法所做的不同，区块链不是将信息保存在一个中心节点，而是将相同数据的多个副本存储在网络上的不同位置和不同设备上，例如计算机或打印机，这样的网络被称为对等网络。这意味着即使一个存储节点损坏或丢失数据，数据的多个副本仍然在其他地方安全可靠地存储着。同样，如果有人非法篡改了某一个节点上的数据，则保存着正确数据副本的无数其他节点会将其检测到非法记录，并将其标记为失效。

区块链技术为互不信任的各方提供了一种在共同的数字历史上达成共识的方法，这一共同的数字历史很重要，因为数字资产和交易理论上很容易伪造和复制，区块链技术的出现，在不需要使用可信中央机构做中介的情况下解决了这一问题。在区块链中使用了非对称加密算法来保证用户信息的安全，用数字签名技术来实现用户的身份认证，同时使用户具有匿名性。

如前文所述，由于资源限制、拓扑结构冲突等原因，传统的高资源、中心化的信息安全方案无法很好地适应智能矿山应用的安全需求。区块链技术由于其具备的各种优势，在解决智能矿山场景信息安全问题上拥有良好的前景，但是由于传统区块链实现是专门服务于加密货币应用的，具有高资源开销、高延时、吞吐量与扩展性受限等特点，与智能矿山设备的特点不符，使得其无法直接简单地应用到智能矿山场景中。由于智能矿山中有相当一部分传感器设备只具备很少的计算与存储资源，无法独立满足区块链实例对节点的基本需求，因此为了在利用公有链实现共识、去中心化安全等优势的同时实现对设备写权限的控制，同时兼顾智能矿山设备的资源能力，并优化资源消耗以及提高网络的可扩展性，可以使用"整体公有链+局部私有链"的分层结构来构建针对智能矿山应用的区块链系统。

5.8　智能矿山信息安全防护策略

5.8.1　可靠的物理冗余

物理安全防护的主要对象是机房，顾名思义，物理安全防护主要是指通过一些物理措施，避免机房内设备的破坏，避免由于物理接触导致的信息安全事故。物理安全防护打穿在智能矿山的各个运行环节中，从机房的选址、出入的管控，以及防火、防盗、防潮、防静电等方面。智能矿山系统除了加强对机房的物理安全防护外，由于大量的采集、监测设备或终端置于室外环境中，因此，还应加强对室外设备或终端的物理安全防护，具体的防护措施包括加强室外机柜安全、增加电磁防护措施、设置监控和报告装置、提高室外机柜/机箱抵抗自然灾害的能力等。

数据采集设备的冗余：要想保证数据采集的数据，必须为部署在一线的数据采集设备，如负荷预测系统、计算机监测系统和矿山调度系统选择可靠合适的冗余策略。第一点在切换 CPU 过程中要尽量保证各项参数不出现大幅度的偏差。第二点为了连续可靠地采集数据，要为 I/O 通道选择合适的冗余。最后一点在选择电源时同样要预留合理的冗余。因为电源的稳定性直接关系到设备的可靠工作，任装置的性能再高、效率再好也无法离开电源的支持发挥作用。将各类型的电源进行组合是一种有效的电源冗余方案，可以将直流电源和交流电源进行搭配，通过电能来源的多元性提高其可靠性。

通道的冗余：通道作为传输信息的血脉，存在于自动化系统内部和网络外的系统中，通道畅通与否直接关系到信息的传输是否及时。因此通道也必须运用合适的冗余技术，有条件的情况下可以采用光纤介质，以保证信息能安全与及时地传输。

5.8.2　网络安全

（1）合理配置防火墙。要保证网络的安全，首先要做的就是将防火墙设置在矿山系统和外网连接的位置上，同时采取相应的安全策略辅助。当外部用户需要查询内部网络的信息时，必须设置相应的控制手段，预防访问到内部的核心服务器。可以将允许被外部网络访问的服务器分割为一小块，这样来自外部网络的请求都需要经过设计好的防火墙过滤。经过合理配置的防火墙可以在内部网络与外部网络之间建立一道强大的过滤网，充分发挥自己的作用，为内部网络的安全建立良好的保障。

（2）采取入侵检测系统防范漏洞。不论防火墙配置得多么合理，总会存在漏洞，攻击者会尽自己最大努力找到防火墙的漏洞所在，乘虚而入，进而破坏网络以达到自己的目的，此时入侵检测系统就是防火墙后面最有效的防护措施，入侵检测能够实时地监控进入网络的请求，并依据不同情况采取具体的防护手段。

（3）假如计算机病毒会对系统安全造成极大威胁，这时只有建立合理优化的防范病毒体系才能确实保证网络的安全。

5.8.3　矿山系统安全

智能矿山网络环境安全防护主要是从网络设备、网络协议、无线网络多个方面着手的。网络设备安全防护主要从加强身份鉴别和加强安全审计两个方面入手，加强身份鉴别一方面限制多人共用一台设备，设备进行唯一性标识，另一方面对用户名和密码实行强制改写。网络设备管理者的操作不当、不慎会引起智能矿山网络的崩溃，严重时会影响到矿山的生产、输电、用电各个生产环节，因此安全审计需加强对管理员操作的审计，对空闲端口及非必须网络服务进行封闭。网络协议的安全性直接关系到智能矿山的信息安全，众所周知的"震网"病毒实例表明，即使矿山系统对内部网络实行的物理隔离，仍然有来自病毒攻击的隐患。智能矿山的信息自动化系统作用的充分发挥，要依赖两点，不仅要保证不同结构间网络与数据安全的交换，最重要的是保证任一小系统内部的安全受到保护。所以矿山自动化系统要想正常工作，必须要有一定数量的操作人员，同时操作人员要周期性地对系统进行维护、调试。系统工作过程中会给不同的对象予不同的权限，在授予权限之前必须要做的就是核实对方的身份，因为只有可靠的用户才不会对系统造成安全问题。所以在操作系统的过程中我们必须把系统的自身安全放在和信息的安全同样重要的位置上看。

5.8.4　主机安全

根据智能矿山信息安全等级防护要求，智能矿山主机安全包括服务器安全和桌面端安全两个方面，针对智能矿山可从身份认证、安全审计、入侵防护、恶意代码防范等方面进行细化或增强。身份认证方面，细化操作和管理系统的密码要求，对于密码的长度、组成明确要求。安全审计时，应以智能矿山、系统运行安全、效率为前提，第三方安全审计产品实现操作系统和数据库用户操作审计。审核的内容应当包括：添加和删除用户及审核功能、变更记录、权限调整、审核策略、使用系统资源、用户操作重要安全系统相关事件。在入侵防护中，应在更新服务器补丁中进行安全性和兼容性测试，保证服务器的安全稳定运行。为了防止恶意代码，应该在主机上安装防止恶意代码的软件或恶意代码保护设备的部署。

5.8.5　应用和数据安全

对系统应用进行安全防护属于等级保护基本要求中的应用安全范畴。目前主要的安全技术措施包括多个方面，包括用户登录时的身份鉴别和登录失败后的处理功能，用户对目标文件或者数据库的访问、操作和权限管理功能等。此外，如何在通信过程中对数据进行加密并保证数据的完整性，以及数据双方在原发或者接收数据时确保数据、软件的容错性和恢复性能，在当今社会中的地位越加突出。而提高应用系统的资源配置并合理地对其使用功能进行限制，也是系统安全防护体系中不可或缺的部分。而数据安全则是要求能够完整地检测并恢复目标系统的管理数据、鉴别信息和重要的业务数据，确保数据的存储、备份、恢复、传输和保密性，以及如何合理地降低或减少网络节点、设备与硬件的冗余性等。由于智能矿山的应用系统集成度和融合度都相对较高，各个矿山系统之间、矿山自身系统和不同的外界用户之间的交互频率更高，矿山系统面临的风险就被极大增加，这就对矿山系统本身的安全防护，即抵御风险能力提出了更高的要求。另外，当前信息安全的攻击模式层出不穷，外界可通过更多的方式，利用系统中应用软件自身的安全漏洞，对系统进行攻击。因此，如何发掘并弥补软件开发过程中产生的架构设计缺陷、编码漏洞、安全测试环节不足等方面的安全漏洞，就成为智能矿山在软件开发过程中的重要环节之一。

5.8.6 智能矿山信息安全防护策略

为实现安全管理，主要从以下五个方面进行，分别是安全管理制度、安全管理机构、人员安全管理、系统建设过程中的管理及系统在运维阶段的管理。一般来说，主要是对信息安全管理制度的内容编制、发布、评审和修订等方面提出一定的要求和规范，从而实现安全管理制度。建设安全管理机构，需得设置安全管理岗位并明确其职责，配置专业的安全人员，严格规范安全相关事件的授权和审批程序，加强自身内部不同机构之间及内部与外部相关的安全单位间的交流与合作，制订并定期或不定期执行与安全有关的审核和检查制度等，从而落实机构内部的安全管理。而建立与完善人员录用过程中的审查制度和考核过程，及时确保与职人员访问权限的终止，专业设备的返还以及保密承诺的签订等事项，认真落实内部人员安全技能的考核制度，定期对工作人员进行安全意识的培训与教巧，并加强对外来访问人员的控制等是人员安全管理的重要内容。为实现系统建设过程中的安全管理，需提高信息系统的保护等级，设计并建立系统的安全保障体系，加强系统内部的安全产品在选型、测试、自助以及外包软件开发过程中的安全管理环节，进一步提高安全工程的实施和测试验证的标准，对系统交付工作、备案、等级测评等内容明确其要求，并在选择合作商时，恪守安全管理规定。系统运维阶段的主要工作是加强对机房运行环境的管理，信息系统相关的软硬件、存储介质等相关资产的管理，确保较高的网络与系统安全，时刻防范恶意代码的入侵，保障系统在变更与控制过程中的安全，确保系统数据备份与恢复功能的正常，制订安全事件发生时的响应措施和处置方法，及时审查和更新应急预案，并在内部进行定期和不定期的演练，确保系统运维的安全性。

前些年，我国相关部门确定了将"等级防护、分区分域、双网双机，多层防御"的十六字原则作为我国矿山内部信息安全防御体系的构建目标。进而逐步将矿山系统内部的信息安全防御体系建立起来，预防信息网络瘫痪、严防信息泄密、杜绝数据丢失、阻止破坏系统、严禁病毒感染、检测恶意攻击、杜绝威胁信息传播，进而保证信息系统可以稳定可靠地工作，保护内部信息安全。矿山信息安全防御体系的要求主要体现在以下几个方面：（1）改进和规范信息安全的应用体系。按照矿山行业具体要求建立与之对应的信息安全管理体系，将涉及信息安全的组织与岗位的职责、权力和评定标准规范起来，确定安全运营方法、依照的标准和需要的流程，教育工作人员建立安全的意识、注意保护隐私，逐步建立合理的外包管理框架。对管理信息的安全方案进行完善，包括运行管理、安全规划、威胁评估、危险预警、应急响应等，逐步健全高级别的安全评估机构，周期性地进行信息安全评估。（2）完善信息网络准入体系。将802.1X标准运用到矿山准入机制内，只有经过标准认定安全无威胁的设备才可以接入网络内部，那些身份受到质疑被认为有威胁的设备根本没有机会对网络造成伤害。（3）健全安全的身份认证方案。逐步完善网络内身份认证系统的功能，可以达到对所有试图接入矿山内部的用户进行精确的安全认证，识别出攻击者。（4）建立应用于信息安全的可用体制。为了防止泄露信息可以将可信设备部署给安全等级高的操作者使用。提升网关拦截能力，将有威胁邮件和垃圾邮件阻挡于网络外部，从邮件系统上保证信息安全。加强在网站建设上的投入，防止来自外部的攻击对系统造成损失。（5）分区域划片对数据网络进行维护。依据不同的安全状况以及工作内容的不同，将网络划分为几个不同的安全区域，依据不同区域的实际情况进行针对性的有差别的保护。(6) 信息安全分级保护。当系统各部分安全等级不一样时没必要采取同等的防护策略对待，针对级别的不同进行有差别的防护也节省了系统的资源。(7) 建立信息安全维护体系。将高级别的安全维护体系建立起来，可以站在更高的层面上对系统的管理做出更合理的决策，及时应对出现的不利情况，对系统和信息进行修复完善。(8) 建立高级别的应急中心。要对可能出现的紧急情况做好预案，尽可能多地搜集各类情况，为处置情况打下良好的基础。(9) 提高内部人员信息安全素质。加强高素质人员的引进和培养，使尽量多的操作人员熟悉相关制度法规、掌握网络信息安全最新技术，在正常工作中真的能够及时正确地处理各种突发情况，为矿山的稳定工作打下坚定的基础。(10) 进一步加强信息安全理论研究。积极将信息安全领域的先进技术引入到智能矿山中，主动地预防未来可能遇到的威胁，真正把矿山的安全环境保护起来。

—————— 本 章 小 结 ——————

本章具体讲述了信息安全基础理论、智能矿山信息安全的挑战，突出智能矿山中信息安全领域的实用技术，包括备份与恢复技术、防病毒技术、防火墙技术和入侵监测技术，还讲述了一些安全新技术如区块链，最后讲述了如何制定智能矿山的信息安全防护策略。

思 考 题

1. 简述智能金属信息安全的一般架构。
2. 举例说明智能金属矿山的可能遭受的典型攻击场景。
3. 常用的数据备份和恢复的办法有哪些？
4. 常用的防火墙技术的优缺点是什么？
5. 入侵检测的依据及方法是什么？
6. 简述智能矿山中遇到的安全新技术。
7. 智能矿山信息安全的防护策略是什么？

6　智能矿山设计理论与技术

本章课件

+·+

本章提要

　　本章讲述智能矿山设计的目标、原则、内容与常用的现代智能设计理论和技术。

　　设计是矿山生产和经营的基础，是矿山生产创新和技术创新的主体，也是实现智能矿山的基础。设计理论是对产品设计原理和机理的科学总结。设计方法是使设计满足要求以及判断设计是否符合设计原则的依据。传统的矿山设计往往是依靠设计人员的直观经验，以及现场应用的实践信息来进行设计，这种设计方法存在一定局限性，无法满足矿山的实际需求，不利于矿山企业的发展。随着科学技术的不断发展，尤其是计算机技术的发展，使设计方法发生了大的变革。现代设计方法，极大地推动了矿山开采设计工作的进展，使设计水平、设计质量和新产品的开发都有了很大的提高，并缩短了设计周期。由于一些方法还在不断地完善和发展中，所以现代设计方法还不能完全取代传统设计方法，一些行之有效的经验方法目前仍在广泛使用，它们仍是现代设计方法的重要组成。

　　通过本章的学习，掌握智能矿山的设计目标、原则、内容和范畴，理解智能矿山设计系统及演进过程，了解常用的智能矿山设计技术，包括 VR/AR/MR 虚拟设计等先进设计技术和方法。

+·+

6.1　智能矿山设计的目标

　　智能矿山最终的目标当然是降本增效，实现矿山企业利益的最大化。智能矿山的设计是企业发展战略的重要组成部分，它是实现企业战略目标的重要举措，是企业转型升级、提升企业核心竞争能力的必然选择。而直接的目标应该是完成矿山企业所有信息采集整理、网络化传输、智能化服务、自动化操控、可视化展示、规范化集成，建设"安全、绿色、智能、高效"的新型现代化矿山。

　　矿山企业的最大特点在于，它面对的是一个不确定的、充满风险和变数的物质环境和市场环境。在这种背景下，全面、系统、及时、准确掌握企业内外信息，对环境、市场和自身（资源、条件和能力）的发展趋势进行清晰洞察，并及时进行有效的计划和控制，对提升企业竞争力无疑是非常重要的。这就需要一个好的信息系统的支撑，去实现企业经营过程的可视化和智能化。

　　每个矿山所处的竞争环境、内部资源能力、产品、工艺的不同，智能矿山的设计目标、重点不尽相同。智能矿山设计的一般目标如下（但不限于此）：将现代管理理论精益生产、敏捷制造、网络化协同制造、智能制造理论与最新信息技术、自动化技术、网络通信、信息物理系统、大数据、云计算等技术深度融合。通过一系列工业软件，构建由智能设计、智能产品、智能经营、智能生产、智能服务、智能决策组成的智能矿山。在信息物理系统支持下，实现客户需求、产品设计、工艺设计、物料采购、生产制造、进出厂物流、生产物流、售后服务整个价值链上的横向集成，以及企业内部的设备与控制层、制造执行层、经营管理层、经营决策层的纵向集成。构建柔性、高效、低成本、高质量的运营体系。这是一般的智能矿山设计的目标。不同的矿山，不同的发展时期，面临的主要矛盾不尽相同，可以增加或减少上述设计目标。

智能化建设，掌握主要矛盾是十分重要的。对于矿山智能化设计的目标，有两条关键主线：

（1）安全生产。安全是矿山企业生存和发展的前提。"智能矿山"必须以实现安全生产、确保生产经营的稳定顺行为主线，信息化建设要围绕洞悉地质状况、分析地质活动规律、确保设备稳定运行、实时进行危险源监测、落实安全预案、有效进行事故处理、科学进行事故分析等内容，为建设"本质安全型矿山"提供信息化保障。

（2）降本增效。成本是矿山企业的生命线。企业的各项活动，包括露天开采的境界优化、开采顺序的确定、开拓和回采计划编制、设备和车辆的调度、设备点检和维修、选矿过程的配料都有一个成本优化的问题。与其他行业相比，矿山行业的成本优化难度更大，需要考虑的因素更多、更复杂，需要依赖很多空间信息、模拟和人工智能技术。如何有效收集相关信息，建立各个期间的成本模型，科学进行成本模拟、计划、优化和控制，为成本管理提供科学依据，是"智能矿山"建设的另一主线。

6.2　智能矿山设计的原则

智能化矿山设计应依据国家及地方政策，综合矿井的资源开发条件、安全因素、人力资源、企业需求、促进技术进步等方面的因素进行规范化设计。应做到技术先进、安全高效、功能适用、经济合理，并应具备可扩展性、开放性和灵活性。智能矿山设计要严格信奉和坚持如下原则：

（1）贯彻以人为中心的设计理念。在矿用机械产品的设计中，需要贯彻以人为中心的设计理念。矿用机械产品的最终使用者与操作者是矿山员工，在机械设计时，要以矿山工人为中心。应考虑矿山工人的生理因素与心理因素，根据员工的工作姿势与活动状态，合理设计人机和谐的工作系统。在矿用机械产品的设计中，充分考虑人与机械的匹配程度，最大限度地减少矿山工人的误操作。在设计时，还要考虑矿山内部恶劣的工作环境，其中噪声的消除尤为重要。在矿山狭小井巷环境中，噪声的存在会降低矿山工人的注意力，不利于矿山安全、高效的生产，因此矿用机械产品在运行时，要尽量避免产生噪声。在矿山开采与掘进的过程中，还需提高自动化程度，降低工人工作强度。

（2）发挥现代设计方法的特性在矿用机械产品的设计中，充分发挥现代设计方法的智能化、多元化、系统化等特性，利用现代设计理念，设计出最优的矿用机械产品。现代设计的智能性与系统性，可以综合分析操作人员的生理指标，根据矿山内部环境，合理构建矿用机械产品的设计方案，使操作人员保持积极的工作状态。

（3）坚持因企制宜，注重实效。确立企业智能矿山建设的主体责任意识，根据企业战略，充分考虑矿山区域特征、工艺装备、管理模式、智能矿山建设基础，明确企业智能制造建设重点，根据矿山所处阶段不同，因企制宜地进行智能矿山建设，新建矿山直接进行智能化设计与规划，在产矿山在已有信息化建设的基础上，进行智能化改造。

（4）智能矿山的设计涉及企业多个部门，要在总经理的领导下，根据设计的目标，组织战略规划部、研发部、工艺部、信息部、企业管理部、生产部等相关部门，进行顶层设计，再分子系统分别进行详细设计，并要加强沟通协调，做好集成接口的设计。

（5）坚持整体规划，分步实施。坚持"总体规划，分步实施，效益驱动，重点突破"的建设方针。受到资金、人才、技术、时间的约束，智能矿山的建设是一个长期的过程，不可能在短时间内完成。把握智能制造发展方向和重点，从全局、整体层面进行顶层设计，围绕有色金属智能矿山建设主要环节和重点领域，结合矿山自身能力和业务需求等特点，分步实施，有序推进智能矿山建设。

（6）坚持创新引领、数据驱动。通过工业互联网、5G等技术夯实智能矿山基础；基于数据驱动的理念，应用大数据、人工智能、边缘计算等技术提升信息系统学习与认知的能力，解决有色金属矿山生产过程中开采工艺复杂、生产流程不连续、安全管理压力大等问题；利用 VR/AR/MR 等技术形成人机混合增强智能，充分发挥工艺技术人员的智能与机器智能的各自优势，全面激发企业的创新活力。

（7）以管理变革和创新的思维进行设计。在新一轮工业革命中信息技术，特别是信息通信技术快速发展，信息技术与工业技术全面渗透融合，市场竞争环境多变，一切不适应打造核心竞争能力的管理模式、组织、业务流程、技术都要进行变革。要用创新的思维创建企业独特的竞争优势。

（8）要纠正在规划设计中重视硬件环境的建设，轻管理模式、组织、流程、制度、数据的开发利用等软环境建设和工业软件的建设，即一讲制造，就把目光放在制造装备、物流的自动化、智能化方面，而忽视设计、工艺、经营管理、产品等的做法。

6.3 智能矿山设计的内容与范畴

在进行设计时，对于一般的智能化矿山，各系统的装备应具备故障诊断功能，并应实现综合预警预报。智能化矿山主要生产系统应实现自动化，且应实现无人值守。智能化矿山宜采用物联网、大数据、云计算、移动互联等先进的技术手段，实现智能感知、信息融合、数据挖掘和决策支持。智能化矿山应建立信息安全保障体系，实现系统安全、网络安全和应用安全。

6.3.1 智能矿山设计的内容

智能矿山设计的内容如图 6-1 所示。

（1）设备生产层。以矿山生产设备智能化、生产安全环境数据采集智能化作为建设目标，主要是采矿、选矿、提升、通风、供配电、给排水、安全监控等方面的自动化、智能化设备、各类传感与执行设备为主。利用遥感和遥控等技术，远程遥控和自动化采矿，进一步实现智能采矿、无人采矿和选矿厂无人值守，目标是提高效率、降低消耗、降低成本。

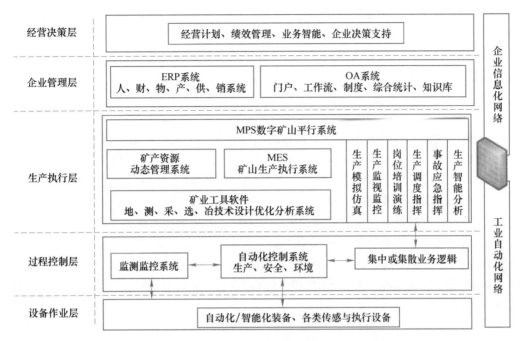

图 6-1　智能矿山设计的内容

（2）过程控制、信息感知层。以矿山生产工艺过程、生产环境的安全与环保的自动化监测与监控作为建设目标，主要是采矿、选矿、提升、通风、供配电、给排水、安全监控等方面的自动化系统，包括各种传感器、仪表、智能终端、PLC、DCS 等。

（3）生产执行层。生产执行层是数字矿山建设的核心，包括四个方面：

1）在管控指挥上以矿山生产平行系统（MPS）为中心，基于各种传感器、网络技术、自动化技术和管理信息化技术，实现采掘生产和管理过程中数据处理的自动化。将设计、计划、生产、调度、指挥与管理集成在一个三维可视化平台上，实现安全环境监测、设备巡检维护、生产调度指挥、事故应急指挥、岗位培训演练的集成管理，在设计阶段实现仿真模拟，在生产阶段实现在线展现与集成监控，在技改阶段实现回放与分析，实现与生产现场即时并行的协调和管控。

2）在生产管理上以矿山生产执行系统为主导，实现以生产成本管理为中心的工艺流程、生产指标、生产计划、生产调度、生产统计、设备工况、材料能源、计量质量管理与安环管理。利用 3D、虚拟现实等技术，把真实矿山的整体以及和它相关的现象整合起来，以数字的形式表现出来，实现地上和地下信息的可视化，从而了解整个矿山动态的运作和发展情况并进行即时管控。

3）在矿产资源管理以资源开采价值、储量动态保有、矿石在加工过程的贫化与损失管理为主线，实现资源勘查、资源评价、动态资源储量、采矿资源、选矿资源、冶炼资源管理。

4）在设计与技术管理上以矿业工具软件作为支撑平台，实现资源建模与评价、采矿计划与工程预算、矿山测量与动态资源储量、采掘（剥）计划管理数字化、选矿工艺模型分析等。

（4）企业管理层。企业管理层，以人、财、物、产、供、销为主体的 ERP 系统、企业制度、知识库、办公化自动化为基础的企业管理平台作为建设目标。

（5）经营决策层。经营决策层面，以企业经营计划管理、绩效考核管理、业务智能分析、决策支持作为建设目标。

6.3.2　智能矿山设计的难点

（1）模式创新。智能化不是手工管理的简单模拟，同样"智能矿山"也区别于传统矿山的管理模式。在"智能矿山"条件下，如何建立科学、高效的现代矿山管理体系，实现商业模式、经营模式和管理模式创新，是实现"智能矿山"价值的最重要保证。

（2）数据感知。数据感知是矿山行业智能化的基础，也是"智能矿山"建设的重要内容，需要根据管理需求，综合投入产出率等考量，合理确定数据感知方式。

（3）部署方式。矿山企业一般分布较广，生产环境比较恶劣，信息基础设施比较薄弱，"智能矿山"建设必须考虑一个部署方式问题。能集中部署当然最好，如果条件不具备，则要考虑分布式部署、多数据中心的问题。还有一个集中部署的层次问题，生产执行和过程控制系统一般不需要集中部署。

（4）系统集成。"智能矿山"由多系统、多网络构成，需要集成的内容很多，包括通信集成、数据集成、应用集成、流程集成和门户集成等层次。这方面，选择合适的系统平台至关重要。

6.4　智能矿山的设计系统及演进

6.4.1　智能矿山研发设计信息化的现状和问题

当前，智能矿山在产品研发设计方面，已经普遍实现二维设计（甩图板工程），部分企业实现三维建模，提高了产品研发设计的能力和创新能力，缩短了产品开发周期，提高了设计质量。但是按照智能矿山对研发设计的要求，仍然存在下列问题。

（1）产品的系列化、模块化、标准化、参数化做得不好。在按矿山设计的环境下，加大了设计人员的设计工作量，零部件的可重用性、产品的可配置性差，导致设计周期长，零部件数量不必要的增长，增加了生产成本。

（2）设计的知识库建立不足。目前企业只重视图档的归档、发放、变更的管理，很少关注研发设计报告、设计标准、设计计算书、实验报告、生产和使用过程中反馈的问题、标准零部件库、外购配套零部件库等知识的收集、整理、入库、检索，大量的个人的设计经验、知识不能为企业共享。

（3）设计的专家系统稀少。如何利用设计的知识库，结合专家的经验、知识，应用推理机，进行产品设计、评价，产品的配置控制、甚至参数化设计，提高设计的效率和设计质量，有待探索。

（4）CAD、CAE 的应用不够深入。大部分企业仍然停留在三维建模、二维绘图的层面，数字化样机、模拟仿真、工程设计计算还不普遍，基于模型定义的设计 MBD 刚刚开始使用，影响了产品自主创新能力。

（5）工艺设计不够重视。不重视工艺设计，工艺设计水平普遍偏低，计算机辅助工艺设计 CAPP 普及率低，工时定额普遍不准确，影响质量、效率和精细化管理。新技术、新工艺、新型成型技术的研究严重滞后，工艺知识库的建设滞后，典型零件工艺路线库、工艺参数、切削数据库、工装库等工艺知识没有得到妥善的管理和应用。

（6）产品生命周期管理 PLM 的应用不到位。设计人员的终极目标是完成图纸的设计，没有严格按照 PLM 的要求完成零部件、物料的属性定义，设计物料清单，制造物料清单，工艺数据、加工资源数据的维护。PLM 在售前的客户需求的管理、售后服务全生命周期的管理方面做得远远不够。

（7）设计信息系统对内对外的集成性差。CAD 建立的三维模型没有成为 CAE、CAM、CAPP 的输入，而只是将传统的二维电子图作为传递的介质，造成 CAD、CAE、CAM、CAPP 与 PLM 的集成度差，设计信息系统与企业资源计划 ERP、制造执行系统 MES 的集成度差，严重影响设计制造一体化、管控一体化的进程。

6.4.2 智能设计系统建设的目标

随着计算机技术和软件技术的发展，研发设计正在出现五个转变：在研发手段上，从三维建模、二维出图向全三维、基于模型定义的设计转变；在研发方式上，企业研发设计从以物理试验为手段的"试错法"向以数字仿真为手段演变；在研发理念上，从基于个人经验的设计向基于知识库和专家系统的知识共享的方向转变；在研发主体上，企业的研发设计从依托企业内部研发部门为主向多主体演进，向"双创"和协同设计转变；在研发流程上，企业的研发设计流程从串行方式向并行方式演进。

基于上述在研发设计方面存在的问题，以及研发设计的五大转变，提出如下智能设计系统建设的目标：

（1）实现基于模型定义（Model Based Definition，MBD）的产品设计、模拟分析，基于 MBD 的工艺设计、工艺仿真、生产制造、质量检验直至售后服务全过程。实现产品全生命周期的单一数据源的集成创新。

（2）建立设计知识库、模型库、专家系统，将大量的设计标准、规范、模型、标准零部件库、外购配套件库、研究报告、设计计算书等显性或隐性知识进行收集、分类、检索和管理，做到个人知识公司化，公司知识共享化。建设专家系统，通过若干规则、算法模型、知识推理，实现设计知识库的有效利用，提高设计效率和设计质量。

（3）实现基于模型的工艺设计，充分应用 MBD 的模型定义，进行适当转换和信息添加，建立工艺衍生模型，形成用于制造的工艺设计文件、零部件加工和装配等生产活动的模型。

（4）建立工艺知识库和专家系统，建立典型零件工艺路线库、工艺参数库、切削数据库、工装库及设备资源库等工艺知识库，应用知识推理技术，实现工艺路线、工艺卡片、工艺文件、数控程序的自动或半自动生成。

（5）根据业务需求，适时开展协同设计，在协同平台和一系列设计标准的支持下，实现跨地域、跨组织的协同设计。允许供应商、客户参与设计，更好地满足客户对产品的需求和供应商对客户需求的快速响应。

（6）开展大众创业万众创新的活动，企业要建立双创平台，调动企业全体员工和社会资源，积极参与新产品、新工艺、新技术研发和创新。

（7）推行集成产品开发 IPD（Integrated Product Development）设计管理流程，将产品开发作为一项投资进行管理。产品开发一定要基于市场需求的创新，实施并行设计，实现跨部门的协同，结构化的开发流程，充分注重零件的可重用性。

（8）在基于模型定义 MBD 的环境下，实现 CAD、CAE、CAPP、CAM、PLM 系统的集成，实现研发设计系统与企业资源计划系统 ERP、制造执行系统 MES 的集成，实现设计制造一体化。

6.4.3　研发设计系统的演进过程

研发设计系统经过二维绘图、三维建模与二维工程图并举、基于模型的定义、基于模型的企业几个阶段（见图 6-2）。

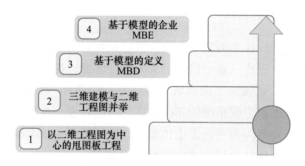

图 6-2　设计系统的演进过程

第一阶段：20 世纪 90 年代，为了开发、普及、推广计算机辅助设计技术 CAD，由当时国家科委主导开展了"甩图板工程"，在全国普及推广计算机二维工程绘图，提高了设计工作效率，甩掉了图板和丁字尺，描图员这个岗位从此消失。在智能矿山二维绘图普及面很广。

第二阶段：随着计算机和 CAD 软件技术的发展，近 20 年来，一部分企业开展了三维实体模型的设计，这当中经历了三维实体模型、参数化建模和变量参数化建模的过程。由于三维实体造型技术能够精确表达零件的大部分属性，在理论上有助于统一 CAD、CAE、CAPP、CAM 的模型表达，给设计带来了方便性。但三维模型中却不包括尺寸和公差的标注、表面粗糙度、表面处理方法、热处理方法、材质、结合方式、间隙的设置、连接范围、润滑油涂刷范围、颜色、要求符合的规格与标准等信息，所以在车间里仍然使用二维工程图。三维模型主要用于 CAE 工程计算和计算机辅助数控编程 CAM。大部分矿山处于这一阶段。

第三阶段：基于模型的定义技术是将产品的所有相关设计定义、工艺描述、属性和管理等信息都附着在产品三维模型中的先进的数字化定义方法。波音公司要求波音 787 飞机全球合作伙伴采用 MBD 模型作为整个飞机产品制造过程中的唯一依据。该技术将三维制造信息 PMI（3D Product Manufacturing Information）与三维设计信息共同定义到产品的三维数字化模型中，使产品加工、装配、测量、检验等实现高度集成。MBD 技术减少了物理样机的制造，缩短了产品开发时间，提高了标准件库的利用率，减少了模型的不一致性，提高了设计的准确性，是数字化设计技术的一次飞跃。

第四阶段：基于模型的企业（Model Based Enterprise，MBE）是美国军方在"下一代制造技术计划"中提出的。MBE 是一种制造实体，它采用建模与仿真技术，对设计、制造、产品支持的全部技术和业务的流程进行彻底的改造、无缝集成以及战略管理。利用产品和过程模型来定义、执行、控制和管理企业的全过程，并采用科学的模拟与分析工具，在产品生命周期的每一步做出最佳的决策，从根本上减少产品创新、开发、制造和支持的时间成本。

6.5 智能矿山的设计技术

6.5.1 优化设计

优化是使用专门的方法来确定最优的成本，并对某一问题或某一过程的设计进行有效求解的方法。在进行工业决策时，这一技术是主要的定量分析工具之一。在矿山厂以及许多其他工业工程的设计、建设、生产和分析中所涉及的大部分问题均可使用优化方法进行求解。

6.5.1.1 概述

在人类活动中，要办好一件事（指规划、设计等），都期望得到最满意、最好的结果或效果。为了实现这种期望，必须有好的预测和决策方法。方法对头，事半功倍；反之，则事倍功半。优化方法就是各类决策方法中普遍采用的一种方法。

在矿山工艺过程设计和矿山生产中的典型问题有很多（也许是无限多）求解方法。优化是在各种高效定量分析方法中找到一个最优的方法。计算机及其相关软件的发展使计算变得可行而且更加有效。近年来，为了普及和推广应用优化技术，已经将各种优化计算程序组成使用十分方便的程序包，并已发展到建立最优化技术的专家系统，这种系统能帮助使用者自动选择算法，自动运算以及评价计算结果，用户只需很少的优化数学理论和程序知识，就可有效地解决实际优化问题。虽然如此，最优化的理论和计算方法至今还未十分完善，有许多问题仍有待进一步研究探索。可以预测，随着现代技术的迅速发展，最优化技术必将获得更广泛、更有效的应用，它也必将达到更完善、更深刻的发展。

6.5.1.2 优化的作用

为什么工程师对优化感兴趣呢？用优化的方法做出的决策比直接决策可以多得到多少效益呢？在矿山生产中，一部分效益来自矿山生产性能的提高，例如增加高价值产品的产量（或减少污染物的产量）、降低能耗、提高过程的效率、延长开工时间。优化还能降低维护费用，减少设备损耗，并提高人员的利用率。此外，还有来自矿山生产者、工程师和管理人员之间相互配合的无形的效益。系统地识别一个过程或生产线的目标、约束和自由度是非常有益的，它可以改进设计的质量，更快、更确切地发现并解决问题以及更快地做出决定。

由于在过程模型中所用的数据和数学表达式存在一些不确定性，因此对于优化的应用是否有风险，仍存在着争论。当然，这样的争论是有益的。工程师们在把优化技术用于一些问题时必须从精确和实用两个观点做出某种判断，这是因为矿山的生产参数和周围的环境并非一成不变。在某些情况下会在确定优化的同时加入某些统计的特征去分析产量预测的不确定程度，这可能是一种可行的分析方法。当过程模型是理想的，且对输入和使用的参数仅仅知道一个大概时，必须慎重对待优化的结果，它可以提供优化的上限。还有一种对优化设计中不确定性参数影响的评价方法是敏感性分析。通常，过程变量的优化值是不随给定的参数而变化的（敏感性较差）。因此，具有确切值的参数并不是寻找优化条件的关键。

6.5.1.3 优化的范围和层次

优化可以应用在一个矿山的任意层次上，其应用范围包括复杂的组合车间、某个车间内分布的设备、单个装置及某个装置中的子系统，甚至更小的个体。优化问题存在于任何层次上，因而优化问题可以包括整个矿山、某一个车间、一个过程、单个的单元生产、单元生产中的某个装置或者其中的某个中间系统。而其分析的复杂性则包括只能了解大致的特征或者只能检查到瞬间的详情，这依赖于所设定的结果、可供利用的精确数据和进行优化所需的时间。在一个典型的矿山中，优化可用于管理、过程设计和装置规范、车间生产等。

由于矿山的复杂性，要对一个指定的矿山进行彻底的优化，工作量是很大的。不能进行彻底优化时，常常会依赖于"不完全优化"，这是一种特殊的"子优化"变形。子优化是就一种生产或一个问题的某一方面进行的优化，在优化中忽略了一些因素，这些因素对矿山的系统或过程有着直接或间接的影响。子优化通常是很必要的，这是因为有时要考虑经济性和实用性，有时是由于时间或人员的限制以及急于得到答案的难度等。当建立问题存在难度，或者没有现成的技术可以得到全部问题的合适理解时，子优化通常是很有用的。在大多数实际情况下，子优化至少提供了一个合理的技术以达到最优。不过，各个子优化的元素没有必要保证使整个系统达到全局最优。子系统目标可能与全局目标并不一致或不吻合。

6.5.1.4 矿山生产最优化设计概念

矿山生产的最优化设计，就是在一定的开采条件下，在对开采工艺、开采设备以及产品的形态或其他因素的限制（约束）范围内，选取某些设计变量、实验方案，建立目标函数并使其获得最优值的一种新的设计方法。设计变量、目标函数和约束条件这三者在设计空间（以设计变量为坐标轴组成的实空间）的几何表示中构成设计问题。相对于常规设计来说，最优化设计是一次革新。

在矿山生产中，为了对生产过程进行有效的控制，必须实时地对生产状态做出较为准确的估计，在了解到生产的实际状态与设定状态的差异之后，通过选择一些控制量来最终实现对生产的控制。矿山生产过程的状态包括了矿山生产的所有方面，如开采的工艺参数、采场的环境、工人等一些方面。

基于这种情况，对矿山生产状态的描述、量化必须采用其他方法。现代控制理论的发展为解决这类问题提供了强有力的工具。根据现代控制理论，我们可以将矿山生产过程看成是一个系统，将生产过程中的某些参数作为系统的控制量，将所生产的产品的某些质量指标作为系统的输出量来对矿山生产这个系统进行研究。如此的目的是，首先通过选取合适的状态变量并对这些变量作出较为可靠的估计，实现对矿山生产状态的量化描述和评价；然后，通过选取合适的工艺参数、原料参数及环境参数等作为系统的控制量（输入量），用系统辨识的方法建立起矿山生产过程这一系统的状态方程和输出方程，根据状态方程和输出方程所反映出的产品质量指标与输入量（即机器的工艺参数、原料参数等）之间的量化关系，最后实现对矿山生产过程的全面、有效、主动的控制。要实现这一目的，有两个最关键的问题需要解决：第一是怎样合理地选择系统的状态变量，并建立起关于矿山生产系统稳定的状态方程和输出方程，进而实现对矿山生产实际状态的实时估计；第二是如何合理地选取控制量（输入量），并实现对系统状态方程和输出方程参数的辨识。

优化设计（Optimal Design）是把最优化数学原理应用于工程设计问题，在所有可行方案中寻求最佳设计方案的一种现代设计方法。进行工程优化设计，首先需将工程问题按优化设计所规定的格式建立数学模型，然后选用合适的优化计算方法在计算机上对数学模型进行寻优求解，得到工程设计问题的最优设计方案。在建立优化设计数学模型的过程中，CAD 工作过程把影响设计方案选取的那些参数称为设计变量；设计变量应当满足的条件称为约束条件；而设计者选定用来衡量设计方案优劣，并期望得到改进的指标表现为设计变量的函数，称为目标函数。设计变量、目标函数和约束条件组成了优化设计问题的数学模型。优化设计需把数学模型和优化算法放到计算机程序中用计算机自动寻优求解。常用的优化算法有 0.618 法、鲍威尔（Powell）法、变尺度法、惩罚函数法等。

6.5.1.5 优化数学模型的建立

建立数学模型是进行优化设计的关键，优化数学模型是在确定设计方案和优化目标之后建立的。不同的设计方案可有不同的数学模型，因此在建立数学模型之前，应仔细审核设计方案是否合理先进。有时也可选择几种不同的设计方案，分别建立数学模型进行优化设计，然后对优化结果进行比较，从中选出最优的设计方案。

对于复杂的问题，建立数学模型往往会遇到很多困难，有时甚至比求解更复杂。这时要抓住关键因素，适当忽略不重要成分，使问题合理简化。因此，数学模型应当有足够的精度且尽可能的简单，以保证优化结果的正确性并简化求解方法和求解过程。这是建立数学模型的共同准则。建立优化设计的数学模型，包括选择设计变量、构造目标函数和确定约束条件三项内容。

（1）设计变量。设计变量是指在设计过程中进行选择并最终必须确定的各项独立参数。在选择过程中它们是变量，但这些变量一旦确定之后，设计对象也就完全确定了。在机械设计中常用的独立参数有结构的总体尺寸、零件的几何尺寸，以及材料的力学和物理特性等。在这些参数中，凡是可以根据设计要求事先给定的，则不是设计变量，而称为设计常量，只有那些需要在设计过程中优选的参数，才可看成是优化设计过程中的设计变量。

（2）目标函数。目标函数是评价设计方案好坏的函数。目标函数是设计变量的函数或设计变量与已知参数的函数，优化设计的过程就是优选设计变量使目标函数达到最优值，或找出目标函数的最小值（最大值）的过程。

建立目标函数是优化设计中比较重要的问题。在机械优化设计中，目标函数主要由设计准则来建立。这些准则可以是运动学和力学的性质，如运动误差、主动力和约束反力的最大值、振动特性等，也可以用质量、体积、效率、可靠性、承载能力来表示，还可以将成本、价格、寿命等作为追求的目标。如果设计指标只有一项，则称它为单目标函数；如果设计指标是多项，则称它为多目标函数。一般，机械优化设计多目标函数的情况较多。从设计的效果来看，目标函数越多，设计效果越好，但问题的求解越复杂。对多目标函数的最优化问题的研究，至今还不如单目标函数那样成熟，所以常将多目标函数问题转化为单目标函数问题来求解。

（3）约束条件。在优化设计中，为了求得目标函数的最优解，设计变量的选取往往加以某些设计要求和限制条件，这些要求和限制变量的函数，又称为约束函数。约束一般分为如下两类：1）边界约束又称为区域约束，即考虑各设计变量取值范围的约束，如采场高度、宽度；2）性能约束又称为功能约束或状态约束，这种约束反映了对设计对象或状态方面的要求，如矿块的生产能力。

选取设计变量，构造目标函数，确定约束条件之后，便可构造优化设计的数学模型。

一般来说，优化设计的步骤如下：（1）建立数学模型；（2）选择优化设计方法；（3）程序设计；（4）运行程序、计算求解，输出优化设计结果；（5）结果分析，选择最优设计方案。

6.5.2　基于 VR、AR、MR 的虚拟设计

"虚拟设计"（Virtual Design）这个术语在近两年的文献中已不罕见，然而要为它下个定义并不是一件容易的事情。至今尚未发现有谁给它一个严格的定义，哪怕是一个较为明确的解释，这可能是因为人们怕过早地定义会破坏这门新技术的自然成长。这门技术的产生为许多行业注入了活力，甚至会带来一场革命，现已被引入建筑、化工、电子等行业的设计工作。也已被用于与人们生活休戚相关的领域，如服装设计等。

从某种意义上讲，虚拟设计是利用虚拟现实技术在计算机辅助设计（CAD）的基础上发展而来的一种设计手段，它可以在设计的某些阶段来帮助设计人员进行设计工作。这项技术对缩短产品开发周期、节省制造成本有着重要的意义。它的近期目标是把设计人员从键盘和鼠标上解脱下来，使其可以通过多种传感器与多维的信息环境进行自然的交互，实现从定性和定量综合集成环境中得到感性和理性的认识，从而帮助深化概念和萌发新意，帮助设计人员进行创新设计。利用此项技术可以大大减少实物模型和样机的制造，从而减少产品的开发成本，缩短开发周期。

由于计算机辅助设计技术发展得较早，人们已经积累了不少的经验和数据，所以虚拟设计技术应充分地利用计算机辅助设计已获得的这些宝贵财富。另外，虚拟设计系统比现行的 CAD 系统具有更强的人机交互能力，设计人员可以通过视觉、听觉、触觉及语音、手势等与设计的对象在虚拟的环境中进行自然的、直观的交互。由此可见，这项技术使得计算机在产品的辅助设计方面向前推进了一步，使计算机辅助设计的工作范围从规范性工作向创造性工作迈进。

如今人们也对虚拟现实技术在矿山产品设计方面的应用进行广泛的探讨研究。结果发现这项技术（即虚拟设计）对缩短产品开发周期、节省制造成本有着重要的意义。

近年来，虚拟现实技术被越来越多地应用于科学研究，已逐渐被认为是重要的科学探索工具。利用这项技术，在新产品、新计划或新概念还远没有成为现实之前，人们就能够以较为现实的方式对其进行观察和探索。从这个意义上讲，虚拟现实技术是一种非常独特的技术，很难有别的技术可以取而代之。

6.5.2.1 虚拟现实技术的概念

虚拟现实技术正处于探索和发展时期，随着人们对这项技术认识的提高，虚拟现实技术的概念也在不断地改变。现根据一些影响较大的定义综合、归纳如下：虚拟现实技术是人的想象力与电子学等相结合而产生的一项综合技术，它利用多媒体计算机仿真技术构成一种特殊环境，用户可以通过各种传感系统与这种环境进行自然交互，从而体验比现实世界更加丰富的感受。

6.5.2.2 虚拟现实系统的特征

虚拟现实系统不同于一般的计算机绘图系统，也不同于一般的模拟仿真系统，它不仅能让用户真实地看到一个环境，而且能让用户真正感到这个环境的存在，并能和这个环境进行自然交互。总结发现虚拟现实系统具有以下特征：

（1）自主性。在虚拟环境中，对象的行为是自主的，是由程序自动完成的，要让生产者感到虚拟环境中的各种生物是有"有生命的"和"自主的"，而各种非生物是"可生产的"，其行为符合各种物理规律。

（2）交互性。在虚拟环境中，生产者能够对虚拟环境中的生物及非生物进行生产，并且生产的结果能反过来被生产者准确地、真实地感觉到。

（3）沉浸感。在虚拟环境中，生产者应该能很好地感觉各种不同的刺激，沉浸感的强弱与虚拟表达的详细度、精确度、真实度有密不可分的关系。

三维虚拟环境下虚拟设计的特点：

（1）设计规则的抽象性。三维虚拟环境下的虚拟设计，首先是对创新过程中的准方案进行筛选、评价，因此方案设计规则的描述必须具有高度的抽象性，易于用数学语言描述和表达，同时又利于在方案生成过程中由计算机应用，进行逻辑推理。

（2）设计过程的面向对象性。三维虚拟环境下的矿山设计平台主要地表工业场地、井巷、矿体、设备的生成、模拟和仿真等。对于每一过程，平台为生产人员提供一个对话窗口，生产人员根据提示输入相应的参数，系统会自动完成环节的生产。因此设计人员并不需要了解程序内部的构造。

（3）设计方案的三维性。三维虚拟环境下的矿山设计具有更加良好的直观性和可视性，矿山以虚拟实体的形式出现在设计人员面前，同时其虚拟设计、三维仿真、方案修改等过程都是基于三维虚拟实体构件进行的。

（4）面向产品设计的全过程性。在三维虚拟设计环境下，矿山 CAD 的内涵得到拓宽，可以实现从矿山勘探开始设计到实际生产模拟，最后到矿山闭坑等，并为其他相关系统，如工艺设计系统等提供对外接口。

6.5.2.3 虚拟设计在矿山中的应用

在计算机技术高速发展的今天，矿山 CAD 技术的应用已日趋成熟，虚拟技术的应用也越来越广泛，利用模拟仿真技术，在计算机上模拟爆破的效果，可以不生产就让客户看到矿山的开采过程，而且可以及时方便地修改设计，大大缩短设计周期。

6.5.2.4　智能矿山的虚拟设计技术

虚拟设计系统大致可以分为两大类，即增强可视化系统和基于虚拟现实的 CAD 系统，而如今应用于矿山行业的仍然倾向于前者。增强可视化的 CAD/CAM 系统利用现行的 CAD 系统进行三维建模，与二维 CAD 系统相比，能够在计算机内部完整地表示物理对象的几何形状，为虚拟产品的表达提供基础。三维建模的方法包括实体建模、参数建模、部件建模、表面建模、特征建模等。在对数据格式进行适当的转换之后输入虚拟环境系统，可利用三维交互设备（如数据手套、三维监视显示器等）在一个"真实"的环境中对模型进行不同角度的观察。该系统具有很好的继承性，开发强度低，成本低，是目前主要的虚拟设计环境开发形式。而基于虚拟现实的 CAD/CAM 系统则将系统完全建立在虚拟环境上，使设计者通过各种输入输出设备（数据手套、三维导航系统、头盔等）与虚拟环境交互，直接进行三维设计，这种模式使设计效率大大提高，但是开发强度大，成本昂贵，仍未普遍应用。

在电子计算机技术、虚拟现实技术的推动下，虚拟设计技术必将迅速发展起来。这项技术在矿山行业的应用不仅可以提高设计效率、缩短产品开发周期、提高产品质量并降低生产成本，而且有助于萌发更新的设计思路。同时利用 Internet 网络，可以为虚拟设计与制造技术、协同设计与制造技术的研究与应用提供更广泛的空间。因此，为了使矿山 CAD 系统向网络化、集成化、智能化方向发展，虚拟设计技术的应用将为 21 世纪矿山行业带来重大的技术变革。

6.5.3　计算机辅助设计

CAD 是 Computer Aided Design 的缩写，即计算机辅助设计，也就是使用计算机和信息技术来辅助工程师和设计师进行产品或工程的设计，是把计算机技术引入设计过程，利用计算机来完成计算、选型、绘图及其他生产的一种现代设计方法。CAD 技术是一项综合性的，正在迅速发展和应用的高新技术。作为现代产品设计方法及手段的综合体现，计算机辅助设计技术在产品设计中发挥了重要的作用。计算机辅助设计指利用计算机软件、硬件系统辅助工程技术人员对产品或工程进行设计、分析、修改以及交互式显示输出的一种方法（或手段），是一门多学科的综合性应用技术。该技术已广泛应用于各行各业，在矿山领域的应用也逐渐广泛起来，成为矿山研究人员研究的热点。它包括产品分析计算和自动绘图两部分功能，甚至扩展到具有逻辑能力的智能 CAD。计算机、自动绘图机及其他外围设备构成 CAD 的系统硬件，而生产系统、文件管理系统、语言处理程序、数据库管理系统和应用软件等构成 CAD 的系统软件。通常所说的 CAD 系统是指由系统硬件和系统软件组成，兼有计算、图形处理、数据库等功能，并能综合地利用这些功能完成设计生产的系统。CAD 是产品或工程的设计系统。CAD 系统应支持设计过程各个阶段，即从方案设计入手，使设计对象模型化；依据提供的设计技术参数进行总体设计和总图设计；通过对结构的静态或动态性能分析，最后确定技术参数；在此基础上，完成详细设计和产品设计。所以，CAD 系统应能支持分析、计算、综合、创新、模拟及绘图等各项基本设计活动。CAD 的基础工作是建立产品设计数据库、图形库、应用程序库。

任何产品设计或工程设计都表现为一种设计过程，每个设计过程都由一系列设计活动组成，这些活动既有串行的设计活动，也有并行的设计活动。目前，产品设计中的大多数设计活动可以用 CAD 技术来实现，但对于诸如需求分析、可行性研究以及概念设计等仍需要大量人的创造性思维活动的前期设计工作，目前还很难由 CAD 技术实现。将设计过程中可以用 CAD 技术实现的设计活动集合起来，就构成了 CAD 过程。随着 CAD 技术的发展，产品设计过程中越来越多的设计活动可以采用 CAD 工具加以实现，CAD 技术的覆盖面也会越来越宽。

6.5.3.1　CAD 技术的特点

（1）CAD 技术是多学科综合性应用技术。经过近 50 年的不断发展和完善，CAD 技术已由初期单一的图形交互处理功能转化为综合性的、技术复杂的系统工程，所涉及的学科领域在不断扩大，是多学科相互交融、综合应用的产物，并逐渐向集成化、网络化和智能化发展。CAD 技术主要涉及的学科领域包括计算机科学、计算机图形学、计算数学、工程分析技术、数据管理及数据交换技术、软件工程技术、网络技术、人机工程、人工智能技术、多媒体技术及文档处理技术等。

（2）CAD 技术是现代设计方法和手段的综合体现。设计是一项复杂的创造性工作。人们一直在探索各种设计理论，以期利用它们来有效地指导实际的设计工作。基于计算机的先进设计理论与方法集中体现在 CAD 技术。CAD 技术涵盖了现代产品设计的主要设计活动，其中包括传统的几何造型设计、工程分析以及目前广泛研究的支持协同的概念设计和基于 Web 的设计等。

（3）CAD 技术是人的创造性思维活动同计算机系统的有机融合。随着基于计算机的先进设计理论与方法的不断发展，CAD 系统的智能化程度也会越来越高。但任何智能化的 CAD 系统都只是一个辅助设计工具，均离不开使用者（人）的创造性思维活动和主导控制，将人的创造性思维能力、综合分析和逻辑判断能力与 CAD 系统强大的数据、图形以及文档处理能力结合起来，才能使 CAD 技术发挥出巨大作用。

6.5.3.2　矿山 CAD

由于矿山 CAD 技术的出现，把设计者从矿山性重复的劳动中解脱出来，使他们集中自己的想象力和创造力来实现自己的产品设计，从而提高了产品质量。矿山 CAD 是 CAD 技术在矿山设计的应用，它利用计算机强有力的计算功能和高效率的图形处理能力，改造传统的矿山工艺，实现矿山工艺的自动化。

矿山 CAD 系统主要由四个相对独立的子系统组成：输入设备、主机、外存储器、图形显示设备和输出设备。输入设备是人或外部与计算机进行交互的一种装置，用于把原始数据和处理这些数据的程序输入到计算机中，包括键盘、鼠标、数字化仪、数码相机、扫描仪等。主机是控制及指挥整个 CAD 系统并执行实际计算的逻辑推理装置，是 CAD 系统的核心部分。主机由中央处理器（CPU）和内存储器组成。外存储器又称为辅助存储器，简称外存。外存是指除计算机内存及 CPU 缓存以外的储存器，用来存放需要永久保存的或相对来说暂时不用的程序、数据等信息。当需要使用这些信息时，由操作系统根据命令调入内存，此类储存器一般断电后仍然能保存数据。常见的外储存器有硬盘、软盘、光盘、U 盘等。图形显示设备是 CAD 系统中的重要组成部分，不仅能实时显示所设计的图形，而且还能让设计者根据自己的意图对几何造型和工程图形进行增、删、改、移动等编辑操作。当前的图形显示设备主要有 CRT 显示器、LED 显示器、LCD 液晶显示屏等。这些图形显示设备利用像素来显示数字、字符和图像。输出设备一般为打印机和绘图仪。

6.5.3.3　国内外矿山企业 CAD 应用现状

国外的矿山 CAD 系统无论是硬件配置还是软件技术，都比国内 CAD 系统具有优势。国外的系统比较注重软件的专业化和系统的兼容性，对硬件的 CAM、软件的集成化即 CISM 的开发也具有相当的规模与实力，目前国外的 CAD 技术正向着智能化、网络化方向发展。

开采工艺设计 CAD 是通过数字化和智能化手段，由计算机辅助矿山工艺生成，并将工艺设计结果应用于质量预测模型，实现工艺指令的虚拟加工以及工艺调整或补偿，以改进矿山生产工艺方法和提高加工质量，以敏捷地适应市场的变化。

6.5.3.4　矿山 CAD 技术的应用前景及展望

虽然当前矿山 CAD 软件的应用已经取得了很大的发展，在矿山组织设计和模拟方面的应用为生产提供了很大的方便，但因一些技术的实现存在困难，目前的矿山 CAD 软件仍有一些技术含量较高的相关功能尚未完善，其中一个缺点就是仿真模拟一直停留在平面阶段，不能看到实际的使用效果。同时，国内的软件包可选择的范围还比较狭窄，提供的功能也比较单一，不能完全满足企业的实际需求，基本上都不提供从矿山开始设计、组织模拟、开采的覆盖，再到矿山三维模拟等整个矿山的集成设计系统。研究人员尚需进一步提高矿山设计 CAD 中的技术含量，才能实现其真正意义上的实用化。

6.5.4　生命周期设计

产品全生命周期管理（Product Life-Cycle Management，PLM）就是指从人们对产品的需求开始，到产品淘汰报废的全部生命历程的管理，包括从产品战略、产品市场、产品需求、产品规划、产品开发、产品生产、产品上市、产品服务到报废整个生命周期的管理。具体描述如下：

（1）产品发展战略。在对客户需求、市场、竞争对手、技术发展进行调研的基础上，制订产品发展战略和产品发展规划。

（2）文档管理。提供产品设计、模拟仿真、实验验证、工艺设计、数控编程所产生的图档、文档、实体模型安全存取、版本发布、自动迁移、归档、审签、浏览、圈阅和标注，以及全文检索、打印、邮戳管理、网络发布等一套完整的管理方案，并提供多语言和多媒体的支持。

（3）集成平台。PLM 将 CAD、CAE、CAPP、CAM、产品设计知识库和专家系统、工艺设计知识库和专家系统全面集成，实现数据共享。它将完成特定任务所必需的所有功能和工具集成到一个界面下，使最终用户可以在一个统一的环境中完成诸如设计协同、数据样机、设计评阅和仿真等工作。PLM 系统也是设计系统与 ERP、MES 的集成平台。

（4）知识库和专家系统。如前所述，产品设计、分析计算、工艺设计都需要相应的知识库和专家系统。这些系统受 PLM 的管理，并实现与对应的设计系统集成。

（5）产品结构管理。PLM 系统一般采用视图控制法来对某个产品结构的各种不同划分方法进行管理和描述，如工程 BOM、制造 BOM、维修 BOM、成本 BOM 等。产品结构视图可以按照项目任务的具体需求来定义，也可以反映项目里程碑对产品结构信息的要求。

（6）变更管理。任何设计变更都将被记录，数据的修订过程可以被跟踪和管理，它建立在 PLM 核心功能之上，提供一个打包的方案来管理变更请求、变更通知、变更策略，以及变更的执行和跟踪等一整套方案。

（7）配置管理。建立在产品结构管理功能之上，根据客户需求，在一系列配置规则、配置参数的引导下，进行产品配置。它使产品配置信息可以被创建、记录和修改，允许产品按照特殊要求被建造，记录某个变形被用来形成某个特定用户需求的产品结构。同时，也为产品周期中不同领域提供不同的产品结构表示。

（8）工作流与过程管理。PLM 系统的工作流与过程管理提供一个控制并行工作流程的计算机环境。利用 PLM 图示化的工作流编辑器，可以在 PLM 系统中，建立符合各企业习惯的并行的工作流程。

（9）项目管理。管理项目的计划、执行和控制等活动，以及与这些活动相关的资源，并将它们与产品数据和流程关联在一起，最终达到项目的进度、成本和质量的管理。

（10）协同设计。提供一类基于互联网的软件和服务，能让产品价值链上每个环节的每个相关人员不论在任何时候、任何地点都能够协同地对产品进行开发、制造和管理。

PLM 系统极大地提高了产品全生命周期数据管理的标准化、及时性、准确性、数据的共享性、系统间的集成性，PLM 为企业创造了巨大的价值。

（1）知识共享。PLM 系统将产品生命周期中各个阶段的产品知识、设计知识、工艺知识统一进行管理，成为企业宝贵的知识资产。这些知识为企业所共享，极大地提高了研发设计的效率、质量，缩短了产品开发周期。

（2）提高了零部件的可重用性。由于设计标准的贯彻，配置管理的使用，极大地提高了零部件、原材料、外购配套件的可重用性，减少了物料的品种数。在提高设计效率的同时，降低了物料的采购成本和管理成本。

（3）高度集成性。PLM 将 CAD、CAE、CAPP、CAM 高度集成，实现基于模型设计的单一数据源，加上变更管理，使得产品技术数据准确、及时。同时 PLM 也是实现设计信息系统与 ERP、CRM、SRM、MES 的集成平台，使得产品信息在整个价值链上共享，大大提高了管理效率。

6.5.5 并行设计

并行设计（Concurrent Design）则是指在产品规划与设计阶段，以并行方式综合考虑产品寿命周期中的所有相关过程，如工艺规划、制造、装配、检验以及营销、维护等环节，并依此进行集成设计的系统化工作模式。并行设计是充分利用现代计算机技术、现代通信技术和现代管理技术来辅助产品设计的一种现代产品开发模式。它站在产品设计、制造全过程的高度，打破传统的部门分割、封闭的组织模式，强调多功能团队的协同工作，重视产品开发过程的重组和优化。

并行设计又是一种集成产品开发全过程的系统化方法，它要求产品开发人员从设计一开始即考虑产品生命周期中的各种因素。通过组建由多学科人员组成的产品开发队伍，改进产品开发流程，利用各种计算机辅助工具等手段，使产品开发的早期阶段能考虑下游的各种因素，以提高产品设计、制造的一次成功率。达到缩短产品开发周期、提高产品质量、降低产品成本，从而增强企业竞争能力的目标。

并行设计以集成、并行的方式管理和控制产品设计及其相关过程，使产品开发人员在设计中能考虑到产品整个生命周期的所有因素，包括质量、成本、进度计划和用户的要求。并行设计中"并行"的概念可以从纵向和横向两个方面去理解：纵向以产品为主线，使产品的设计、分析、制造、装配过程并行；横向指同阶段相关设计任务的并行化，如在总装设计完成后并行开展的外覆件、车架、电装部分设计，即为产品开发的横向集成。

并行设计是并行工程的主要组成部分，是对产品设计及其相关过程进行并行，是设计相关过程并行、一体化、系统化的工作模式。这种工作模式力图使开发者从一开始就考虑到产品的生命周期，并行工程的工作重心是产品并行设计，并行设计将下游环节的可靠性、技术、生产条件等作为设计环节的约束条件，可避免产品开发进行到晚期才发现错误，再返回到设计初期进行修改，延长产品上市时间，增加产品成本。并行设计工作模式是在产品设计的同时考虑其相关过程，包括加工工艺、装配、检测、质量保证、销售、维护等。在并行设计中，产品开发过程的各阶段工作交叉进行，及早发现与其相关过程不相匹配的地方，及时评估、决策，以达到缩短产品开发周期、提高质量、降低成本的目的。

并行设计也将产品开发周期分解成许多阶段，每个阶段有自己的时间段，许多的时间段组成了产品开发的全过程。一般情况下相邻两个阶段可以相互重叠，需要时也可能出现两个以上阶段相互重叠。在这些相互重叠的设计阶段间实行并行设计，显然首先要求信息集成和相互间的通信能力，其次要求以团队的方式工作。这些团队不仅包括与这些设计阶段有关的设计人员，还应包括参与产品生产和销售过程的相关部门的人员。

在并行设计中，并行工作小组可以在前面的工作小组完成任务之前开始他们的工作。第二个工作小组要消化理解第一个工作小组已做的工作和传递来的信息，这些信息可能是不完备的，小组间利用这些不完备的信息开始自己的工作。与串行设计的一次性输出结果不同，相关的工作小组之间的信息输出与传送是持续的，设计工作每完成一部分，就将结果输出给相关过程，设计工作逐步完善，工作小组不再有输入本小组的工作，更需要考虑到整个设计团队的工作，设计小组应该把完成相关小组的需求看成自己必须完成的工作。显然，并行设计完成产品设计的时间远远小于串行工程所用的时间。

在设计生产过程中，产品的设计生产并不是相对独立的。并行设计的思想要求具有很强的团队精神。在矿山企业要生产时，其过程可以简单地分为勘探、设计、工业试验、生产。这些过程并非相互独立，而是互相交叉，在产品设计初步确定以后，先进行工业试验，基本确定没有问题以后再进行生产，这对矿山企业来说，节约了极其宝贵的时间。

6.5.6　可靠性设计

6.5.6.1　可靠性基本概念和数学基础

"产品的可靠性是设计出来的，是生产出来的，是管理出来的"这一思想越来越为人们所理解。可靠性是指产品在规定的条件下和规定的时间内，完成规定功能的能力。可靠性工程是为了达到系统可靠性要求而进行的有关设计、试验和生产等一系列工作的总和，它与系统整个寿命周期内的全部可靠性活动有关。从方案论证开始到系统报废为止的整个寿命周期内，都要有计划地开展一系列的可靠性工作。

多年来世界各国开展可靠性工作的经验证明，可靠性设计对产品可靠性有重要影响。据美国海军电子实验室统计，产品不可靠的原因中，设计占40%，元器件占30%，使用和维护占20%，制造占10%。在实践中还经常发现，许多元器件的损坏是其设计不合理所造成的。根据对我国使用的战术雷达和民用电视机等电子产品的现场故障统计分析，也表明由于设计不合理导致故障发生占据首位。这些现场统计数据表明，要提高产品的可靠性，关键在于搞好产品的可靠性设计工作。在进行可靠性设计工作中，可靠性分析也是必不可少的。可靠性设计是指对设计方案分析、对比与评价，必要时进行可靠性试验、生产制造中的质量控制、使用维修规程的设计。可靠性分析是对产品的失效分析，必要时需进行可靠性试验、故障分析。可靠性的数学基础为数理统计。

可靠性的观点和方法已成为质量保证、安全保证、产品责任预防等不可缺少的依据和手段。因此要求工程技术人员树立可靠性的概念，掌握可靠性的内容、理论，运用现代设计方法进行产品设计开发。

可靠性的数值标准常用以下的指标（或称特征值）表示：（1）可靠度（Reliability）；（2）失效率或故障率（Failure Rate）；（3）平均寿命（Mean Life）；（4）有效寿命（Useful Life）；（5）维修度（Maintainability）；（6）有效度（Availability）；（7）重要度（Importance）等。

6.5.6.2 可靠性设计的特点及多种统计指标

可靠性设计是为了保证所设计的产品的可靠性而采用的一系列分析与设计技术，它的任务是在预测和预防产品所有可能发生的故障的基础上，使所设计的产品达到规定的可靠性目标值。所以，可靠性设计工作与产品设计同时进行，并且是传统设计方法的一种重要补充和完善。与传统设计方法的区别在于：可靠性设计考虑了设计变量的离散性及系统中各组成单元的功能概率关系，并以可靠度或可用度、可靠寿命、失效率等可靠性指标作为设计目标参数，从产品设计一开始就引入可靠性技术，并贯穿于设计、生产和使用全过程的始终，以得到预期可靠度的产品。

可靠性设计的对象可以是系统、设备或单个零件，甚至是针对产品的某一项功能或失效模式。可靠性设计通常分为两种情况：一种是根据给定的可靠性目标值进行设计，其程序是根据功能要求和初步构成方案建立系统可靠性模型，并在此基础上反复进行可靠性预测和分配；另一种情况是在原型的基础上作改进设计，特点是利用已见成效的各种可靠性设计方法，以改善和提高产品的可靠性。

可靠性的评价可以使用概率指标或时间指标，这些指标有可靠度、失效率、平均无故障工作时间、平均失效前时间、有效度等。典型的失效率曲线是浴盆曲线，分为三个阶段：早期失效期、正常运行期、耗损失效期。早期失效期的失效率为递减形式，即新产品失效率很高，但经过磨合期，失效率会迅速下降。正常运行期的失效率为一个平稳值，意味着产品进入了一个稳定的使用期。耗损失效期的失效率为递增形式，即产品进入老年期，失效率呈递增状态，产品需要更新。

6.5.6.3 可靠性设计方法

在常规的矿山设计中，通常采用安全系数法或许用应力法。其出发点是使作用在危险截面上的工作应力不大于许用应力，而许用应力是由极限应力除以大于1的安全系数 n 而得到的, 这种常规设计方法沿用了许多年, 只要安全系数选用适当, 便是一种可行的设计方法。但是, 随着产品日趋复杂, 对可靠性要求越来越高, 常规方法就显得不够完善。首先, 大量的实验表明, 现实的设计变量如负荷、极限应力及材料硬度、尺寸等大都是随机变量, 都呈现或大或小的离散性, 都应该依概率取值。不考虑这一点, 设计出来的结果难免与实际脱节。其次, 常规设计方法的关键是选取安全系数。安全系数过大, 造成浪费; 而过小, 又影响正常使用。在选取安全系数时, 常常没有确切的选择尺度, 其结果是使设计极易受局部经验的影响。实际上, 不考虑变量离散性的安全系数是不能正确反映设计的安全裕度的。许多时候, 安全系数大, 未必可靠; 反之, 也不一定危险。

6.5.7　基于专家系统的设计

6.5.7.1　矿山专家系统概述

矿山专家系统是先进的信息技术与传统的矿山技术紧密结合的一种科技创新, 源于专家系统。专家系统 (Expert System) 是人工智能 (Artificial Intelligence, AI) 最活跃的一个领域, 但是它与一般的人工智能系统又有不同。人工智能大量使用常识性的 "浅知识", 通过推理解决一般性的问题, 它强调推理, 是以推理为中心的。而专家系统所使用的是专业性的 "深知识", 通过推理解决某个领域内具有专家水平的问题, 它强调的是知识, 而且是以知识为中心的。这里所说的知识, 包括从数据分析得到的知识及从文献资料归纳得到的知识。专家系统以足够复杂的问题为对象, 从某个问题领域的专家处获取专业知识, 对知识进行推理或控制, 具有与专家同等程度的解决专业领域内问题的能力。

6.5.7.2　建立矿山专家系统的意义

矿山工业是我国重要的传统产业, 现代信息技术对矿山产品的分类方式、生产工艺、检测办法等进行科学的规范, 并制订相关标准, 设计最佳的生产模式, 对以现代技术提升传统产业、促进产业升级等都有着非常重要的意义。

矿山专家系统依据所积累的大量矿山知识, 按照科学的推理逻辑, 模拟矿山专家的思维方式, 解决矿山产品、原料、设备、工艺、设计等关键技术问题, 对新产品的开发、新技术的采用起着指导和优化的作用。采用专家系统指导产品开发具有许多优点:

(1) 可汇聚多个专家的知识和经验, 指导矿山产品的改进、仿制和创新。

(2) 可以及时获得最新矿山产品的信息以及相关的设计、原料、工艺等关键技术。

(3) 能高效、准确、迅速地进行工作, 并根据问题的答案进行反复对比, 以寻求最佳结果。

(4) 可按照应用的要求设计矿山产品, 并对其性能特点、生产工艺进行模拟, 寻求最佳质量和最低成本的合理优化。

(5) 在建立知识库的基础上, 通过有效的推理, 确定影响产品性能的主要因素, 给出相关的技术参数。通过自学, 总结规律, 不断完善和扩充系统本身。

6.5.7.3　矿山专家系统的组成

其功能可分成六个部分: 用户界面、解释机制、推理机制、提取机制、数据库和知识库。系统开发分为两个阶段进行, 第一阶段建立知识库, 第二阶段构建推理机制实现专家系统。每项成果都有自己的应用界面, 可以自成体系, 独立运行, 而且各项成果之间又紧密关联，实现无缝联结，全面提供智能化服务。

专家系统的主要功能分述如下：

（1）用户界面。用户界面采用交互式窗口界面，特点为简单、直观、易用、友好。必要时将引入多媒体和虚拟现实技术，用生动直观的方式表达矿山产品知识。

（2）解释机制。能把从数据库、知识库以及从推理机制获取的演绎结果，进行解释，并转换成用户界面能够识别的信息；还能根据用户捷出的问题，进行分析，并把语义变成知识库或推埋机制能够执行语言，以获取相应的结果。

（3）提取机制。能按照解释机制和推理机制要求，从数据库或知识库选取相应的信息，以便对问题进行求解。也能根据专家的意图修改、扩充知识库。

（4）知识库。知识库要通过知识表达式建立。目前，知识表达式的描述方法有 10 余种，如谓词逻辑表示法、产生式表示法、语义网络表示法、框架表示法、脚本表示法、过程表示法、面向对象表示法等。

（5）数据库。与知识库有关的信息，有的保存在传统的关系型数据库中，这些信息通过提取机制可以补充知识库的内容，并为用户提供一体化的应用。

（6）推理机。推理机是智能系统中，用来实现推理的程序。智能系统的推理过程包括推理方法和推理策略两部分。常用的推理方法有演绎推理、归纳法和默认法三种。在矿山专家系统中，这几种方法可能都会涉及，但归纳法是主要的使用方法。

推理策略是指在使用知识库进行推理时，如何尽快达到目标的方法。推理策略通常含有方向策略、限制策略、消解策略和求解策略等。

通过演绎和推理也可以重新构建知识库的新对象，并形成新对象集以及它的子集。建立矿山专家系统，是一个十分庞大的系统工程。其中知识库的建立是基础。矿山知识库的建立，把矿山产品的应用、性能、设计、原料、工艺、设备、生产、检测等技术，综合、科学、有机地联系在一起，这一过程要做大量的规范化和标准化工作，然后再通过推理机构建元素间的关系模型，逐渐形成一个完整的矿山专家系统。为了使系统的应用更加方便有效，用户在以交互方式进行求解的过程中，除了以常规的数据表示外，还将采用多媒体或虚拟现实技术予以生动的表现。

6.5.7.4 专家系统的关键技术

研究有关知识处理的科学是"知识工程学"，或称为"应用人工智能"，有时就称它为"专家系统"。它的目标是实现利用计算机进行知识信息处理的系统。它的主要课题是知识的表示、知识的利用（管理）和知识的获取。所以也可以说，专家系统的关键技术是知识的表示（表示模式和知识库的组成）、知识的利用（推理机制的设计）和知识的获得。

A 知识的表示

知识表示就是关于如何描述事实（知识）所做的一组约定，是知识的符号化过程。在专家系统中，知识表示是把关于世界的知识，如事实、关系、过程等编码成一种合适的数据结构，并和解释过程结合起来。如果在程序中，以适当方式使用，将导致程序产生智能行为。同一知识可以采用不同的表示方法。

从技术上说，知识表示可以分为两大类。

（1）过程型方法。按照这种方法，可将一组知识表示成如何应用这些知识的过程。如计算机程序就是这种过程型的知识表示法。粗略地说，一段程序可以是某种知识的过程型方法的表示。这类方法可以看成是解决问题的方法。

（2）说明型方法。按照这种方法，大多数的知识可以表示成为一个稳定的事实集合（存储在知识库中的），连同一小组控制这些事实的通用方法。目前，专家系统中常用的，也是最著名的知识表示方法，如一阶谓词逻辑、语义网络、框架和产生式系统（后三者具有结构表示的性质）都属于这类方法。这类方法可以看成是知识库加上用于控制这些知识的通用程序的状态方面的方法。

知识表示方法主要研究"表示"与"推理"（控制）之间的关系。显然，选择合适的形式来表示知识是十分重要的。知识表示的目的在于通过知识的有效表示，使人工智能程序，当然也包括专家系统，能利用这些知识做出决策、制订计划、识别状态、分析景物以及获取结论等，即利用知识进行推理。知识表示系统是从知识表示的角度来看的，它就是专家系统的工具。

B　知识的利用

在专家系统的三个关键技术中，知识的利用是目的。所谓知识的利用，是指利用从知识库中调用和取样一片合适的知识进行推理，从而得出结论的过程。它包括对给定问题的求解任务提出一种合适的知识结构。

C　知识的获取

知识的获取是指获得某个问题领域的专业知识来建造知识库的工作。知识的获取问题是知识库系统中的瓶颈部分。知识不仅可以直接从领域专家那里获取，也可以通过对文献资料的归纳分析来获得，当然这些知识还需由实验来证实。

在问题的对象比较单纯且逻辑性较强的情况下，在某种程度上是可以利用计算机进行学习的。这就是用对知识的修订及归纳推理的方法，使系统的功能得以增强的过程，是一种自动获取知识的方法，称为学习。

6.5.7.5　矿山专家系统的建造

建造专家系统首先要获得欲解决问题领域的专家知识。同时，要确定拟解问题的目标和使用范围，这一步是所建专家系统成功与否的关键。下一步就是知识的表示模式和推理机制的设计了。最后还必须通过测试来验证所建造的专家系统的正确性与实用性。

智能矿山一个最主要特征是实现个性化定制，它除了要求生产制造系统的柔性、经营管理的柔性以外，还要有个性化的设计。为了提高个性化设计的效率、质量和设计水平，建设设计知识库和专家系统势在必行。通用的专家系统是一类具有专门知识和经验的计算机智能程序系统，通过对人类专家的问题求解能力的建模，采用人工智能中的知识表示和知识推理技术来模拟通常由专家才能解决的复杂问题，达到具有与专家同等解决问题能力的水平。这种基于知识的系统设计方法是以知识库和推理机为中心而展开的，即专家系统=知识库+推理机。

三维工艺设计的优势如下：表达直观，消除了对工艺理解的二义性。有些空间的尺寸用二维图表述非常难以理解，用三维空间方式展示将会非常直观、形象。实现三维工艺指令向车间现场的数据发放，采用直观的三维工艺表达方式，增强了工艺信息的可读性，提高生产制造阶段的效率。能够最大限度地传递和继承设计的信息，有效减少工艺和设计理解上的偏差，降低出错概率。能将三维设计成果融入对应的工艺设计过程中，同一数据源可作为多种用途，为协同并行工作提供条件，提高各部门工作效率。工序模型之间可以保持关联，有效地保证数据的统一性和准确性。当设计模型发生更改时，各模型会自动更新，这种关联性是传统二维工艺所不具备的，这种关联性减少了工艺人员在工艺编制的过程中发生错误的概率。同时，工序模型参数化设计可实现快速更改。通过二维仿真验证手段，可以对产品装配、机加工过程进行全程仿真验证，最大限度地将问题暴露在设计工艺规划环节，降低后端更改的成本和时间。

6.5.7.6 专家系统在矿山中的应用

专家系统往往和 CAD 技术结合起来，应用于矿山行业，比如在开采设计 CAD 方面，专家系统的应用就比较广泛，在推理过程中，把输入的数据作为有关事实的知识保管的知识库中，如将开采方法、矿块长度、矿块宽度、间柱宽度等各参数都保存在系统的工艺库中，必要的时候可以提取作为实例。

6.5.8 数值法设计

在工程分析和科学研究中，常常会遇到大量的由常微分方程、偏微分方程及相应的边界条件描述的场问题，如位移场、应力场和温度场等问题。求解这类场问题的方法主要有两种：用解析法求得精确解和用数值解法求其近似解。应该指出，能用解析法求出精确解的只是方程性质比较简单且几何边界相当规则的少数问题。而对于绝大多数问题，是很少能得出解析解的。这就需要研究它的数值解法，以求出近似解。

目前，工程中实用的数值解法主要有三种：有限差分法、有限元法和边界元法。其中，以有限元法通用性最好，解题效率高，目前在工程中的应用最为广泛。

有限元方法是一种将连续体离散化为有限个网格单元，以求解各种力学问题的最佳方法，故称为有限元方法。从物理角度看，一个连续体可以近似地用有限个在节点处互相连接的单元所组成的组合体来代表，因而可以把连续体问题分析变成单个单元的分析和所有单元的组合问题。在工程领域等以 FEM 为代表的计算机辅助系统分析已得到广泛应用，在矿山材料力学性能研究中仍处于起步阶段。

有限元分析的基本概念是用较简单的问题代替复杂问题后再求解。它将求解域看成是由许多称为有限元的小的互连子域组成，对每一单元假定一个合适的近似解，然后推导求解这个域的总的满足条件，从而得到问题的解。对于不同物理性质和数学模型的问题，有限元求解法的基本步骤是相同的，只是具体公式推导和运算求解不同。有限元求解问题的基本步骤为：问题及求解域的定义；求解域离散化；确定状态变量及控制方法；单元推导；总装求解；联立方程组求解和结果解释。

有限元技术应用于矿山领域的研究主要是在 20 世纪 80 年代，早先研究比较多的是矿山机件的结构力学分析，后来逐步扩展到矿岩力学分析。目前主要应用于以下方面：

（1）开采单元的力学分析。这是有限元分析技术应用最多的一个领域，几乎可以对各类开采单元进行分析模拟，有限元分析技术最早就是从结构化矩阵分析发展而来，逐步推广到板、壳和实体等连续体固体力学分析，实践证明这是一种非常有效的数值分析方法。而且从理论上也已证明，只要用于离散求解对象的单元足够小，所得的解就可足够逼近于精确值。计算结果与实验结果基本吻合；还可以采用动态有限元分析动力学问题。

（2）矿山开采过程整体的力学分析。矿山整体的力学分析远要比开采单元的力学分析复杂，因为其结构的大位移、大应变属非线性问题，依靠线性理论求解误差很大，只有采用非线性有限元算法才能解决。众所周知，非线性的数值计算是很复杂的，它涉及很多专门的数学问题和运算技巧，很难为一般工程技术人员所掌握。直到1979年，D. W. Lloyd首次将有限元分析技术应用于岩体的力学结构分析，我国学者对此也做了不懈努力。近年来，国外的一些公司花费了大量的人力和物力开发出诸如 Marc、ABAQUS 和 ADINA 等专长于求解非线性问题的有限元分析软件，并广泛应用于工程实践。这些软件的共同特点是具有高效的非线性求解器以及丰富和实用的非线性材料库。

（3）各种流场问题的分析。现在的有限元分析技术不仅可对固体的结构进行力学分析，对流体力学、温度场、电传导、磁场、渗流和声场等问题的求解计算也是非常有效的。最近又发展到求解几个交叉学科的问题。例如，在对涡流空区流场进行研究时，气流使风门产生变形，风门的变形反过来又影响气流的运动，这就需要用固体力学和流体力学的有限元分析结果交叉迭代求解，即所谓的"流固耦合"的问题。

有限元分析技术在矿山中的应用还处于起步阶段，有很大的应用潜力，许多研究及应用还有待于深化。随着有限元分析技术本身的数学理论日趋成熟，有限元分析软件功能及易用性的提高，有限元分析技术将越来越成为工程技术人员解决各领域相关问题的有力武器。

6.5.9　相似设计

自然界的各种现象是错综复杂的，而任何现象又都不是孤立存在的，要受到各种各样因素的制约与影响。那么，现象之间必然存在一定的联系。

在进行产品设计时，不论是性能设计还是结构设计，设计师都同样面临着许多复杂的问题，他们会因为机理的复杂性以及诸多影响因素，难以完全或完全不能用初等数学、高等数学的理论和方法对产品进行定量描述和表达，因而不能获得精确、完整、有指导意义的物理及数学模型，有时即便可以建立，也会因模型复杂而无法解决。

在传统设计中，设计人员不得不用经验设计法、试凑法、被动类比法等来确定产品的参数和结构，所以设计的产品性能不尽如人意。那么，怎样才能快速、准确地建立问题的模型呢？众所周知，事件之间的相似是最常见、最密切的联系。利用事件之间的相似联系，如果知道某事件的机理、模型等，则可根据彼此之间的相似关系来确定未知事件的机理、模型，从而可方便地获得事件的数学模型。

相似设计法以定律分析法、方程分析法或因次（量纲）分析法为基础，根据事件之间的联系导出相似准则，根据相似原理建立起对应的模型并推广到产品实物上，从而得到表征实际产品工作规律的模型，以此开始产品的整体和局部设计。

由前述可知，在进行产品结构设计时，把功能和原理相同，结构相同或相似，而结构尺寸和主要规格参数按照一定比例关系变化的纵系列产品称为相似系列产品。它是在基型产品的基础上，按照相似原理通过一定的计算而求出的，所以采用相似设计可缩短产品设计周期，提高设计效率，降低设计成本。

在进行产品性能设计时，采用相似设计方法可快速、准确地建立模型并进行模型分析与试验。

6.5.9.1 相似的概念及类型

相似、相像是自然界普遍存在的现象，一般可将相似分为以下几种类型：

（1）一般相似：广义上的事物间普遍存在着相似。它包括自然科学、社会科学、工程技术中各种系统特性相似。例如，社会分工的相似性、社会发展的相似性、机械工程中组合设计、成组技术等。

（2）具体相似：系统间具体属性和特征的相似。它主要包括系统结构相似、功能相似、信息作用相似、几何特征相似、物理特征相似。例如，机器之间的几何形状相似、结构相似、运动形式相似、受力状态相似、控制方法相似，以及机器人与人之间存在结构、功能及信息控制过程等多种相似。

（3）自然相似：指自然系统间的相似性。例如，天体系统中行星间的相似性、植物之间的相似性、人与人的相似性。

（4）人工相似：主要指依靠人的创造性活动，在各种人造系统之间或人造系统与自然系统之间实现的相似性。例如，不同型号汽车相似、自行车相似、仿生机械系统与生物系统相似。

人工相似系统中含有某些自然相似的特征，因为任何一个好的人造系统都要遵守自然规律。

（5）他相似：不同类型系统之间的相似性。例如，植物中的柳树和桃树为不同植物，但二者的叶子存在相似形状；不同类型机械系统之间的特性存在相似性，不同型号产品系统之间存在相似性，机械系统与电系统之间存在相似性。

（6）自相似：同一系统内部，不同层次的主系统与子系统之间的相似性，即部分与整体的相似，主系统与子系统的相似。例如，几何学上的分形就意味着自相似，将一个正三角形每边均分成三段，以中为边向外，再凸造一个正三角形，使原三角形成六边形，在六边形的十二条边上再重复进行中间 1/3 段为凸正三角形变换，如此至无穷。我们会发现，那些无穷短边所连成的曲线都是一模一样的，这显示出了形态结构的自相似性。

（7）同类相似：同一类事物之间的相似特性。例如，不同型号汽车外形特征、内部结构等特性相似。对于同类相似特性，因遵从相同自然规律，故可用相同数学方程式来描述。

（8）异类相似：不同类之间的相似。例如，温度场、电势场和重力场是不同类型的场，但都可用同一个微分方程来描述。

（9）可拓相似：既有相似特性，可精确度量出相似程度，又有不相似特性，不能精确度量或难以度量。例如，一个直角三角形与一个等边三角形相似，半导体与导体有相似的导电特征。

（10）模糊相似：例如，昆虫像树枝，植物相似石头等。

（11）精确相似：在一组物理现象中，其对应点上基本参数之间呈固定的数量比例关系，这一组物理现象特征称为精确相似。

6.5.9.2 物理相似

一般工程系统中，可用长度、时间、质量（力）和温度四个相互独立的物理量来描述物质的机械运动，这四个量称为基本物理量。由基本物理量导出并由基本物理量按某种方式组合而成的其他量，称为导出量，例如物体的速度、加速度等。

根据相似参数不同，可把物理量相似分为若干种。

（1）几何相似。几何相似的图形或物体其对应部分的比值等于同一个常数。这种将原图形转换为相似图形的方法称为相似转换。几何相似在产品结构及形体设计中的应用十分广泛。

（2）时间相似。时间相似指两个物体在运动过程中的时间间隔互成比例。

（3）速度相似。速度相似指两个物体在运动过程中，各对应点、对应时刻上速度的方向一致，大小对应成比例。

（4）动力相似。动力相似指在几何相似的力场中，两个物体所有各对应点上的作用力方向对应成比例。

（5）温度相似。温度相似指在温度场中，两个物体各对应点在对应时刻的温度互成比例。另外，还有密度、电量、光强度相似等。

可以证明，若两个系统满足几何、运动和动力相似，则这两个系统的性能就相似。

6.5.9.3 相似准则

我们知道，自然界中的物质或系统的物理规律反映了物理量之间的关系。例如，牛顿第二定律反映了惯性力与质量和加速度之间的关系。在一个物理现象中的不同点和不同时刻，其无量纲综合数群的数值不等。当两个物理现象的对应点在对应时刻的无量纲综合数群的数值相等时，这两个物理现象显然相似。我们把描述物理现象的无量纲综合数群称为相似准则。彼此相似的物理现象存在着同样数值的综合数群，这反映出物理相似的数量特征以及相关物理量之间的关系。

相似常数、相似准则和相似指标是相似现象的不同数学表达。其中，相似常数是两个相似现象的对应点上，单一物理量的无量纲比值，在相似现象中，相似常数可变化。相似准则是多个物理量的无量纲数群，在相似现象中，相似准则是不变量。

6.5.9.4 相似三定理

A　相似第一定理

定义：彼此相似的现象必定具有数值相同的相似准则。

含义：（1）物理量在空间相对应的各点和在时间上相对应的各瞬间各自互成一定的比例关系；（2）各相似常数值不能任意选择，它们受某种自然规律的约束。

相似第一定理也称为相似正定理，它描述了相似现象的基本特征，揭示了彼此相似现象应具有的性质。

B　相似第二定理

含义：（1）如果把某现象的实验结果整理为无量纲关系式，那么这种准则关系式便可推广到与它相似的所有的其他现象上，即从模型实验到实物设计；（2）同一系统的物理量不论采用什么基本量单位，其函数关系都是成立的；（3）无量纲数且各不相同，个数是固定的但其形式不是唯一的，通常是同一个问题中两个相同性质物理量的比例。

C　相似第三定理

定义：对于同一类物理现象，如果单值量相似，而且由单值量所组成的相似准则在数值上相等，则这些现象必定相似。

这里的单值量是指单值条件（几何、物理、边界和初始条件）中的物理量。第三定理指出了相似的充分必要条件：两个现象相似，除要求对应点上的物理量组成的相似准则数值相同外，其初始状态条件必须相同。

相似第三定理是相似设计的理论基础。

6.5.9.5　相似准则的确定

量纲分析法是指通过对系统间特征值量纲进行分析，找出各量之间的一般的相互关系，从而求得相似准则。

6.5.9.6　相似产品设计过程

（1）基型设计。根据设计任务及设计要求，先确定一个基型产品及其主参数。在基型产品的基础上，沿纵向、横向进行扩展。

基型产品应是全系列产品中最常用的型号，可选中档作为基型产品。进行基型设计时，应尽可能采用最佳的原理和结构方案，选择最合理的材料，优化主要参数和尺寸，以达到最佳的性能。

（2）确定相似类型。相似系列产品一般可分几何相似和半相似系列产品两大类型。

几何相似系列产品的相应尺寸成一定比例，即相似比成定值。若级差公比选用标准公比，则尺寸为标准数。

半相似系列产品的尺寸及参数之间有不同的比例关系，即在整体结构中，各部分的尺寸比不完全相同，例如长度比、宽度比、高度比都不是同一个公比。

（3）确定级差公比和系列型谱。在系列产品中，相邻两产品的规格参数及尺寸之间的公比称为级差。级差是相似系列产品设计的关键。

6.5.10　模块化设计

模块化设计是近年来发达国家普遍采用的一种先进设计方法。它的核心思想是将系统根据功能分解为若干模块，通过模块的不同组合，可以得到不同品种、不同规格的产品。从20世纪欧美一些国家提出这一设计方法以来它已扩展到许多行业，并形成成组技术，与柔性加工技术等先进技术密切联系起来，应用到了实际产品的设计与制造之中。在机械产品中，所谓模块就是一组具有同一功能和结合要素，指连接部位的形状、尺寸，或连接件间的配合或啮合参数等。但性能和结构不同却能互换的单元，在其他领域如程序设计中也提到模块，它的具体条件有差异，如上所述，模块化设计是将产品上同一功能的单元设计成具有不同性能，可以互换的模块，选用不同模块即可组成不同类型、不同规格的产品。模块化设计的原则是力求以少数模块组成尽可能多的产品，并在满足用户要求的基础上使产品精度高，性能稳定，结构简单，成本低廉。显然，为了保证模块的互换，必须提高其标准化、通用化、规格化的程度。

模块化设计首先用于系列产品设计中，采用模块化设计的产品有下列优点：产品更新换代较快，新产品的发展常是局部改进，若将先进技术引进相应模块，比较容易实现。这就加快了产品更新换代，当前电子产品的发展通常主要是改变其中某些插件模块而得到的，可以缩短设计和制造周期，用户提出要求后只需更换部分模块或设计制造个别模块即可获得所需产品。这样设计和制造周期就大大缩短了。

模块化设计方法是由欧美一些国家在 20 世纪 50 年代提出来的一种现代设计方法，苏联和东欧国家将这种设计方法称为组合设计。模块化设计的指导思想是"以少变应多变""以组合求创新"，它适应现代社会要求产品品种、规格、结构、样式、功能、性能等多样化的需要。

现代机电产品是一个机、电、光、液、气等技术的集成品，可分为动力装置、运动变换装置、执行机构、控制装置、支承件等组成部分。每个部件、装置甚至零件都可看作是一个与其他部件或零件相连接的"相对独立的模块"。更换不同的部件或零件的模块可得到不同规格及性能的机电产品。例如，根据齿轮啮合的互换性原理，只要模数相同，那么一个齿轮就可与任何形状、尺寸和齿数的另一个齿轮相啮合传动，同一模数的齿轮有着表征相同功能的动力传递能力。

所谓模块，是指具有独立功能和结合要素（连接部位的形状、尺寸和连接件之间的配合或啮合参数等），而有不同用途（或性能）和不同结构且能互换的基本结构单元，它可以是零件、组件、部件或系统。例如，减速器的机体、输入轴系、输出轴系等都可以看做模块。

模块是模块化设计和制造的功能单元和结构基础，模块应具备以下三个特征：

（1）独立性：相对独立的特定功能，可单独设计、生产、调试、修改、储备等。

（2）相容和相关性：具有若干配合要素。

（3）互换性：要求结合部位的结构形状和尺寸标准化。

一个理想的模块应该标准化、系列化、通用化、集成化、层次化、灵便化和经济化。

模块化设计方法是在统筹考虑产品系统后，把其中含有相同或相似的功能单元分离出来，用标准化原理进行统一、归并和简化，从而形成模块，再以通用单元形式使模块独立存在，各模块通过不同组合、互换选用而构成不同功能的产品的设计过程。模块化产品是由一组特定的模块在一定范围内组成的多种不同功能或相同功能不同性能的系列产品。

模块化设计方法具有如下特点：

（1）适应了生产多样化、产品多样化的发展方向，可加速产品的更新换代。

（2）缩短了设计周期，提高了设计质量以及设计自动化。

（3）降低了制造成本，缩短了制造周期，提高了产品质量。模块化使得单个、小批量生产变为成批、专门化生产，可集中处理问题，重复使用有利信息并实施规范化生产，有利于采用先进工艺。

（4）有利于安装、使用、维修、拆卸、回收、环境保护等。

（5）模块的标准化、通用化和互换性使得其适应性强，但产品的个性较差，有时还会使产品的结构复杂化。同一功能的各种模块具有多样性，其结构差异往往较大，各部分的功能配合也可能达不到最佳，也有可能造成浪费。现在，国外在许多产品设计中都采用了模块化设计，例如模块化机床、模块化减速器、模块化工业机器人等。

6.5.11 绿色设计

20世纪70年代以来，工业污染所导致的全球性环境恶化达到了前所未有的程度，迫使人们不得不重视这一现实。进入20世纪90年代以来，各国的环保战略开始经历一场新的转折，全球性的产业结构调整呈现出新的绿色战略趋势。这就是向资源利用合理化、废弃物生产少量化、对环境无污染或少污染的方向发展。在这种"绿色浪潮"的冲击下，绿色产品逐渐兴起，相应的绿色产品设计方法就成为目前的研究热点。工业发达国家在产品设计时努力追求小型化（少用料）、多功能（一物多用，少占地）、可回收利用（减少废弃物数量和污染）以及生产技术环节追求节能、省料、无废少废、闭路循环等，这些都是努力实现绿色设计的有效手段，矿山的无废开采、无尾矿库开采都是绿色设计的典范。

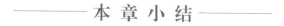
本 章 小 结

智能矿山的设计是企业发展战略的重要组成部分，它是实现企业战略目标的重要举措，是企业转型升级、提升企业核心竞争能力的必然选择。本章详细讲述了智能矿山设计的目标、原则、内容和难点，简要介绍了智能矿山设计系统及演进过程，还介绍了常用的设计技术和方法，包括优化设计、虚拟设计和绿色设计等。

思 考 题

1. 结合自身体会，简述标准化在矿山设计生产中的作用及意义。
2. 论述虚拟设计对矿山行业的影响。
3. 谈谈并行设计在矿山行业应用的意义，企业如何实现并行设计？
4. 举例说明何谓相似，以及自然界存在哪些相似现象？
5. 结合实例说明何谓模块，模块应具有哪些特征？
6. 结合实例说明何谓模块化设计，对产品进行模块化有何意义？
7. 简述模块化设计的过程及设计内容。
8. 针对某矿山机电产品，谈谈如何进行模块化设计？
9. 简述矿山设计CAD的主要功能及作用。
10. 论述专家系统在矿山领域的应用情况。
11. 查阅相关资料，围绕相似设计或模块化设计写一篇小论文。

7 智能矿山的设计软件系统

本章提要

矿山设计系统是一个有机的整体，必须研究与之相适应的整体优化理论与方法，整体优化设计理论与方法的实现仍要以计算机为工具，建立以计算机软件为支撑的设计系统是今后的发展方向。设计、建设和管理智能矿山离不开优秀的设计软件系统，当前设计软件还是百花齐放，功能上各有千秋，本章对矿山常见的设计软件系统的特点和功能进行介绍，可以使学生有一个全面的了解，能够适应今后不同工作岗位的工作需求。

我国的矿山设计经历了以下几个主要发展阶段：20 世纪 50 年代，学习苏联的三段设计；20 世纪 60~70 年代，实行中央、地方、设计部门相结合的设计阶段；20 世纪 70 年代末开始设计与科研相结合的设计阶段；20 世纪 90 年代末逐渐发展的现代设计阶段，相继出现了一系列新兴设计理论和技术，在第 6 章已经详细介绍。

最初的采矿设计，需要"爬图板"，设计图纸的改动，需要手工重新绘制；AutoCAD 软件的出现，使人们从这种繁重的重复性劳动中解脱出来，极大地提高了矿山设计的工作效率，直到现在并且预计在将来的一段时期内，基于 AutoCAD 软件的矿山设计仍然广泛应用。

通过本章的学习，了解智能金属矿山常用的通用设计软件和专用设计软件，包括 AutoCAD、BIM、GIS 等，也包括 Datamine、Surpac、Micromine 等流行的专用矿山设计管理软件，拓展相关知识与方法。

7.1　智能矿山设计通用软件系统

7.1.1　AutoCAD

AutoCAD（Autodesk Computer Aided Design）是 Autodesk 公司首次于 1982 年开发的自动计算机辅助设计软件，用于二维绘图、详细绘制、设计文档和基本三维设计，现已经成为国际上广为流行的绘图工具。AutoCAD 具有良好的用户界面，通过交互菜单或命令行方式便可以进行各种操作。通过它无需懂得编程，即可自动制图，因此它在全球广泛使用，可以用于土木建筑、装饰装潢、工业制图、工程制图、电子工业、服装加工等多方面领域。它的多文档设计环境，让非计算机专业人员也能很快地学会使用。在不断实践的过程中更好地掌握它的各种应用和开发技巧，从而不断提高工作效率。AutoCAD 具有广泛的适应性，它可以在各种操作系统支持的微型计算机和工作站上运行（见图 7-1）。

最初的采矿设计，需要"爬图板"，设计图纸的改动，需要手工重新绘制；AutoCAD

软件的出现，使人们从这种繁重的重复性劳动中解救出来，极大地提高了矿山设计的工作效率，直到现在并且预计在将来的一段时期内，基于 AutoCAD 软件的矿山设计仍然广泛应用。

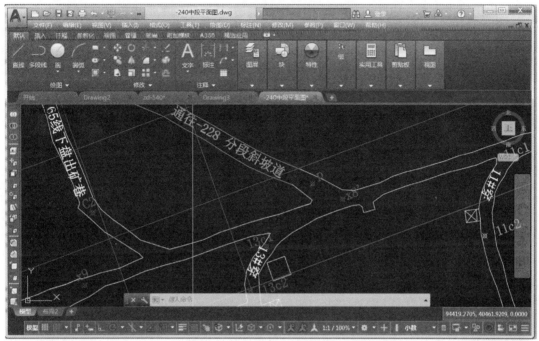

图 7-1　基于 AutoCAD 的矿山中段平面设计界面

彩色原图

7.1.2　BIM

进入 21 世纪，信息化已经越来越影响着我们每个人的生活，各行各业都向信息化、智能化方向发展。作为国民经济支柱产业的建设领域，人们衣食住行中的"住"和"行"同样也不能缺席。BIM（Building Information Modeling）技术的中文名称是建筑信息模型，是一种应用于工程设计、建造、管理的数据化工具，通过对建筑的数据化、信息化模型整合，在项目策划、运行和维护的全生命周期过程中进行共享和传递，使工程技术人员对各种建设信息做出正确理解和高效应对，为包括规划、设计、施工、监理、运营单位在内的各方建设主体提供协同工作的基础，在提高生产效率、节约成本和缩短工期方面发挥重要作用。BIM 的典型软件 Revit 的基础命令和基本操作，运用 Revit 软件建立建筑模型、结构模型以及绘制水、电、暖通专业模型的基本方法。

在策划、设计、施工、运维过程的整个或者某个阶段中，应用 3D 或者 4D 信息技术，在系统设计、协同施工、虚拟建造、工程量计算、造价管理、设施运维方面很大程度上改变了传统模式和方法。

Revit 与 Navisworks 是具有代表性的 BIM 软件为操作平台，结合实际项目，可以系统地掌握 BIM 在采矿工程建设领域的应用与实践。

7.1.3　施工进度管理

采矿工艺的各个过程在实施时需要掌握执行的进度，项目工程进度报告和交付成果进度报告及时反映项目进展情况，通过与项目计划的对比，发现项目偏差，为项目的跟踪、评估、决策提供依据。用户每天的工作日志填报，并按照职位上下级关系进行上报，领导可对下级上报的工作日志进行打分和编写评语。

Microsoft Project（MSPROJ）是一个国际上享有盛誉的通用的项目管理工具软件，是由微软开发销售的专案管理软件程序，凝集了许多成熟的项目管理现代理论和方法，可以帮助项目管理者实现时间、资源、成本计划、控制。Microsoft Project 不仅可以快速、准确地创建项目计划，而且可以帮助项目经理实现项目进度、成本的控制、分析和预测，使项目工期大大缩短，资源得到有效利用，提高经济效益。软件设计的目的在于协助专案经理发展计划、为任务分配资源、跟踪进度、管理预算和分析工作量。

7.1.4　GIS 类软件

地理信息系统（Geographic Information System 或 Geo-Information System，GIS）有时又称为"地学信息系统"。它是一种特定的十分重要的空间信息系统。它是在计算机硬、软件系统支持下，对整个或部分地球表层（包括大气层）空间中的有关地理分布数据进行采集、储存、管理、运算、分析、显示和描述的技术系统。

位置与地理信息既是 LBS 的核心，也是 LBS 的基础。一个单纯的经纬度坐标只有置于特定的地理信息中，代表为某个地点、标志、方位后，才会被用户认识和理解。用户在通过相关技术获取到位置信息之后，还需要了解所处的地理环境，查询和分析环境信息，从而为用户活动提供信息支持与服务。

地理信息系统是一门综合性学科，结合地理学与地图学以及遥感和计算机科学，已经广泛地应用在不同的领域，是用于输入、存储、查询、分析和显示地理数据的计算机系统。随着 GIS 的发展，近年来，也称 GIS 为"地理信息服务"（Geographic Information Service）。GIS 是一种基于计算机的工具，它可以对空间信息进行分析和处理（简而言之，是对地球上存在的现象和发生的事件进行成图和分析）。GIS 技术把地图这种独特的视觉化效果和地理分析功能与一般的数据库操作（例如查询和统计分析等）集成在一起。

地理信息系统是对地理空间数据进行采集、存储、表达、更新、检索、管理、综合分析与输出的计算机系统。它是一门介于信息科学、空间科学、管理科学之间的一门新兴交叉学科。它已广泛应用于资源调查、环境评估、区域发展规划、公共设施管理、交通安全等领域，成为一个跨学科、多方向的研究领域。

采矿正是把分布在空间范围内的矿物成分以高效的技术手段富集开采，开采的工艺过程也是空间范围内动态变化过程，借助地理信息系统，可以更直观地表现采矿，特别是地下开采这个"黑箱"的工艺过程。

7.1.5　Unity3D

开采过程这样一个相对危险的工艺过程，可以利用 Unity3D 进行直观、立体、透明的展示，给人身临其境的感觉，从而较好地进行安全培训、智能开采设备操作培训和安全监测等。

Unity3D 是一个跨平台的浏览器/移动游戏软件框架，与 Flash 直接竞争，已经可以在 iPhone 上应用。Unity3D 引擎采用了和大型、专业的游戏开发引擎相同的架构方式和开发方式实现 Web3D，对于 Web3D 行业来说，是一次大的飞跃。游戏是 VR 行业的最高端，现在已经平民化，Unity3D 的出现和大量应用将把 Web3D 拉到 Game 的快车道上来，让 Web3D 也"三高"（高投入、高风险，高利润）起来。

Unity3D 软件一个综合性很强的开发工具，是一个全面的专业游戏引擎，所谓引擎就是"软件框架"（Software Framework）。游戏引擎就是专门为游戏开发而设计的软件框架，提供游戏开发所需要的基础功能。业界现有的商用游戏引擎和免费游戏引擎数不胜数，其中最具代表性的商用游戏引擎有 UnReal、CryENGINE、Havok Physics、Game Bryo、Source Engine 等，但是这些游戏引擎价格昂贵，使得游戏开发成本大大增加。而 Unity 公司提出了"大众游戏开发"（Democratizing Development）的口号，提供了任何人都可以轻松开发的优秀游戏引擎，使开发人员不再顾虑价格。

从通用性上考虑，Unity3D 是目前适用范围最广的引擎，学会 Unity3D 基本上可以应对所有类型的制作需求。基于 Unity 的游戏制作已经发布的有很多知名的游戏，比如蒸汽之城、神庙逃亡、新仙剑、冰与火。当然 Unity3D 不仅只限于游戏行业，在虚拟现实、工程模拟、教育培训、矿山安全教育等应用方面也有着广泛的使用。

7.1.6 基于人工神经网络语言的定制软件系统

7.1.6.1 Python

Python 由于简单易用，是人工智能领域中使用最广泛的编程语言之一，它可以无缝地与数据结构和其他常用的 AI 算法一起使用。Python 之所以适合 AI 项目，其实也是基于 Python 的很多有用的库都可以在 AI 中使用，如 Numpy 提供科学的计算能力，Scypy 的高级计算和 Pybrain 的机器学习。另外，Python 有大量的在线资源，所以学习曲线也不会特别陡峭。

7.1.6.2 Java

Java 也是 AI 项目的一个很好的选择。它是一种面向对象的编程语言，专注于提供 AI 项目上所需的所有高级功能，它是可移植的，并且提供了内置的垃圾回收。另外 Java 社区也是一个加分项，完善丰富的社区生态可以帮助开发人员随时随地查询和解决遇到的问题。对于 AI 项目来说，算法几乎是灵魂，无论是搜索算法、自然语言处理算法还是神经网络，Java 都可以提供一种简单的编码算法。另外，Java 的扩展性也是 AI 项目必备的功能之一。

7.1.6.3 Lisp

Lisp 因其出色的原型设计能力和对符号表达式的支持在 AI 领域崭露头角。Lisp 作为因人工智能而设计的语言，是第一个声明式系内函数式程序设计语言，有别于命令式系内过程式的 C、Fortran 和面向对象的 Java、C#等结构化程序设计语言。Lisp 语言因其可用性和符号结构而主要用于机器学习子领域。著名的 AI 专家彼得·诺维奇（Peter Norvig）在其"Artificial Intelligence：A Modern Approach"一书中，详细解释了为什么 Lisp 是 AI 开发的顶级编程语言之一，感兴趣的朋友可以自行查看。

7.1.6.4　Prolog

Prolog 与 Lisp 在可用性方面旗鼓相当，据 "Prolog programming for artificial intelligence" 一文介绍，Prolog 是一种逻辑编程语言，主要是对一些基本机制进行编程，对于 AI 编程十分有效，例如它提供模式匹配，自动回溯和基于树的数据结构化机制。结合这些机制可以为 AI 项目提供一个灵活的框架。Prolog 广泛应用于 AI 的 expert 系统，也可用于医疗项目的工作。

7.1.6.5　C++

C++是世界上速度最快的编程语言，其在硬件层面上的交流能力使开发人员能够改进程序执行时间。C++对于时间很敏感，这对于 AI 项目是非常有用的，例如，搜索引擎可以广泛使用 C++。

在 AI 项目中，C++可用于统计，如神经网络。另外算法也可以在 C++被广泛地快速执行，游戏中的 AI 主要用 C++编码，以便更快的执行和响应时间。

利用这些常用的人工神经网络语言，灵活选用众多开源的人工神经网络的库，可以方便地进行我们日常设计软件部分功能的二次开发。

7.2　智能矿山设计专用软件系统

7.2.1　3DMine

北京东澳达科有限公司研发了一款为中国矿业"量身定做"的软件 3DMine，它引进了国际上通用的地质建模方法。该软件主要应用于固体矿床的地质勘探数据管理、DTM 模型、实体模型、地质储量计算、露天及地下矿山开采设计、露天短期采剥计划编制等工作中，借助数学模型以实现目标数据的优化方案，并在此基础上实现空间分析、剖切制图、虚拟现实、信息编辑等功能，建立可视化的矿山信息化服务平台，为矿山勘探报告、开采效率和生产管理提供方便、快捷、有效的服务。该软件基于 Microsoft 公司的 VS 平台，以 BCG、3D 核心库和脚本库 TCL 为软件界面库。该软件充分考虑了人机界面建设原则的实用性、精确性、可移植性、方便性和扩充性。软件具有以下几个特点：

（1）三维可视化：在三维显示和渲染上，采取一系列优化算法；

（2）易学易用：符合中国人的思维方式，很容易学会并且易于操作；

（3）开放性：不仅可以做到与国内矿山广泛使用的绘图软件如 AutoCAD、MapGIS 完全兼容，同时与国际上知名的大型矿山地质软件如 Datamine、Surpac、Micromine 完全兼容，并且可以很轻松地从文本文件、Excel、AutoCAD 文件中复制数据到三维图形环境中；

（4）具有 CAD 风格：具有 CAD 软件的功能，使熟悉 CAD 的朋友很容易入手；

（5）该软件提供了测量计算、地质数据库管理、地质模型的建立、储量分配与计算、露天和地下采矿。

3DMine 软件是集地质勘探数据管理、矿床地质建模、构造模型、传统和现代地质储量计算、露天及地下矿山采矿设计、生产进度计划、露天境界优化及生产设施数据的三维可视化软件系统。

3DMine 软件按照国际先进的建模方法构架软件三维空间平台基础，在三维空间平台基础上进行矿床建模、储量估算、采矿设计、矿山生产、打印制图等工作，是为中国用户量身打造的三维矿业 Office。3DMine 软件集空间建模、储量计算、打印制图为一体，不同一般的二维制图软件（AutoCAD）和 GIS 类软件（MapGIS）。3DMine 软件能够清楚地将矿床在空间的位置形态表达出来，并能够在已有勘探的基础上指示找矿探矿的位置和方向。

核心模块是一个界面友好、功能强大的三维可视化编辑平台，完全集成的数据可视化和可以编辑的真实环境，多种类型空间数据叠加和完全真彩渲染，各个视角进行静态或者动态剖切、全景和缩放显示等。

辅助设计模块可以在 3D 环境内，轻松实现露天和地下采矿设计功能。类似 CAD 功能集，与 AutoCAD 基本保持一致，比如选择集的使用、各种图元对象的创建、右键功能以及两者间文件互换等。参数化的设计方式，极大地提高了工作效率。

3DMine 地质品位模型和精细化矿山模型如图 7-2 和图 7-3 所示。

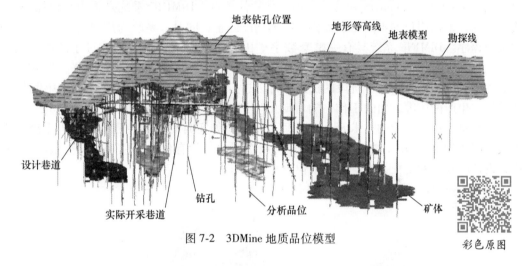

图 7-2 3DMine 地质品位模型

彩色原图

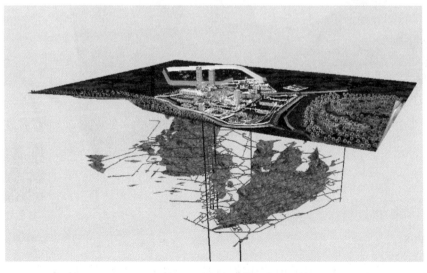

图 7-3 3DMine 精细化矿山模型

彩色原图

7.2.2 DIMINE

DIMINE 数字矿山系统是由中南大学数字矿山研究中心和长沙迪迈信息科技有限公司软件开发团队，在研究了国外数字矿山相关软件和国内矿山企业实际需求基础上，开发出的基于矿山整体解决方案的数字化软件系统。DIMINE 系统采用三维可视化技术，以数据仓库技术为平台实现数据管理，采用点线面体的三维表面、实体建模技术，采用公开的距离幂次反比法、普通格里格法进行地质统计与划分、采矿设计方法、通风网络解算与优化技术等工作，基于工程制图技术，实现了可视化、数字化与智能化。DIMINE 在国内外首次采用数据库技术管理用户，系统对用户管理的方法分为单个用户、多个用户和数据库用户三种版本，满足不同类型用户对系统的需求，形成多对多的数据管理模式。系统提供了强大的数据交换功能，充分实现企业各种数据的共享与交换，如各种数据库数据、Excel表数据、AutoCAD、MapGIS 和其他多种三维软件数据。DIMINE 系统是采用平台加插件模式开发的，根据用户的不同需求提供不同的功能配置；同时，系统为用户提供二次功能开发接口程序。DIMINE 系统具有一整套数字矿山的解决方案，极大地改进了地质、测量、采矿工程管理人员在生产管理过程中的工作效率，提高了技术信息交流水平。DIMINE 具有适用于矿山生命周期各个阶段的优点，可以进行地、测、采数据的处理，矿山设计、生产计划、生产配矿等方面的工作，随着矿山生产的进行，DIMINE 的软件产品和技术支持可以提高整个矿山企业的技术及生产管理水平。比如实时矿山监控和自动报告系统软件。目前，DIMINE 数字矿山软件系统已成功应用在国内包括有色、黑色等不同类型的矿山企业、设计院及大专院校，为企业和单位带来经济和社会效益。

DIMINE 矿体及井巷模型如图 7-4 所示。

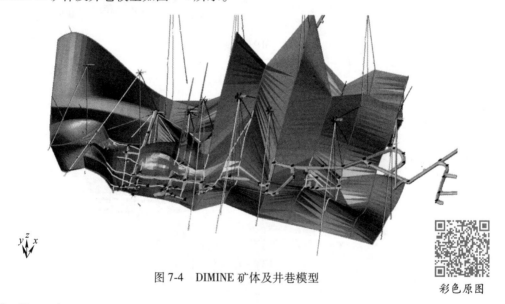

图 7-4   DIMINE 矿体及井巷模型

彩色原图

7.2.3 Datamine

Datamine 矿业软件公司成立于 1981 年伦敦，是世界矿业领域内具有领先水平的采矿技术应用软件，在全球 53 个国家和地区有 1300 多个用户。它除了具有通用三维矿业软件关于地质勘探、储量评估、矿床模型、地下及露天开采设计基本功能外，主要延伸到生产控制和仿真、进度计划编制、结构分析、场址选择，以及环保领域等。

　　Datamine 软件是北京有色设计研究总院于 1997 年引进并在设计项目中进行应用，在他们的支持下，于 2001 年就储量计算功能通过了国土资源部储量评审的认证，这也是我国政府最早认证的国外矿业软件。

　　主要模块：Datamine 三维软件（Datamine Studio）、露天境界优化及进度计划（NPVS）、地下采掘计划（Mine2-4D）和虚拟现实（VR），四个产品可独立使用，也可以合并。

　　Datamine 资源模型如图 7-5 所示。

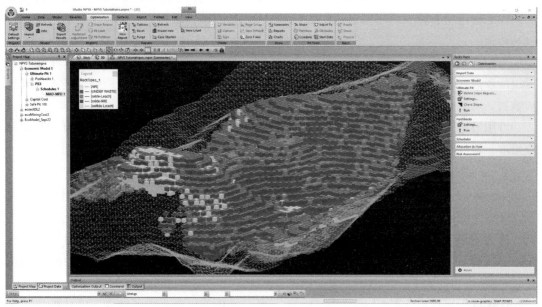

图 7-5　Datamine 资源模型

彩色原图

7.2.4　Vulcan

　　Vulcan 是澳大利亚 MAPTEK 公司开发的地质建模和矿山规划软件，是一款功能强大的一体化 3D 矿山规划、矿山设计、地质和调度软件，可为采矿业提供最先进的 3D 地质建模、矿山设计和生产计划解决方案。全球首屈一指的 3D 采矿软件解决方案，允许用户验证原始挖掘数据并将其转换为动态数据 3D 模型，精确的矿山设计和运营计划。从勘探和地质建模开始，从矿山设计和调度到修复。用于测量、钻孔和爆破、坡度控制、岩土工程分析、地质统计学、调度和优化的强大的块建模和集成工具使 Vulcan 成为完整的挖掘软件包。Vulcan 可以管理和可视化非常大且复杂的数据集，处理信息并快速生成模型。先进的算法和快速处理功能可实现数据的即时验证，以构建和维护最新的存款模型。Vulcan 提供了一个直观的环境，可以在 3D 中可视化设计和模型。运行动画并根据各种资源和经济价值探索替代方案是制订实用矿山计划的最有效方法，可最大限度地提高资源回收率。Vulcan 为地质、岩土工程和工程团队提供了一个通用平台。可靠、可重复的结果来自运行多个方案，以简化转换为安全和经济的采矿计划。无论是制订日常或长期的采矿计划，运营部门都需要知道采矿的地点和时间。Vulcan 提供了对资源建模和设计矿山的工具，在数据更改时动态更新计划，解释和结果可以共享，完美用于从勘探、地质建模、矿山设计和规划到修复等各种应用场景。

7.2.4.1　功能特色

A　勘探与资源评估

Vulcan 提供交互式 3D 可视化和建模环境，以创建和测试勘探模型。用户可以管理和验证钻孔，解析地球物理属性和分析数据。

隐式建模工具提供 RBF 和不确定性建模机制，用于处理复杂的地质域。用户可以最大限度地利用所有历史钻井和化验数据来运行不同的方案，以便有效地评估资源的潜在等级和吨位。

Vulcan Data Analyzer 提供了一个简化的界面，将变异函数分析与用于处理基于结构和等级的各向异性的工具集成在一起。计算易于设置和快速运行，使用户能够清楚地了解地质数据。可以同时显示多个模型以进行实时比较。

专用的地层学工具有助于煤炭项目的建模和解释。混合建模方法允许所有可用数据调查拾取，地震解译和勘探线包含在任何或所有视野中。

B　矿山设计与开发

Vulcan 矿山设计工具允许用户设计最佳矿山计划，确保专业的生产阶段。用户可以在操作开始之前预测机器分配，设计最佳道路设计并分析生产率方案。

露天矿场规划包括交互式地面道路设计、坡道设计、钻孔和爆破设计、运输项目和生产力分析。快速简便的 Pit Optimiser 允许用户在运行计算之前创建曲面和动画并预览设计。

优化过程完成后，Automated Pit Designer 可自动创建可开采的矿坑壳。优化的块模型结果可快速转换为真实的矿山设计轮廓，作为进一步设计工作的基础或生成矿坑图和长期计划。可以审查多个计划选项，并评估不同的设计参数对计划的影响。

可以使用地形和地平线表面轻松地将坑实体拆分为有效的调度块。可以分配质量和岩土属性，并确保建模的可靠性。当曲面发生变化时，可以将固体剪裁成新的地形。

牵引线设计功能模拟凿岩爆破，推土机、卡车和铲斗操作以及其他类型的材料移动，以开发优化的范围图。

通风工具、环设计和采场优化可应用于井下采矿规划。使用 Level Designer 功能可以在几分钟内创建带有横切的地下级开发。

C　矿山运营

开发一个可操作的矿山是一个昂贵而复杂的过程。Vulcan 协助开发地质和资源模型，计算储量，制订短期和长期计划以及安排运营。

准确的坡度控制数据有助于确保开采合适的区域以最大限度地提高产量并最大限度地减少浪费。Vulcan 可以更好地理解有助于稀释的因素，并提高资源分类的可靠性。强大、简化的等级控制过程记录数据规则和等级块计算以进行审计。

Vulcan 中的 3D 地质功能可以有效地应用于优化采矿计划。先进的网格、区块建模和等级评估工具成功地为矿山开发提供了一种综合方法。

Vulcan 调度规划如图 7-6 所示。

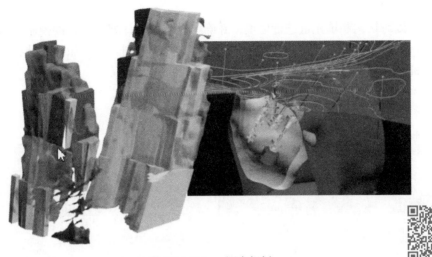

图 7-6 Vulcan 调度规划

彩色原图

D 优化和调度

集成的矿山设计和调度对于确保使用最新数据配置时间表至关重要。Maptek 调度工具具有用户友好界面，可简化日程安排和配置。预览、动画和报告选项可以清晰呈现计划。

Vulcan 优化工具可以轻松实现最佳矿山计划，可以根据商品价格优化运营。在挖掘开始之前，可以在桌面上验证设计并测试挖掘方案。

优化过程完成后，Automated Pit Designer 可自动创建可开采的矿坑壳。优化的块模型结果可快速转换为逼真的矿山设计轮廓。这些轮廓可作为进一步设计工作的基础，或生成逐坑图和长期计划。可以审查多个计划选项，并评估不同的设计参数对计划的影响。

交互式区块规划器将基准多边形切割为基于周期的多边形，在切割时保留目标吨位与块模型。储备金由切割多边形的时间表决定，然后根据工作台、材料类型、等级和报告周期进行累计和小计。

Maptek Evolution 为矿山时间表提供中长期战略规划。

使用截止品位技术降低运营成本并优化净现值。单个解决方案以及云中的处理计划比传统方法快 10 倍。

甘特图调度程序是一种基于资源和活动的调度模块。用户可以直接从设计数据中创建、排序、分配资源、动画场景并有效且透明地报告活动。

E 矿井关闭

准确、可靠和及时的数据对于采矿业的成功至关重要。将数据分析回矿山计划所获得的知识对于生产运营至关重要。

Vulcan 允许用户创建审计跟踪以分析改进方法。

确保产品在资源生命周期内满足客户规格可能是一项挑战。可以监测库存的年末资源和储量报告，矿山调度以及关闭和恢复研究。在回填过程中为工厂材料安排低等级库存可为回收过程增加价值和确定性。

Vulcan 包含用于制订可靠恢复计划的综合工具。可以在采矿过程的任何阶段创建设计，以满足法规和环境要求。

用户可以对切割和填充量进行建模，并确定最有效的计划，以帮助控制成本并满足回收要求。调度可以包含废弃地形，将封闭计划纳入采矿计划。这样做的好处在于可以在矿山时间表的早期确定最终地形开发的区域，以分配成本和设备。

Vulcan 的主要特色功能如图 7-7 所示。

Vulcan 地质工具
- Vulcan 地质勘探捆绑包
- Vulcan 地质建模捆绑包
- Vulcan 地质统计建模捆绑包
- Vulcan 隐式建模

Vulcan 排产工具
- Vulcan 排产捆绑包
- Maptek Evolution
- Vulcan 甘特进度计划
- Vulcan 短期计划 *(pdf)*

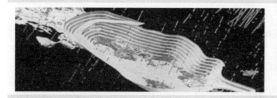

Vulcan 露天矿山设计工具
- Vulcan 露天矿山建模捆绑包
- Vulcan 采石场建模捆绑包
- Vulcan 交互式道路设计 *(pdf)*
- Vulcan 露天矿穿孔爆破设计 *(pdf)*

Vulcan 地下矿山设计工具
- Vulcan 地下矿山建模捆绑包
- Vulcan 测量捆绑包
- Vulcan 采矿优化 *(pdf)*
- Vulcan 地下矿山品位控制 *(pdf)*

图 7-7　Vulcan 主要特色功能

彩色原图

7.2.4.2　全新功能

A　甘特时间表

甘特计划工具是一个基于矿产资源和矿山开发的地下矿山调度模块。用户可以根据设计数据快速直观地创建井，对其进行排序、分配资源，并为进度和挖掘计划制作动画，生成清晰的调度报告。

B　巷道系统的生成

Vulcan Roadway 系统生成工具可在几分钟内完成整个采矿级地下矿井和数百个穿孔车道的开发，从而为用户节省数小时的设计时间。

C　隐式建模

基于 Vulcan9.0 中的隐式建模工具，Vulcan9.1 能够构建更复杂的地质模型，包括裂缝几何建模和地理数据库代码动态集成。

7.2.5　Surpac

Surpac 全名 Geovia Surpac，是达索 Geovia 品牌推出的一款全面集成地质勘探信息管理、矿体资源模型建立、矿山生产规划及设计、矿山测量及工程量验算、生产进度计划编制等功能的大型三维数字化矿山软件。

Geovia Surpac 软件作为 GEMCOM 国际矿业软件公司（2013 年被法国达索公司收购，现已更名为 Geovia）旗下最著名的软件之一，自 1981 年问世以来，以其强大的功能、方便快捷高效的操作方式赢得了全球 120 多个国家和地区 10000 多个授权用户（2013 年最新统计），并于 1996 年进入中国市场。在进入中国的十几年里，Surpac 软件产品和服务都实现了本地化，得到了广大中国用户的支持和认可，并于 2004 年获得了中国国土资源部的认证。首钢矿业、紫金矿业、山东黄金、云南黄金、南京梅山铁矿都是国内的典型成功用户。

Surpac 软件是矿业专家和计算机专家多年合作的结晶，拥有强大的技术优势。Surpac 软件是地质、采矿、测量和生产管理的共享信息平台；兼容多种流行的数据库和数据格式；提供简单易学、功能强大的二次开发函数库。

在地勘领域主要功能：建立地质数据库及管理、矿体及构造模型、储量资源量估算、生成地质图件等。

在矿山领域主要功能：露天境界优化、露天采矿设计、露天爆破设计、采矿生产进度计划、地下采矿设计、中深孔爆破等。

在测量方面主要功能：地表测量、地下测量、形成测量数据库和工程量验收。

Surpac 斜坡道和矿体模型如图 7-8 所示。

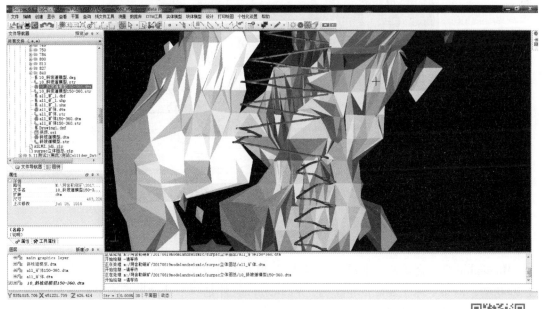

图 7-8　Surpac 斜坡道和矿体模型

彩色原图

7.2.6 Ventsim

Ventsim 三维通风仿真系统在发挥着十分重要的作用。新矿井的通风设计、主要通风机的选型、老矿井通风系统的优化改造等都离不开准确的风网解算。对于实际矿井的通风网络设计，往往需要从多方面对风网的合理性进行考虑，先进的通风软件在解算时将在金属矿井通风安全管理中发挥着十分重要的作用。

Ventsim 三维通风仿真系统作为在通风领域最为先进的软件系统，所提供的功能包括：三维通风设计、风网解算、风机选型和通风过程动态模拟，高级功能提供热模拟、污染物扩散模拟，提供通风经济性分析工具，在三维可视化的环境中对通风方法的合理性和经济性进行模拟，在保证通风安全的前提下节约通风成本（见图 7-9）。

（1）真三维可视化环境，操作简单易学；

（2）风流动态模拟，对各种关键数据进行着色，结果直观；

（3）可非常方便地对风流、压力、通风成本和其他通风相关的主要数据进行建模，热流、湿度和降温过程建模和三维模拟；

（4）提供直观的通风网络优化工具，合理减少通风和采矿成本；

（5）粉尘和污染物扩散模拟；

（6）支持风路规模优化和风机选型。

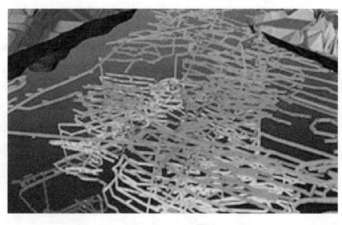

彩色原图

图 7-9   Ventsim 三维通风仿真系统

7.2.7 Micromine

Micromine 是一套矿业专业软件。经历了 20 多年的发展，Micromine 软件安装用户超过 2000 个，遍布全球主要矿产生产国。Micromine 软件是一个处理勘探和采矿数据的软件工具。Micromine 软件采用模块化结构，它能帮助用户进行勘探数据解译、构建 3D 模型、资源评估和采矿设计。Micromine 点云实体建模和等高线云图如图 7-10 和图 7-11 所示。

Micromine 软件系统包含以下八个模块（见图 7-12）：

（1）核心模块。核心模块是 Micromine 的基础部分，是必备的模块。它用于输入、处

图 7-10 Micromine 点云实体建模

彩色原图

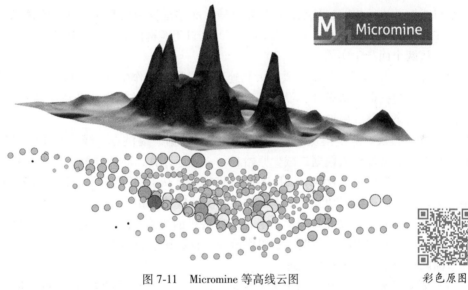

图 7-11 Micromine 等高线云图

彩色原图

核心模块　　　　勘探模块　　　　采矿模块　　　　地层建模　　　　开采计划

资源评估模块　　隐式建模　　　线框模块　　　测量模块　　　露天境界优化模块　采场优化模块

图 7-12 Micromine 主要功能模块

理和校验数据。可视化浏览界面支持多层数据叠加显示并支持在真三维环境对数据的查询和操作。

彩色原图

数据导入、导出、输入、编辑、处理和校验，基本网格化和等值线功能，基本制图功能、简单面积、体积和品位计算，坐标转换（地理、数据和平面网格）使用 ODBC 链接和导入外部数据，生成柱状图、累积曲线和概率图数字化，线串清除或圆滑，三维飞行数据过滤，支持宏，创建飞行动画，方位，数字化点，线和轮廓线交互式浏览剖面，捕捉装载的对象。支持显示的对象包括：图像等高线、点、线、轮廓线、露天矿采矿设计块体模型线框、钻孔-轨迹、填充图案、事件、图形和值 ArcView 文件、MapInfo 文件、Microstation DGN 文件、AutoCAD DXF 和 DWG 文件。

（2）勘探模块。勘探模块提供勘探数据处理和可视化功能；网格化和等值线功能（包括克里格法）；创建数字地形模型和等高线视倾角和真倾角显示；显示横剖面地质统计和数理统计功能；钻孔计算和组合钻孔轨迹显示。

（3）资源评估模块。储量评估模块提供全面的建模功能：2D 块建模、多边形建模、网格化的矿体建模、3D 矿块（各向异性）、次分块和块因子、模型报告选项。

（4）线框模块。在三维环境中，线框模型被用来构建、编辑和处理表面和实体；构建、编辑线框并进行校验，从线框产生轮廓线，布尔运算包括实体合并、实体求交和实体求差，在线框内（或外）给点数据赋属性，计算封闭线框内的品位、体积和吨位，从线产生实体，从两个面产生实体。

（5）采矿模块。采矿模块提供露天和地下矿设计和操作工具；穿脉、天井、竖井、斜井矿坑设计，包括运输道设计，设计爆破模式，计算体积并输出装药口文件和测斜文件，计算品位并动态调整，扇形孔爆破设计。

（6）测量模块。测量模块从数据记录中获取数据，提供点、线、面和体积的计算工具；从文本格式文件导入数据，减少原始观测，坐标计算，断面计算，使用横断面计算体积，创建数字地形模型（DTM），用 DTM 计算体积，从 DTM 创建等高线，其他 DTM 功能包括网格转换和线串编辑功能、线框模块包含实体线框和相关布尔运算功能。

（7）绘图模块。绘图模块是对核心模块所提供的快速绘图功能的扩充。支持一纸多图用户定义工程图明细表，支持图片、栅格设计、自动化绘制断面平面图，在斜剖面上显示实际坐标网格，追加绘图和批处理。

（8）露天境界优化模块。露天采矿优化模块使用工业标准的勒奇斯-格罗斯曼算法计算现有块模型的子块，使可预见的采矿最优化。支持 Micromine 格式及其他同类应用软件格式。同时运用矿石模型和基础面线框，不局限于完整的块模型（结合矿石、废石和采空区）支持单元块模型，规则的模型不是优化的必需条件，支持多元素和多种处理方法及边界品位和现金流方法，基于模块的软件结构便于用户根据工程项目的需求定制所需的功能。全模块的 Micromine 系统是一套集成的软件系统，而非互为独立的应用系统的集合。

───── **本 章 小 结** ─────

本章讲述了金属矿山设计与管理中常用的通用软件系统，包括使用广泛的 AutoCAD、最近发展迅速的 BIM、进度管理软件、GIS 软件、3D 引擎和神经网络框架等，详细讲述了矿山专用的设计软件包括 3DMine、Surpac、Dimine 等，这些专用的设计软件从最初的只有设计功能向集成功能发展，成为矿山工作的"办公软件"。

思 考 题

1. 你熟悉的矿山通用设计软件是哪个？说明它的特点。
2. 矿山专用设计软件有哪些？
3. 你期待深入学习和使用哪个矿山专用的设计软件，为什么？

8 智能矿山软件系统开发

本章课件

本章提要

本章介绍软件系统开发模型、开发流程、开发方法，给出了采矿软件中的 AutoCAD 辅助设计及人工智能流行语言 Python 在采矿中的应用的开发案例。

软件开发模型，基本上所有人都至少知道一两个，比如瀑布模型、螺旋模型。简单而言，开发模型就是软件项目的大致开发方式和步骤，它是一种规划和套路，包括需求、设计、编码、测试等几个阶段都有处置方法，在进行矿山软件项目的时候阶段不同，不同环节有不同的处理流程，关注点也不同。而开发方法是一种方法学，主要是针对系统开发阶段中的设计和编码进行实现。

通过本章的学习，可以比较清楚地知道矿山软件的定义、来源、生命周期，熟悉开发模型和开发方法，掌握智能矿山软件系统的开发流程，熟悉 AutoCAD 及 Python 的矿山系统相关开发案例，从而能够对一个新的矿山软件开发进行管理或者维护矿山的软件系统。

8.1 智能矿山软件系统开发概述

8.1.1 软件的定义

软件（Software）是一系列按照特定顺序组织的计算机数据和指令的集合。软件一般被划分为系统软件、应用软件和介于这两者之间的中间件软件。软件并不是只包括可以在计算机上运行的程序，与这些程序相关的文档、数据等元素一般也被认为是软件的一部分。

从整体上，软件可以分为以下两类：

（1）通用软件产品。该类软件产品由软件开发机构制作，在市场上公开销售，可以独立使用。软件产品有桌面操作系统、杀毒软件、手机应用软件、数据库软件、字处理软件、绘图软件以及工程管理工具等。还包括用于特定目的的应用产品，如图书馆信息系统、网上电子商务系统、财务系统等。

（2）定制软件产品。这些产品受特定的客户委托，由软件承包商专门为这类客户开发。由于市场上的成熟软件系统其功能无法满足企业个性化需求或价格过高，产品存在特殊的行业特性等原因，需要根据企业的具体情况、具体要求而定制开发软件。定制软件相比于通用软件，可以大大提高资金使用率、提高员工的工作效率、降低成本、同现有业务接轨。这类软件的典型代表是企业 ERP 系统。这两类产品的一个重要区别在于，在通用软件产品中，软件描述由软件开发者自己完成，而定制软件产品，其软件描述通常是由客户给出，开发者必须按客户要求进行开发。然而随着社会信息化程度不断提高，这两类产品之间的界限也正在变得越来越模糊。现在更多的公司通常从一个通用软件产品开始进行定制处理，以满足特别客户的具体需求。

随着计算机技术的迅速发展和广泛应用，社会对软件的需求也与日俱增，软件在计算机系统中的比重不断增大。现代社会已经离不开软件，软件已经成为必不可少的一部分。软件可以将劳动生产率水平进一步提高、促进经济全球化、经济增长集约化、环保经济绿色化、军事技术信息化，甚至影响和改变着人类的生活方式。软件从最初的计算机硬件的附属品，仅仅作为计算机硬件的运行和做一些简单的计算与数据处理的程序，发展到今天大规模的封闭或开放式的系统软件和应用软件。有的软件的源代码甚至超过千万行。例如，美国阿波罗计划的软件长达 1000 万行，航天飞机计划的软件更是长达 4000 万行，桌面操作系统为千万级量级规模。如今，物联网技术、云计算、大数据、移动互联网融合发展，为生产生活、社会管理带来深刻变化。现代软件技术结合物联网、大数据、云计算和移动互联网、虚拟现实、大规模并行计算等一系列技术让"数字矿山"与"智能矿山"的美好画卷正在变成现实。

8.1.2 软件危机、原因及解决途径

8.1.2.1 软件危机的产生

软件是抽象的，是人类逻辑思维的产物，它不受物质材料的限制，也不受物理定律或加工过程的制约，这一特性使软件工程得以简化，因为软件的潜能不受物理因素的限制；然而，由于缺乏自然约束，软件系统的实现在实施过程中，容易变得极为复杂，理解它会很困难，改变它付出的代价更加高昂。软件规模的增长，使其复杂度也随之大大增加，而高复杂度和高可靠性的不相容性，使得软件可靠性随着其规模的增长而降低，质量难以保证，维护愈加困难，投资预算很难控制，传统的软件研制开发方法已无法适应大规模软件的开发需求。

软件危机是指在计算机软件的开发和维护过程中所遇到的一系列严重的问题，也可以指落后的软件生产方式无法满足迅速增长的计算机软件需求，从而导致软件开发与维护过程中出现一系列严重问题的现象。

广义上讲，所谓软件危机包含两方面问题：如何开发软件，以满足对软件日益增长的需求；如何维护数量不断膨胀的已有软件。狭义上讲，所谓软件危机主要有以下一些典型表现：对软件开发成本和进度的估计常常很不准确；开发人员和用户之间很难沟通，矛盾很难统一；大型软件项目需要组织一定的研发人力共同完成；软件系统中的错误难以消除；软件常常是不可维护的；软件通常没有适当的文档资料；软件成本在计算机系统成本中所占的比例逐年上升；软件开发生产率跟不上计算机应用系统迅速普及深入的速度；软件产品的特殊性和人类智力的局限性，导致人类无力处理"复杂问题"。以上举例的仅仅是软件危机的一些典型表现，与软件开发和维护有关的问题远不止这些。

8.1.2.2 产生软件危机的原因

开发软件系统需要投入大量的人力和物力，但软件系统的质量却难以保证，也就是说，开发软件所需的高成本与产品的低质量之间有着尖锐的矛盾，这种现象就是所谓的

"软件危机"。在软件开发和维护的过程中存在这么多严重问题,一方面与软件本身的特点有关,而另一方面的主要原因是与软件开发和维护的方法不正确有关。

软件开发不同于一般的加工制造业、机械工业以及一般的加工业,这些行业都已经有了上百年的历史,产品的生产流程及工厂、车间、工种等的机构设置和角色分工都有了成熟的模式。但是,软件企业及软件产品的生产历史不长,加之软件本身智力劳动的特性,软件作为产品的生产流程及其相应的管理活动,还远远没有一个成熟的模式。此外,软件不同于一般程序,它的一个显著特点是规模庞大,而程序复杂性将随着程序规模的增加而呈指数上升。为了在预定时间内开发出规模庞大的软件,必须由许多人分工合作。然而,如何保证每个人完成的工作合在一起时能够形成一个高质量的大型软件系统,更是一个极端复杂困难的问题,这不仅涉及许多技术问题,如分析方法、设计方法、形式说明方法、版本控制等,更重要的是必须有严格而科学的管理。

与软件开发和维护有关的许多错误认识和做法的形成,可归因于在计算机系统发展的早期阶段软件开发的个体化特点。错误的认识和做法主要表现为忽视软件需求分析的重要性,认为软件开发就是写程序并设法使之运行,轻视软件维护等。另外,软件开发过程中如果缺乏有力的方法学和工具方面的支持会产生软件危机。由于软件开发不同于大多数其他工业产品,其开发过程是复杂的逻辑思维过程,其产品极大程度地依赖于开发人员高度的智力投入。由于过分地依靠程序设计人员在软件开发过程中的技巧和创造性,加剧软件开发产品的个性化,也是发生软件开发危机的一个重要原因。

8.1.2.3 消除软件危机的途径

为了消除软件危机,首先应该对计算机软件有一个正确的认识。软件设计者应该彻底消除在计算机系统早期发展阶段形成的"软件就是程序"的错误观念。一个软件必须由一个完整的配置组成,事实上,软件是程序、数据及相关文档的完整集合。其中,程序是能够完成预定功能和性能的可执行的指令序列;数据是使程序能够适当处理信息的数据结构;文档是开发、使用和维护程序所需要的图文资料。

更重要的是,必须充分认识到软件开发不是某种个体劳动的神秘技巧,而应该是一种组织良好、管理严格、各类人员协同配合、共同完成的工程项目。必须充分吸取和借鉴人类长期以来从事各种工程项目所积累的行之有效的原理、概念、技术和方法,特别要吸取几十年来人类从事计算机硬件研究和开发的经验教训。

应该开发和使用更好的软件工具,在软件开发的每个阶段都有许多烦琐重复的工作需要做,在适当的软件工具辅助下,开发人员可以把这类工作做得既快又好。此外,人工智能与软件工程的结合成为20世纪80年代末期活跃的研究领域。基于程序变换、自动生成和可重用软件等软件新技术研究也已取得一定的进展,把程序设计自动化的进程向前推进一步。软件标准化与可重用性得到了工业界的高度重视,在避免重用劳动、缓解软件危机方面起到了重要作用。

软件开发的风险之所以大,是因为软件过程能力低,其中最关键的问题在于软件开发组织不能很好地管理其软件过程,从而使一些好的开发方法和技术起不到预期的作用。而且项目的成功也是通过工作组的共同努力,所以仅仅建立在可得到特定人员上的成功不能为全组织的生产和质量的长期提高打下基础,必须在建立有效的软件如管理工程实践和管理实践的基础设施方面,坚持不懈地努力,才能不断改进,才能持续地成功。

软件质量，乃至于任何产品质量，都是一个很复杂的事物性质和行为。产品质量，包括软件质量，是人们实践产物的属性和行为，是可以认识、可以科学地描述的；还可以通过一些方法和人类活动来改进质量。针对以上问题，可以在软件开发过程中实施能力成熟度模型来改进软件质量、控制软件生产过程、提高软件生产者组织性和软件生产者个人能力和开发效率。

能力成熟度模型（Capability Maturity Model，CMM）是一种并发模型。CMM 是国际公认的对软件公司进行成熟度等级认证的重要标准。CMM 的目标是改善现有软件开发过程，也可用于其他过程。该模型在美国和北美地区已得到广泛应用，同时越来越多的欧洲和亚洲等国家的软件公司正积极采纳 CMM，CMM 实际上已成为软件开发过程改进与评估事实上的工业标准。

总之，为了解决软件危机，既要有技术措施（方法和工具），又要有先进的组织管理措施。软件工程正是从管理和技术两方面研究如何更好地开发和维护计算机软件的一门新兴学科。

8.1.3 软件开发的发展过程

软件是由计算机程序和程序设计的概念发展演化而来的，是在程序和程序设计发展到一定规模并且逐步商品化的过程中形成的。软件开发经历了程序设计阶段、软件设计阶段和软件工程阶段的演变过程。

程序设计阶段：程序设计阶段出现在 1946 年至 1955 年。此阶段的特点是：尚无软件的概念，程序设计主要围绕硬件进行开发，规模很小，工具简单，无明确分工（开发者和用户），程序设计追求节省空间和编程技巧，无文档资料（除程序清单外），主要用于科学计算。

软件设计阶段：软件设计阶段出现在 1956 年至 1970 年。此阶段的特点是：硬件环境相对稳定，出现了"软件作坊"的开发组织形式。开始广泛使用产品软件，从而建立了软件的概念。随着计算机技术的发展和计算机应用的日益普及，软件系统的规模越来越庞大，高级编程语言层出不穷，应用领域不断拓宽，开发者和用户有了明确的分工，社会对软件的需求量剧增。但软件开发技术没有重大突破，软件产品的质量不高，生产效率低下，从而导致了"软件危机"的产生。

软件工程阶段：自 1970 年起，软件开发进入了软件工程阶段。由于"软件危机"的产生，迫使人们不得不研究、改变软件开发的技术手段和管理方法。从此软件开发进入了软件工程时代。此阶段的特点是：硬件已向巨型化、微型化、网络化和智能化四个方向发展，数据库技术已成熟并广泛应用，第三代、第四代语言出现。

未来：在 Internet 平台上进一步整合资源，形成巨型的、高效的、可信的虚拟环境，使所有资源能够高效、可信地为所有用户服务，成为软件技术的研究热点之一。软件工程领域的主要研究热点是软件复用和软件构件技术，它们被视为是解决"软件危机"的一条现实可行的途径，是软件工业化生产的必由之路。而且软件工程会朝着开放性计算的方向发展，朝着可以确定行业基础框架、指导行业发展和技术融合的"开放计算"。

最近几年产生了一种观点——"软件即是一种服务"，软件不再在本地计算机上运行，而是将它放在所谓的"计算云"中。云计算（Cloud Computing）是基于互联网的相关服务的增加、使用和交付模式。云计算背景下，传统软件工程也需要不断创新发展。在传统的软件开发过程中，软件使用者对软件的需求确定后则按照传统软件工程开发模型进行软件设计，需求的改变则可能会导致软件架构的改变，这种改变会对软件设计影响巨大。而在云计算背景下，需求可能是在不断地变化，比如刚开始预期的使用人数只有一万人，但是当软件上线之后发现该软件很受欢迎，使用人数达到了百万级，大大超过了之前软件设计容量，于是通过云计算，可以对软件的运行环境进行动态扩充，只要对软件稍作修改便可使软件继续顺利运行。运用云计算的动态性，可以动态改变软件的运行环境，尽量减少整个软件结构所需要的改动。同时对于在开发过程中选择更改架构的程序，也只需要改变本地代码即可，对于云端服务器，只要进行简单的设置就可顺利地让程序运行。此外，传统的软件工程开发更多的是软件工程师采用集中开发方式，以求最大的开发效率，开发组织大部分都局限在某一个具体公司里，组织之外的人想要参与项目是很困难的，而在云计算的时代，由于服务器在云端，只需要通过远程操作云服务器就能完成软件的开发部署工作，所以软件工程师可以身处世界各地而共同完成同一个工程，这使得开发变得更加包容与开放，只要互相之间进行约定，每个人按时完成自己所负责的工作即可，这使得开发组织可以变得更加多元化。

现在，越来越多的人开始意识到云计算的好处，并且已经开始接受并采用云计算，因为它可以改变人们的工作生活方式，对于软件工程行业也是如此。云计算服务器为开发人员提供了更加宽广的开发平台，它使得开发人员可以专注于业务的实现而从复杂的运行环境中抽身出来，使得软件变得更加可靠。

此外，云计算、移动互联网、大数据时代的到来，使传统的软件工程面临新的机遇与挑战。传统软件工程也正处于一个软件工业大变革的过程中，随着软件资源的大量积累与有效利用，软件生产的集约化与自动化程度都将迅速提高，软件生产质量与效率的大幅度改进将成为可能。

8.1.4　软件工程项目来源

软件工程项目开发简而言之就是为了满足人们日益增长的生活工作需要，软件开发人员通过一系列的手段获取用户的需求，然后通过分析，遵循一定的开发原理，采取相对应的方法，最终产生用户所想要的软件。在现实生活中，软件工程开发项目的来源主要有以下两种：

（1）新产品研发类项目。软件公司通过市场调研之后，认为某产品将会有巨大的市场空间，而软件公司在人力资源、设备资源、抵抗风险、资金和时间上都具备开发该产品的能力，于是决定立项，这类软件产品被称为"新产品研发类项目"，也可称为"非订单软件"。新产品研发类项目受市场定位、用户迫切需求获取、环境、研发创新能力等因素的影响，如果不了解用户场景、不了解用户的实际困难，往往很难进行。创新性是新产品开发计划的主要特点，也是开发的宗旨。它包括新的市场盈利点、新的用户定位、新的性能、新的功能、新的原理和结构等。

（2）合同类项目。该类软件项目来源主要是软件开发公司与固定的用户签订软件开发合同。软件开发合同是指软件企业与用户针对软件开发项目依法进行订立、履行、变更、解除、转让、终止以及审查、监督、控制等一系列行为的总称。其中订立、履行、变更、解除、转让、终止是合同管理的内容；审查、监督、控制是合同管理的手段。这类软件产品被称为"订单软件"。

8.1.5 软件生命周期

8.1.5.1 软件生命周期的定义

软件生命周期（Systems Development Life Cycle，SDLC）是软件产生直到报废或停止使用的生命周期。包括软件开发过程中问题定义、可行性分析、总体描述、系统设计、编码、调试和测试、验收与运行、维护升级到废弃等阶段，这种按时间分程的思想方法是软件工程中的一种思想原则，即按部就班、逐步推进，每个阶段都要有定义、工作、审查、形成文档以供交流或备查，以提高软件的质量。

一项计算机软件，从出现一个构思之日起，经过这项软件开发成功投入使用，在使用中不断增补修订，直到最后决定停止使用，并被另一项软件产品代替之时止，被认为是该软件的一个生命周期。一个软件产品的生命周期可以划分为若干个相互区别而又有联系的阶段，每个阶段中的工作均以上一阶段的结果为依据，并为下一阶段的工作提供了前提。经验表明，失误造成的差别越是发生在生命周期前期，在系统交付使用时造成的影响和损失越大，要纠正它所花费的代价也越高。因而在前一阶段工作没有做好之前，绝不要草率地进入下一阶段。软件生命周期阶段的划分，有助于软件研制管理人员借助于传统工程的管理方法（重视工程性文档的编制，采用专业化分工方法，在不同阶段使用不同的人员等），从而有利于明显提高软件质量、降低成本、合理使用人才，进而提高软件开发的劳动生产率。

由于工作的范围和对象、经验的不同，对软件生命周期的划分也不尽相同。但是这些不同划分中有许多相同之处。一般来说，软件的生命周期大体可分为计划、开发和维护三个时期，每一时期又可分为若干更小的阶段。生命周期具体阶段的划分，要受到软件规模、软件种类、开发方法、开发环境等诸多因素的影响。不同的著作中划分方法都不尽相同。

8.1.5.2 软件生命周期的阶段

（1）问题定义。要求系统分析员与用户进行交流，弄清"用户需要计算机解决什么问题"，然后提出关于"系统目标与范围的说明"，提交用户审查和确认。

（2）可行性研究。一方面在于把待开发的系统的目标以明确的语言描述出来，另一方面从经济、技术、法律等多方面进行可行性分析。

（3）需求分析。弄清用户对软件系统的全部需求，编写需求规格说明书和初步的用户手册，提交评审。

（4）开发阶段。开发阶段由三个阶段组成：1）设计；2）实现（根据选定的程序设计语言完成源程序的编码）；3）测试。

（5）维护。维护包括四个方面：

1）改正性维护：在软件交付使用后，由于开发测试时的不彻底、不完全，必然会有一部分隐藏的错误被带到运行阶段，这些隐藏的错误在某些特定的使用环境下就会暴露。

2）适应性维护：是为适应环境的变化而修改软件的活动。

3）完善性维护：是根据用户在使用过程中提出的一些建设性意见而进行的维护活动。

4）预防性维护：是为了进一步改善软件系统的可维护性和可靠性，并为以后的改进奠定基础。

在此上述阶段的基础上，对于软件研发机构还包括软件重用和软件再工程阶段。

（6）软件重用。软件重用是指在两次或多次不同的软件开发过程中重复使用相同或相似软件元素的过程。软件元素包括程序代码、测试用例、设计文档、设计过程、需要分析文档甚至领域知识。通常，可重用的元素也称作软构件，可重用的软构件越大，重用的粒度越大。

为了能够在软件开发过程中重用现有的软部件，必须在此之前不断地进行软部件的积累，并将它们组织成软部件库。这就是说，软件重用不仅要讨论如何检索所需的软部件以及如何对它们进行必要的修剪，还要解决如何选取软部件、如何组织软部件库等问题。因此，软件重用方法学，通常要求软件开发项目既要考虑重用软部件的机制，又要系统地考虑生产可重用软部件的机制。这类项目通常被称为软件重用项目。

使用软件重用技术可以减少软件开发活动中大量的重复性工作，这样就能提高软件生产率，降低开发成本，缩短开发周期。同时，由于软构件大都经过严格的质量认证，并在实际运行环境中得到校验，因此，重用软构件有助于改善软件质量。此外，大量使用软构件，软件的灵活性和标准化程度也有望得到提高。

（7）软件再工程。软件再工程是指对既存对象系统进行调查，并将其重构为新形式代码的开发过程。最大限度地重用既存系统的各种资源是再工程的最重要特点之一。从软件重用方法学来说，如何开发可重用软件和如何构造采用可重用软件的系统体系结构是两个最关键问题。不过对再工程来说前者很大一部分内容是对既存系统中非可重用构件的改造。

软件再工程是以软件工程方法学为指导，对程序全部重新设计、重新编码和测试，为此可以使用 CASE 工具（逆向工程和再工程工具）来帮助理解原有的设计。CASE（Computer Aided Software Engineering）是指用来支持管理信息系统开发的、由各种计算机辅助软件和工具组成的大型综合性软件开发环境，随着各种工具和软件技术的产生、发展、完善和不断集成，逐步由单纯的辅助开发工具环境转化为一种相对独立的方法论。

8.2　智能矿山软件系统开发模型

8.2.1　软件过程

软件过程是指一套关于项目的阶段、状态、方法、技术和开发、维护软件的人员以及相关文档（计划、文档、模型、编码、测试、手册等）组成。软件过程是指软件生存周期中的一系列相关过程，由软件计划、软件开发、软件维护等一系列过程活动构成。过程是活动的集合，活动是任务的集合，任务则起到把输入加工成输出的作用。

软件过程主要针对软件生产和管理进行研究。为了获得满足工程目标的软件，不仅涉及工程开发，而且还涉及工程支持和工程管理。对于一个特定的项目，可以通过剪裁过程定义所需的活动和任务，并可使活动并发执行。与软件有关的单位，根据需要和目标，可采用不同的过程、活动和任务。

软件过程的特点：

（1）过程描述了所有的主要活动。软件过程活动通常有：需求分析和定义、系统设计、程序设计、编码、单元测试、集成测试、系统测试、系统支付、维护等。

（2）过程在一定限制下使用资源、产生中间和最终产品。

（3）过程由以某种方式连接的子过程构成，活动以一定的顺序组织。过程是有结构的，表现为过程和活动的组织模式，以适应相应项目的开发。

（4）每个过程活动都有入口和出口准则以便确立活动的开始和结束。

（5）每个过程都有达到活动目标的相关指导原则。

软件过程的分类：

（1）基本过程类：是构成软件生存期主要部分的那些过程，包括获取、供应、开发、操作、维护等过程。

（2）支持过程类：可穿插到基本过程中提供支持的一系列过程，包括文档开发、配置管理、质量保证、验证、确认、联合评审、审计、问题解决等过程。

（3）组织过程类：一个组织用来建立、实施一种基础结构，并不断改进该基础结构的过程，包括管理、基础、改进、培训等过程。

软件过程的作用：

软件过程是一组引发软件产品的生产活动，采用软件过程管理的主要作用有：

（1）有效的软件过程可以提高组织的生产能力。

（2）可以理解软件开发的基本原则，辅助研发人员做出决策。

（3）可以标准化研发过程工作，提高软件的可重用性和团队之间的协作交流。

（4）有效的软件过程可以提高软件的维护性。

（5）有效地定义如何管理需求变更，在未来的版本中恰当分配变更部分，使之平滑过渡。

（6）可以在不同的软件设计阶段平滑过渡，提高研发系统的可实施性。

软件过程模型化：

软件过程是复杂的，且像所有智力和创造性过程一样，依赖于人们的决策和判断。并不存在什么理想的软件过程。大多数机构有自己的软件开发过程。虽然有许多不同的软件过程，但所有软件过程都必须具有四种对软件工程来说是基本的活动，分别是：

（1）软件描述：必须定义软件的功能以及软件操作上的约束。

（2）软件设计和实现：必须生产符合需求描述的软件。

（3）软件有效性验证：软件必须得到有效性验证，即确保软件是客户需要的。

（4）软件进化：软件必须进化以满足不断变化的客户需要。

在实际软件开发过程需要不同的开发模型来实现软件过程的设计思想，每一种开发模型都是从不同的角度表现软件过程。软件开发模型是软件过程具体实现的简化表示。

8.2.2 瀑布模型

软件生命周期把整个生命周期划分为较小的阶段，给每个阶段赋予明确有限的任务，就能简化每一步的工作，使得软件开发更易控制和管理。采用有效的方法和技术来降低开发活动的复杂性。瀑布模型是一种严格按照生命周期定义进行软件开发的过程模型。

瀑布模型是一个项目开发架构，开发过程是通过设计一系列阶段顺序展开的，从系统需求分析开始直到产品发布和维护，每个阶段都会产生循环反馈，因此，如果有信息未被覆盖或者发现了问题，最好"返回"上一个阶段并进行适当的修改，项目开发进程从一个阶段进入下一个阶段。

瀑布模型是由温斯顿·罗伊斯（Winston Royce）于 1970 年提出的，因为"瀑布模型"是将软件生存周期的各项活动规定为按固定顺序而连接的若干阶段工作，形如瀑布流水，最终得到软件产品，故而形象地称为"瀑布模型"。瀑布模型是一种被广泛采用的软件开发模型。

瀑布模型核心思想是按工序将问题化简，将功能的实现与设计分开，便于分工协作，即采用结构化的分析与设计方法将逻辑实现与物理实现分开。将软件生命周期划分为制订计划、需求分析、软件设计、程序编写、软件测试和运行维护等基本活动，并且规定了它们自上而下、相互衔接的固定次序，如同瀑布流水，逐级下落。

瀑布模型是与其他工程过程模型相一致的，在它的每个阶段都要生成文档。这使得过程是可见的，项目经理能够根据项目计划监控项目的过程。它的主要问题在于它将项目生硬地分解成这些清晰的阶段。关于需求的责任和义务一定要在过程的早期阶段清晰界定，而这又意味它对用户需求变更的响应较困难。

所以只有在充分了解需求，而且在系统开发过程中不太可能发生重大改变时，才适合采用瀑布模型。毕竟，瀑布模型反映了在其他工程项目中使用的一类过程的模型。由于在整个项目中它很容易结合通用的管理模式进行管理，基于该方法的软件过程仍然广泛应用于软件开发。

8.2.3　快速原型法

实际上，大多数系统的需求，用户事先难以说清，开发者又不了解具体业务，其后果就是系统要经常修改，维护费用常常高于开发费用。鉴于瀑布模型与用户交流不足，无法获取用户真实需求的缺点，在软件开发过程中提出了快速原型法模型。快速原型法是指软件开发者在获取一组用户基本的需求定义后，利用高级软件工具可视化的开发环境，快速地建立一个目标系统的最初版本，并把它交给用户试用、补充和修改，再进行新的版本开发。反复进行这个过程，直到得出系统的"精确解"，即用户满意为止的一种方法。通过多次与用户交互后，可以获取用户最真实的需求。

快速原型法突出的特点是一个"快"字。这与瀑布模型的推迟实现观点正好相反。采用瀑布模型时，软件的需求分析也要在用户和开发人员之间往返讨论，前期需求不足，会导致用户对设计出来的产品不满意的现象经常发生。快速原型法就是针对上述情况，采用演示原型（也称模拟原型）的方法来启发和揭示系统的需求。具体来讲，其主要思想就是：首先建立一个能够反映用户主要需求的原型，让用户实际使用未来系统的概貌，以便判断哪些功能是符合需求的，哪些方面还要改进，然后将原型反复修改，最终建立起完全符合用户要求的新系统。而快速原型系统则是开发人员向用户提供"模型样品"，用户向开发人员迅速做出反馈，开发人员根据用户反馈及时做出产品修正、补充，最终减少了维护时期的工作量和费用，这正是快速原型法的优越性存在。

快速原型法符合人们认识事物的规律。在开发过程中，开发者更容易得到用户对于已做原型系统的反馈意见。系统开发循序渐进，反复修改，确保较好的用户满意度；开发周期短，费用相对少；由于有用户的直接参与，系统更加贴近实际；易学易用，减少用户的培训时间；应变能力强。

快速原型法作为对传统生命周期法的一种改进，由于在研制过程中的前期就有用户的介入与反馈，使得最终系统能更好地适应用户的要求，因而被认为是一种有前途的新方法。但是，在短时间内研发者快速构成系统并快速响应用户提出的修改，对其研发者技术水平、开发环境和工具都有较高要求，从而在一定程度上影响和制约了快速原型法的迅速推广。

快速原型法适合处理业务过程明确、简单以及涉及面窄的小型软件系统。不适合处理大型、复杂的系统。因为大型复杂的系统难以直接模拟，此外存在大量运算、逻辑性强的处理系统也不便于用原型表示；最后，如果管理基础工作不完善、处理过程不规范也会影响原型法发挥作用。

如果快速原型法用于解决复杂软件系统，则需要采用分解和等价变换的思想，将一个复杂软件系统分解或者等价变换为一系列子系统，然后对子系统采用快速原型法设计。

8.2.4　增量模型

采用瀑布模型或快速原型模型开发软件时，目标都是一次就把一个满足所有需求的完整产品提交给用户，从心理学角度来看，用一个全新的庞大的系统势必会给用户带来冲击，影响用户对新软件的接受性。而增量模型则与之相反，它分批地逐步向用户提交产品，从第一个构件交付之日起，用户就能做一些有用的工作。

增量模型与原型实现模型和其他演化方法一样，本质上是迭代的，但与原型实现不一样的是其强调每一个增量均发布一个可操作产品。使用增量模型开发软件时，把软件产品作为一系列的增量构件来设计、编码、集成和测试，每个构件由多个相互作用的模块构成，并且能够完成特定的功能。使用增量模型时，第一个增量构件往往实现软件的基本要求，提供最核心的功能。早期的增量是最终产品的"可拆卸"版本，但提供了为用户服务的功能，并且为用户提供了评估的平台。

增量模型的特点是引进了增量包的概念，无须等到所有需求都出现，只要某个需求的增量包出现即可进行开发。虽然某个增量包可能还需要进一步适应客户的需求并且更改，但只要这个增量包足够小，其影响对整个项目来说是可以承受的。

使用增量模型时，在把每个新的构件集成到现有软件体系结构中时，要求不破坏原来已经开发出的产品。此外，必须设计软件的体系结构以便于按这种方式进行扩充，向现有产品中加入新构件的过程必须简单、方便，也就是说，如果采用增量模型，那么软件体系结构必须是开放的。从长远观点看，具有开放结构的软件拥有真正的优势，这样的软件的可维护性明显好于封闭结构的软件。因此，尽管采用增量模型比采用瀑布模型和快速原型模型需要更精心的设计，但在设计阶段多付出的劳动将在维护阶段获得回报。如果设计非常灵活而且足够开放，足以支持增量模型，那么，这样的设计将允许在不破坏产品的情况下进行维护。

8.2.5　螺旋模型

采用瀑布模型或快速原型模型开发软件时，目标都是一次就把一个满足所有需求的完整产品提交给用户，从心理学角度来讲，软件开发几乎总要冒一定风险。

软件项目的风险是指在软件开发过程中可能出现的不确定因而造成损失或者影响，如资金短缺、项目进度延误、人员变更以及预算和进度等方面的问题。这意味着，软件风险涉及选择及选择本身包含的不确定性，软件开发过程及软件产品都要面临各种决策的选择。风险是介于确定性和不确定性之间的状态。

软件项目风险会影响项目计划的实现，如果项目风险变成现实，就有可能影响项目的进度，增加项目的成本，甚至使软件项目不能实现。因此有必要对软件项目中的风险进行分析并采取相应的措施加以管理，尽可能减少风险造成的损失。风险是在项目开始之后才对项目的执行过程起负面的影响，所以软件项目开始之前分析风险的不足，或者是软件项目实施过程中风险应对措施不得力，都有可能造成软件失败。

软件风险是任何软件开发项目中都普遍存在的实际问题，项目越大，软件越复杂，承担该项目所冒的风险也越大。软件风险可能在不同程度上损害软件开发过程和软件产品质量。因此，在软件开发过程中必须及时识别和风险分析，并采取适当措施以消除或减少风险的危害。

螺旋模型的基本思想是，使用原型及其他方法来尽量降低风险。螺旋模型基本做法是在每一个开发阶段前引入一个非常严格的风险识别、风险分析和风险控制，它把软件项目分解成一个个小项目。每个小项目都标识一个或多个主要风险，直到所有的主要风险因素都被确定。理解这种模型的一个简单方法，是把它看作在每个阶段之前都增加了风险分析过程的快速原型模型。

螺旋线每个周期对应于一个开发阶段。每个阶段开始时的任务是，确定该阶段的目标、为完成这些目标选择方案及设定这些方案的约束条件。接下来的任务是，从风险角度分析上一步的工作结果，努力排除各种潜在的风险，通常用建造原型的方法来排除风险。如果风险不能排除，则停止开发工作或大幅度地削减项目规模。如果成功地排除了所有风险，则启动下一个开发步骤，在这个步骤的工作过程相当于纯粹的瀑布模型。最后是评价该阶段的工作成果并计划下一个阶段的工作。

螺旋模型最大的特点在于引入了其他模型不具备的风险分析，使软件在无法排除重大风险时有机会停止，以减小损失。采用螺旋模型有助于把软件质量作为软件开发的一个重要目标；减少了过多测试或测试不足所带来的风险。

采用螺旋模型主要缺点有：采用螺旋模型建设周期长，而软件技术发展比较快，所以经常出现软件开发完毕后，和当前的技术水平有了较大的差距，无法满足当前用户需求。此外，螺旋模型是风险驱动的，但是，这也可能是它的一个弱点。除非软件开发人员具有丰富的风险评估经验和这方面的专门知识，否则将出现真正的风险：当项目实际上正走向灾难时，开发人员可能还认为一切正常。

螺旋模型强调风险分析，使得开发人员和用户对每个演化层出现的风险有所了解，继而做出应有的反应，因此特别适用于庞大、复杂并具有高风险的系统。对于这些系统，风险是软件开发不可忽视且潜在的不利因素，它可能在不同程度上损害软件开发过程，影响软件产品的质量。减小软件风险的目标是在造成危害之前，及时对风险进行识别及分析，决定采取何种对策，进而消除或减少风险的损害。

螺旋模型主要适用于开发的大规模软件项目。如果进行风险分析的费用接近整个项目的经费预算，则风险分析是不可行的。事实上，项目越大，风险也越大，因此，进行风险分析的必要性也越大。此外，只有内部开发的项目，才能在风险过大时方便地终止项目。

8.2.6 敏捷软件开发

当前的软件研发所面临的环节是不断快速变化的动态环境，包括新的机遇和市场、不断变化的经济条件、出现的新的竞争产品和服务。软件几乎是所有业务运行中的一部分，所以非常重要的一点是新的软件要迅速开发出来以抓住新的机遇，应对竞争和压力。在这种背景下，研发者许多时候宁愿牺牲一些软件质量、降低某些需求来赢得软件的快速交付。

传统软件研发建立在对需求描述，然后进行设计、构造，最后再进行测试，完整计划上的软件开发过程是不适应快速软件开发的。当需求发生改变，或者是当需求出现问题时，系统设计和实现不得不返工和重新进行测试。其结果是，传统的瀑布模型或基于描述的过程总是拖延，最后的软件交付给客户的时间远远晚于最初的规定。

众多的软件开发人员在20世纪90年代提出了新的敏捷软件开发方法。敏捷软件开发方法允许开发团队将主要精力集中在软件本身而不是在设计和编制文档上。敏捷方法普遍依赖迭代方法来完成软件研发，其目标是减少开发过程中烦琐多余的部分，通过避免那些从长远看未必有用的工作和减少可能永远都不会被用到的文档的方法达到目的。

敏捷开发以用户的需求进化为核心，采用迭代、循序渐进的方法进行软件开发。在敏捷开发中，软件项目在构建初期被切分成多个子项目，各个子项目的成果都经过测试，具备可视、可集成和可运行使用的特征。换言之，就是把一个大项目分为多个相互联系，但也可独立运行的小项目，并分别完成，在此过程中软件一直处于可使用状态。

敏捷开发用于软件开发工作时，主张最简单的解决方案就是最好的解决方案，敏捷开发方法注重市场快速反应能力，即具体应对能力。敏捷开发试图使软件开发工作能够利用人的特点，充分发挥人的创造能力。敏捷开发的目的是建立起一个项目团队全员参与到软件开发中，包括设定软件开发流程的管理人员，只有这样，软件开发流程才有可接受性。同时，敏捷开发要求研发人员在技术上独立自主地进行决策，因为他们最了解什么技术是需要和不需要的。再者，敏捷开发特别重视项目团队中的信息交流。但敏捷开发注重人员的沟通，忽略文档的重要性，若项目人员流动大太，会给维护带来不少难度。在系统维护上，关键文档如系统需求等文档缺失，会严重影响系统的可维护性和用户满意度。

8.2.7 V模型

软件测试是保证软件质量的重要手段。采用瀑布模型、快速原型法、增量模型、螺旋模型，都是在详细设计后才开始进行测试工作。由于早期的错误可能要等到开发后期的测试阶段才能发现，所以带来严重的后果。V模型就是在这点改进了瀑布模型，在软件开发的生存期，开发活动和测试活动几乎同时开始，这两个并行的动态的过程就会极大地减少软件设计过程中的错误和漏洞，所以V模型也被称为V测试模型。

V模型（V-Modle）是软件开发过程中的一个重要模型，由于其模型构图形似字母V，所以又称软件开发的V模型。它通过开发和测试同时进行的方式来缩短开发周期，提高开发效率。V模型是一种软件生存期模型，由Paul Rook在1980年率先提出，1990年出现在英国国家计算中心的出版物中，旨在提高软件开发的效率和有效性，是对熟知的瀑布模型的一种改进，瀑布模型软件生命周期划分为计划、分析、设计、编码、测试和维护六个阶段，且规定了它们自上而下、相互衔接的固定次序。

V模型从整体上看起来，就是一个"V"字形的结构，由左右两边组成，如图8-1所示。左边分别代表了需求分析、概要设计、详细设计、编码。右边代表了单元测试、集成测试、系统测试与验收测试。看起来V模型就是一个对称的结构，它的重要意义在于，非常明确地表明了测试过程中存在的不同的级别，并且非常清晰地描述了这些测试阶段和开发阶段的对应关系。

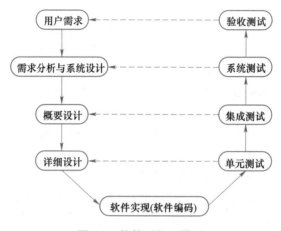

图 8-1　软件开发 V 模型

V模型是对瀑布模型的改进，将测试分级，并且与开发阶段对应，并行执行。V模型的优点是：纠正了不重视测试阶段重要性的错误认识，此外将测试分等级，并和前面的开发阶段相对应起来。V模型相应的缺点是：V模型仅仅把测试过程作为在需求分析、系统设计及编码之后的一个阶段，忽视了测试对需求分析、系统设计的验证，需求的满足情况一直到后期的验收测试才被验证。

V模型是一种传统软件开发模型，一般适用于一些传统信息系统应用的开发，而一些高性能高风险的系统、互联网软件，或一个系统难以被具体模块化时，就比较难做成V模型所需的各种构件，需要更强调迭代的开发模型或者敏捷开发模型。

8.3　智能矿山软件系统开发流程

8.3.1　可行性研究

在软件项目管理过程中，一个关键的活动是制订软件项目计划。软件项目计划是软件开发工作的第一步。项目计划的目标是为项目负责人提供一个框架，使之能合理地估算软件项目开发所需的资源、经费和开发进度，并控制软件项目开发过程按此计划进行。在做计划时，必须就需要的人力、项目持续时间及成本做出估算。这种估算大多是参考以前的花费做出的。软件项目计划包括两个任务：研究和估算。即通过研究确定该软件项目的主要功能、性能和系统界面。软件可行性分析最根本的是：如果问题不值得解，分析员应该提出建议，以避免时间、资源、人力和金钱的浪费；如果问题值得解，分析员应该为工程制订一个初步的计划。

8.3.1.1 问题定义

软件开发的首要问题是进行问题定义，问题定义必须要回答的问题是"软件要解决的问题是什么？"。如果不知道问题是什么就试图解决这个问题，显然是盲目的，只会白白浪费时间、人力和财力。最终得出的结果很可能是毫无意义的。尽管确切的问题定义的必要性是十分明显的，但在实践中它却可能是最常被忽略的一个步骤。问题是指用户的基本要求，讲得通俗点，问题定义实际上就是了解用户到底要建立什么系统，并确定分析员下一步应该做什么。因此，问题定义的来源是用户。

通过问题定义阶段的工作，系统分析员应该提出关于问题性质、工程目标和规模的书面报告。该阶段的分析员尽可能站在较高的角度去抽象、概括所要做的事情，不要拘泥于问题实现的细节。尽管用户可能总是习惯于这样做，但分析员在这一阶段必须超脱出来，居高临下鸟瞰系统的全貌。通过对系统的实际用户和使用部门负责人的访问调查，分析员扼要地写出他们对问题的理解，并在使用部门负责人的会议上认真讨论这份书面报告，澄清含糊不清的地方，改正理解不正确的地方，最后得出一份双方都满意的文档。

当用户的要求不是很多，并且不太复杂时，一两个分析员用上一两天就可以完成这一工作。当系统较大且复杂时，就需组织一个问题定义小组，花上一两个星期，甚至数月来定义用户的问题。如果分析员和用户及使用部门的负责人对所要解决的问题取得完全一致的看法，而且使用部门的负责人同意开发工程继续进行下去时，开发工程应进入可行性研究阶段。

8.3.1.2 软件规模估算

随着软件系统规模的不断扩大和复杂程度的日益增大，从 20 世纪 60 年代末期开始，出现了大量软件项目进度延期、预算超支和质量缺陷为典型特征的软件危机。对于庞大的、多变的软件项目来说存在太多的不确定性，通过对诸多软件项目的失败分析后得出：对软件成本估算不足和需求不稳定，是造成软件项目失控最普遍的两个原因。

A 软件估算的概念

软件估算是指根据软件项目的开发内容、开发工具、开发人员等因素对需求进行调研、程序设计、编码、测试等整个开发过程所花费的时间及工作量的预算。软件估算是软件工程经济学的重要组成部分。

估算不足与估算过多都会对软件企业产生影响，当估算过多时，会使企业的成本增加；当估算不足时，产生的问题更加严重，估算不足会导致工作量增大、研发人员被迫加班、效率低下、不能按时完成任务等后果。

在开发过程中，软件估算包含的内容有：软件工作产品的规模估算；软件项目的工作量估算；软件项目的成本估算；软件项目的进度估算；项目所需要的人员、计算机、工具、设备等资源估算。

B   软件估算的方法

项目进度估算非常困难。初始的估算可能需要根据高层的用户需求定义做出。软件可能需要运行于某些特殊类型的计算机上，或者需要运行到新的开发技术，而对参与到项目中来的人员的技术水平可能一无所知，如此多的不确定因素意味着，在项目早期阶段对系统开发成本进行精确估算是相当困难的。

评估用于成本和工作量估算的不同方法的精确性有它固有的困难。项目估算是用来确定项目预算，然后通过调整产品以保证预算不被突破。为了让项目开支控制在预算之内，常用的方法有：（1）面向规模的代码行估算技术；（2）历史项目类比法；（3）面向功能的估算；（4）Delphi 估算法。

长期以来，如何度量和评估软件研发项目的成本一直是产业界的难题。除以上方法外还有其他方法，大体分为以下两种类型的估算技术：

（1）基于经验的技术，使用管理者之前的项目和应用领域的经验估算要求的未来工作量，即管理者主观给出所需要的工作量的一个估计值。

（2）算法成本建模：在此方法中，使用一个公式方法计算项目的工作量，它基于对产品属性（比如规模）和过程特点（比如参与员工的经验）的估计。

无论以上哪种技术，都需要使用直接估算工作量或者估算项目和产品特点。在项目的启动阶段，估计的偏差比较大。在开发规划中，随着项目的进行估算会越来越准确。

8.3.1.3   可行性研究

A   可行性研究的概念

可行性研究是在软件项目研发投资决策前对相关项目实施方案、技术方案或生产经营方案进行的技术经济论证。可行性研究在调查的基础上，通过市场分析、技术分析和经济分析，对各种项目方案的技术可行性与经济合理性进行综合评价。可行性研究的基本任务，是对新研发软件项目的主要问题，从技术经济角度进行全面的分析研究，并对其投产后的经济效果进行预测，在既定的范围内进行方案论证的选择，以便最合理地利用资源，达到预定的社会效益和经济效益。

可行性研究必须从系统总体出发，对技术、经济、商业、法律等多个方面进行分析和论证，以确定建设项目是否可行，为正确进行投资决策提供科学依据。项目的可行性研究是对多因素、多目标系统进行的不断的分析研究、评价和决策的过程。它需要有各方面知识的专业人才通力合作才能完成。因此，可行性研究实质上是要进行一次大大压缩简化了的系统分析和设计过程，也就是在较高层次上以较抽象的方式进行的系统分析和设计过程。

可行性研究的目的就是以最小的代价在尽可能短的时间内确定问题是否能够解决。可行性研究的目的不是解决问题，而是确定问题是否值得去解决。可行性研究分析软件研发方案的利弊，从而判断系统完成后所带来的效益是否大到值得投资开发这个系统的程度。

在可行性研究过程中，首先需要进一步分析和澄清问题定义。在澄清了问题定义之后，从系统逻辑模型出发，探索若干种项目实施的方案，对每种方案都应该研究它的可行性。可行性研究最根本的任务是对以后的运行方针提出建议：如果问题没有可行的解，分析员应该建议停止这项开发工程，以避免时间、资源、人力和财力的浪费；如果问题值得解，分析员应该推荐一个较好的解决方案，并且为工程制订一个初步的计划。一般来讲，至少从下述五个方面研究每种解法的可行性：技术可行性、资金可行性、时间可行性、人员操作和维护可行性、法律可行性。

可行性研究需要的时间长短取决于工程的规模，一般情况下，可行性研究的成本只是预期的工程总成本的 5%~10%。

B 可行性研究的步骤

（1）复查系统规模和目标。（2）研究用户之前使用的旧系统。（3）导出新系统的高层逻辑模型。（4）重新定义问题。（5）导出和评价供选择的解法。（6）推荐行动方针分析员分析比较不同方案以及预测建成后的社会经济效益。一般情况下，在该步骤需要对不同的方案进行方案评审。（7）草拟开发计划。（8）书写文档提交审查。

8.3.1.4 软件项目计划

如果可行性阶段确定问题有可行的解，再开始进入软件项目计划。软件项目计划是一个软件项目进入系统实施的启动阶段，主要进行的工作包括：确定详细的项目实施范围，定义递交的工作成果，评估实施过程中主要的风险，制订项目实施的时间计划、成本和预算计划、人力资源计划等。

针对不同的工作目标，软件工程项目需要对各阶段制订出相应的工作计划，其类型包括：

（1）软件开发计划（或称为项目实施计划）：这是软件开发的综合性计划，通常包括任务、进度、人力、环境、资源和组织等多方面。其目的是提供一个框架，使得软件项目的主管人员可以对资源、成本以及进度进行合理的估算。

（2）质量保证计划：把软件开发的质量要求具体规定为每个开发阶段可以检查的质量保证活动。

（3）软件测试计划：规定测试活动的任务、测试方法、进度、资源和人员职责等。

（4）文档编制计划：规定所开发软件项目应编写文件的种类、内容、进度和人员职责等。

（5）用户培养计划：规定对用户进行技术培训的目标、要求、进度和人员职责等。

（6）综合支持计划：规定项目开发过程中所需要的支持条件，以及如何获取和利用这些支持。

（7）软件分发计划：软件项目完成后，如何提供给用户。

8.3.2 需求分析

软件开发的目标，简而言之，就是满足用户的需要。问题在于，如何将用户提出的需求变成软件需求，并在此基础上成功地开发出软件系统，满足用户最终的要求。在计算机发展的初期，软件规模不大，软件设计者大多关注的是软件代码的编写，需求分析很少受到设计者的重视。后来随着软件设计规模和维护难度的增大，在软件开发的过程中引入了软件生命周期的概念，需求分析成为软件定义时期的一个重要环节。随着软件系统规模的扩大，需求分析与定义在整个软件开发与维护过程中变得越来越重要，直接关系到软件项目的成功与否。通过对软件的需求分析，对目标系统提出完整、准确、清晰、具体的要求。

8.3.2.1 软件需求的定义

软件需求：（1）用户解决问题或达到目标所需条件或权能；（2）系统或系统部件要满足合同、标准、规范或其他正式规定文档所要具有的条件或权能；（3）一种反映（1）或（2）所述条件或权能的文档说明。它包括功能性需求及非功能性需求，非功能性需求对设计和实现提出了限制，如性能要求、质量标准或者设计限制。

需求错误的代价会随着软件项目的开展而发生变化，如果不能及时发现这些错误，在设计和维护后期修正成本会越来越高。研究结果表明，74%的面向需求的软件缺陷，是在项目的需求阶段发现的，即在客户与系统分析员进行讨论、协商、建档的阶段需求分析错误造成的。需求分析无疑是软件工程中的关键问题，同时也是软件工程中最复杂的过程之一，它是一个不断反复的需求定义、记录和演进的过程。完整的软件需求工程包括需求开发和需求管理两个部分，需求开发的一般过程分为需求获取、需求建模、需求规格说明、需求验证四个阶段，需求管理则主要包括需求基线的建立、需求变更控制以及需求跟踪等活动。

在需求分析过程中，需求分析需要各类需求人员的参与，如领域专家、用户、项目投资人、需求分析员、系统开发人员等，以不同的着眼点和不同的知识背景，获得对软件需求的全面理解。

8.3.2.2 需求分析的层次内容

软件需求包括三个不同的层次：业务需求、用户需求和功能需求，也包括非功能需求。

业务需求反映了组织机构或客户对系统、产品高层次的目标要求，它们在项目视图与范围文档中予以说明。业务需求通常来自项目投入、购买软件产品的客户、实际用户的管理者、市场营销部门或产品策划部门。业务需求描述了某个特定组织为什么要开发一个系统，即该组织希望达到的目标。

用户需求文档描述了用户使用产品必须要完成的任务，这在使用实例文档或方案脚本说明中予以说明。用户需求描述的是用户的真实目标，或用户要求系统必须能完成的任务。用例、场景描述都是表达用户需求的有效途径。也就是说，用户需求描述了用户能使用系统来做些什么。

功能需求定义了开发人员必须实现的软件功能，使得用户能完成他们的任务，从而满足了业务需求。所谓特性，是指逻辑上相关的功能需求的集合，给用户提供处理能力并满足业务需求。功能需求记录在软件需求规格说明书（Software Requirements Specification，SRS）中。SRS 完整地描述了软件系统的预期特性。SRS 一般以标准的文档形式出现，其实 SRS 还可以是包含需求信息的数据库或电子表格，或者是存储在商业需求管理工具中的信息。开发、测试、质量保证、项目管理和其他相关的项目功能都要用到 SRS。

作为补充，软件需求规格说明还应包括非功能需求，它描述了系统展现给用户的行为和执行的操作等。它包括产品必须遵从的标准、规范和合约；外部界面的具体细节；性能要求；设计或实现的约束条件及质量属性。所谓约束，是指对开发人员在软件产品设计和构造上的限制。质量属性是通过多种角度对产品的特点进行描述，从而反映产品功能。多角度描述产品对用户和开发人员都极为重要。值得注意的一点是，需求并未包括设计细节、实现细节、项目计划信息或测试信息。需求与这些没有关系，它关注的是充分说明你究竟想开发什么。需求参与人员如图8-2所示。

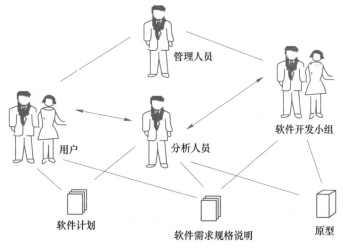

图8-2 需求参与人员

8.3.2.3 需求分析的任务

A 确定项目的范围

与任何专业的活动一样，为满足应用开发的目标，需要分析在该活动前对项目资源、时间限制和目标做出切合实际的评估。对软件开发来说，这些组件组合在一起就构成了项目的范围。项目范围涉及三个要素：项目所要提交的功能、项目可用的资源、实现项目可用的时间。

B 确定具体需求

（1）功能需求。这方面的需求指定系统必须提供的服务。通过需求分析应该划分出系统必须完成的所有功能。

（2）性能需求。性能需求指定系统必须满足的定时约束或容量约束，通常包括速度（响应时间）、信息量速率、主存容量、磁盘容量、安全性等方面的需求。

（3）可靠性和可用性需求。可靠性需求定量地指定系统的可靠性。可用性与可靠性密切相关，它量化了用户可以使用系统的程度。如果一个系统不能可靠地运行（例如在加载时发生故障，或者在系统故障时不知所措等），它就不能满足客户的需要。

（4）出错处理需求。这类需求说明系统对环境错误应该如何响应。在某些情况下，"出错处理"指的是当应用系统发现它自己犯下一个错误时所采取的行动。

（5）接口需求。接口需求描述应用系统与它的环境通信的格式。常见的接口需求有：用户接口需求；硬件接口需求；软件接口需求；通信接口需求。

（6）约束。设计约束或实现约束描述是设计或实现应用系统时应遵守的限制条件。在需求分析阶段提出这类需求，并不是要取代设计（或实现）过程，只是说明用户或环境强加给项目的限制条件。常见的约束有精度、工具和语言约束、设计约束、应该使用的标准及应该使用的硬件平台。

C 软件需求文档化

需求分析的任务在于完全弄清用户对软件系统的确切要求后，用推荐格式文档（软件需求规格说明书）书面表达出来。软件需求说明书的编制是为了使用户和软件开发者双方对该软件的初始需求有一个共同的理解，使之成为整个后续软件开发工作的基础，包含硬件、功能、性能、输入输出、接口需求、警示信息、保密安全、数据与数据库、文档和法规的要求。

此外，有时完全用自然语言描述的软件需求不能作为软件开发者和用户之间技术合同的基础，因为软件开发人员和用户因各自不同的工作性质和经验，对自然语言描述的术语和内容可能有不同的理解；自然语言的非结构性篇章不能反映出软件的系统结构；自然语言的功能块之间的界面划分是不清晰的，某一部分的修改可能导致需求定义的全范围变动。

因此，"需求说明"应该具有准确性和一致性。因为它是连接计划时期和开发时期的桥梁，也是软件设计的依据。任何含糊不清、前后矛盾，或者一个微小的错漏，都可能导致误解或铸成系统的大错，在纠正时付出巨大的代价。

"需求说明"应该具有清晰性，没有二义性。因为它是沟通用户和系统分析员思想的媒介，双方要用它来表达对于需要计算机解决的问题的共同理解。如果在需求说明中使用了用户不易理解的专门术语，或用户与分析员对要求的内容做出了不同的解释，便可能导致系统的失败。"需求说明"应该直观、易读和易于修改。为此应尽量采用标准的图形、表格和简单的符号来表示，使不熟悉计算机的用户也能一目了然。

8.3.2.4 需求获取的方法

需求获取是需求分析的主要内容之一。获取需求是一个确定和理解不同涉众的需求和约束的过程。需求获取是在问题及其最终解决方案之间架设桥梁的第一步。获取需求的一个必不可少的结果是对项目中描述的客户需求的普遍理解。一旦理解了需求，分析者、开发者和客户就能探索出描述这些需求的多种解决方案。参与需求获取者只有在他们理解了问题之后才能开始设计系统，否则，对需求定义的任何改进，都会造成设计上的大量返工。把需求获取集中在用户任务上，而不是集中在用户接口上，有助于防止开发组由于草率处理设计问题而造成的失误。

需求获取只有通过客户与开发者的有效的合作才能成功。分析者必须建立一个对问题进行彻底探讨的环境，而这些问题与将要开发的产品有关。要让用户明确了解，对于某些功能的讨论并不意味着即将在产品中实现它。对于想到的需求必须集中处理并设定优先级，消除不必要的需求，以避免项目范围无意义地膨胀。获取涉众的需求是需求工作的重要环节，目前主要的获取方法有用户访谈、调查问卷、数据分析等方法。

8.3.3 总体设计

工程设计的思想在许多工程学科中早已为人们所熟悉，任何项目在实施之前，总要完成设计。软件开发项目是否也需要进行设计？软件设计的意义是什么？有人对软件设计的习惯说法是"程序设计"或者"编写程序"，至今有许多人认为开发软件就是用某种语言编写出程序的过程。其实这种说法并不全错，有它正确的成分，但若真的这样去理解软件开发工作，便有极大的片面性。应该知道，软件开发与其他工程项目一样，也需要先进行总体设计和详细设计，然后再进入真正的"施工"——编写程序代码阶段。本章节讨论软件总体设计的有关问题。

8.3.3.1　软件总体设计阶段的任务

软件开发工作经过需求分析阶段，完全清楚了用户需求，较好地解决了系统必须"做什么"的问题，并已在软件规格说明书中详尽和充分阐明了这些要求。进入设计阶段，开始着重对软件需求的实施，解决"怎么做"的问题。在软件设计阶段主要解决的是软件的总体结构和一些处理的细节。软件总体设计又称概要设计。

在概要设计阶段应完成的工作有：

（1）软件的总体设计：决定软件的总体设计，包括整个软件系统分为哪些部分，各部件之间有什么联系以及已确定的需求对这些组成部分如何分配等。

（2）数据结构设计：决定文件系统的结构或数据的模式，子模式以及数据完整性、安全性设计。

（3）完成用户手册：对需求分析阶段编写的初步用户需求手册进行重新审订，在概要设计的基础上确定用户使用的要求。

（4）制订初步的测试计划：完成概要设计后，应对测试的策略、方法和步骤等提出明确的要求。尽管这个测试计划是初步的，在此基础上，经过进一步完善和补充后，可作为测试工作的重要依据。

（5）概要设计评审：在以上几项工作完成以后，组织对概要设计工作质量的评审。特别着重以下几个方面：软件的整体结构和各子系统结构、各部分之间的联系，软件的结构如何保证需求的实现，确认用户需求等。

（6）编写概要设计说明书。

8.3.3.2　软件总体设计基本思想

概要设计要完成程序结构的总体设计，最主要的任务是解决如何把系统划分成若干部分的问题。在软件开发的过程中，常常要将各部分继续划分，直到最小的基层单位，称之为程序模块。实际上，每个程序模块就是将要实现某种特定功能的程序段。各个模块按一定的形式组织在一起，表示程序的总体结构，称为软件结构。软件结构隐含地指出程序的控制层次体系。它并不表示软件的过程方面，诸如处理的序列、判定的出现次序、操作的重复等，所有这些过程属性，在软件结构中并无反映。好的软件结构体现自顶向下的方式分配控制。软件结构如此分解，不仅可以简化软件的设计和实现，加强可测试性，而且能够以一种更为有效的方式进行维护。

8.3.3.3　总体设计阶段的工作步骤

A　总体设计阶段组成

总体设计通常由以下两个阶段组成：

（1）系统设计阶段，即确定系统的具体实现方案。

（2）结构设计阶段，确定软件结构。

概要设计的目的是分析与设计具有预定功能的软件系统体系结构（即模块结构），确定子系统、功能模块的功能及其间的接口，确定数据结构；此外还需要设计整个系统使用的技术架构。

而程序设计详细设计的目的是在给定的技术架构下，设计系统所有模块的主要接口与属性、数据结构和算法，指导模块编程。

B 总体设计步骤

典型的总体设计包括以下步骤：

（1）提供多种可能实现的方案。在总体设计阶段分析员应该考虑各种可能的实现方案，并且力求从中选出最佳方案。在总体设计阶段开始时只有系统的逻辑模型，分析员有充分的自由分析比较不同的物理实现方案，一旦选出了最佳的方案，将能大大提高系统的性能/价格比。

（2）选取合理的方案。应该从前一步得到的一系列供选择的方案中选取若干个合理的方案，通常至少选取低成本、中等成本和高成本的三种方案。在判断哪些方案合理时应该考虑在问题定义和可行性研究阶段确定的工程规模和目标，有时可能还需要进一步征求用户的意见。

（3）推荐最佳的方案。综合分析对比各种合理方案的利弊，推荐一个最佳的方案，并且为推荐的方案制订详细的实现计划。

（4）对程序的结构设计。确定程序由哪些模块组成，模块需要完成哪些适当的子功能，以及模块之间的关系。

（5）设计数据库。对于需要使用数据库的应用系统，软件工程师应该在需求分析阶段所确定的系统数据需求的基础上，进一步设计数据库。

（6）制订测试计划。在软件开发的早期阶段考虑测试问题，能促使软件设计人员在设计时注意提高软件的可测试性。

（7）书写文档。应该用正式的文档记录总体设计的结果（主要包括：系统说明书、用户手册、测试计划、详细的实现计划、数据库设计结果等）。

8.3.4 人机交互

人机交互界面设计是软件设计重要的环节。对于目前的软件项目设计，人机界面设计在系统中所占的比例越来越大。在详细设计算法设计之前，应提前对软件系统的人机交互进行设计。

所谓人机交互，是指关于设计、评价和实现供人们使用的交互式计算机系统，并围绕相关的主要现象进行研究的学科。狭义地讲，人机交互技术主要是研究人与计算机之间的信息交换，它主要包括人到计算机和计算机到人的信息交换两部分。对于前者，人们可以借助键盘、鼠标、操纵杆、数据服装、眼动跟踪器、位置跟踪器、数据手套、压力笔等设备，用手、脚、声音、姿势或身体的动作、视线甚至脑电波等向计算机传递信息；对于后者，计算机通过打印机、绘图仪、显示器、头盔式显示器、音箱等输出或显示设备向人们提供可理解的信息。

人机交互是一门综合学科，它与认知心理学、人机工程学、多媒体技术、虚拟现实技术等密切相关。其中，认知心理学与人机工程学是人机交互技术的理论基础，而多媒体技术、虚拟现实技术与人机交互是相互交叉和渗透的。

人机交互的研究内容十分广泛，涵盖了建模、设计、评估等理论和方法，以及在

Web、移动计算、虚拟现实等方面的应用研究。

人机交互的发展历史是从人适应计算机到计算机不断地适应人的发展史。人机交互的发展经历了以下几个阶段：

（1）早期的手工作业阶段。当时交互的特点是由设计者本人（或本部门同事）来使用计算机，采用手工操作和依赖机器的方法去适应现在看来是十分笨拙的计算机。

（2）作业控制语言及交互命令语言阶段。这一阶段的特点是计算机的主要使用者——程序员可采用批处理作业语言或交互命令语言的方式和计算机打交道，虽然要记忆许多命令和熟练地敲键盘，但可用较方便的手段来调试程序、了解计算机执行情况。

（3）图形用户界面（GUI）阶段。图形用户界面（GUI）阶段的主要特点是桌面隐喻、WIMP 技术、直接操纵和"所见即所得"。由于 GUI 简明易学、减少了敲键盘、实现了"事实上的标准化"，因而使不懂计算机的普通用户也可以熟练地使用，开拓了用户人群。它的出现使信息产业得到空前的发展。

（4）网络应用设计阶段。网络用户界面的出现以超文本标记语言 HTML 及超文本传输协议 HTTP 为主要基础的网络浏览器是网络用户界面的代表。由它形成的 WWW 网已经成为当今 Internet 的支柱。这类人机交互技术的特点是发展快，新的技术不断出现，如移动互联网、搜索引擎、网络加速、多媒体动画、聊天工具等。

（5）多通道、多媒体的智能人机交互阶段。多通道、多媒体的智能人机交互阶段，以虚拟现实为代表的计算机系统的拟人化和以手持电脑、智能手机为代表的计算机的微型化、随身化、嵌入化，是当前计算机的两个重要的发展趋势。利用人的多种感觉通道和动作通道（如语音、手写、姿势、视线、表情等输入），以并行、非精确的方式与（可见或不可见的）计算机环境进行交互，可以提高人机交互的自然性和高效性。多通道、多媒体的智能人机交互对人机交互既是一个挑战，也是一个极好的机遇。

人机交互的设备一般分为传统交互设备和可穿戴设备：

（1）传统交互设备；

（2）可穿戴计算技术与设备。

可穿戴计算是一种前瞻的计算模式。它是随着电子器件不断向超微型化方向发展，以及新的计算机、微电子和通信理论与技术的不断涌现应运而生的，是计算"以人为本""人机合一"理念的产物。在这种计算模式下，衍生出一类可穿戴、个性化、新形态的个人移动计算系统（或称为可穿戴计算机），可实现对个人的自然、持续的辅助与增强。谷歌推出 Google Glass 后，可穿戴设备才真正成为一个热门话题，并引起众多企业的跟进，目前已有不少公司推出了眼镜、腕表、鞋等各类穿戴计算设备。

现阶段，可穿戴设备的研发处于早期阶段，产业界、研发者和消费者对可穿戴设备的关注，主要集中在实用性较强的健康监控类产品、智能手表、智能眼镜等产品。可穿戴设备功能创新、算法等内容是未来研究的主要问题。此外还需要研究各种算法来改善识别的人机交互精度和速度，眼睛虹膜、掌纹、笔迹、步态、语音、唇读、人脸、DNA、意念控制、眼控系统等人类特征及应用也正受到关注。另外，与"无所不在的计算""云计算"等相关技术的融合与促进也需要继续探索。

8.3.5　软件详细设计

详细设计是软件工程中软件开发的一个步骤，就是对概要设计的一个细化，就是详细设计每个模块实现算法所需的局部结构。详细设计给出软件模块结构中各个模块的内部过程描述。根据详细设计描述，程序员就能迅速编写出质量较高的程序。

模块的内部过程描述就是模块内部的算法设计。详细设计对软件开发人员来说，直接影响到编程效率。详细设计对于软件测试和维护人员也是很重要的，使他们不需要阅读程序代码，就能了解内部的程序结构。

8.3.5.1　详细设计阶段的目的

详细设计阶段的目的是为软件结构图中的每一个模块确定采用的算法和块内的数据结构，用某种选定的表达工具给出清晰的描述。详细设计的目标有两个：实现模块功能的算法要逻辑上正确和算法描述要简明易懂。

8.3.5.2　详细设计阶段的任务

为每个模块进行详细的算法设计，用某种图形、表格、语言等工具将每个模块处理过程的详细算法描述出来。为模块内的数据结构进行设计，对于需求分析、概要设计确定的概念性的数据类型进行确切的定义。为数据结构进行物理设计，即确定数据库的物理结构，物理结构主要指数据库的存储记录格式、存储记录安排和存储方法，这些都依赖于具体所使用的数据库系统。根据软件系统的类型，还可能要进行以下设计：（1）代码设计，为了提高数据的输入、分类、存储、检索等操作，节约内存空间，对数据库中的某些数据项的值要进行代码设计；（2）输入/输出格式设计；（3）人机对话设计。对于一个实时系统，用户与计算机频繁对话，因此要进行对话方式、内容、格式的具体设计。

8.3.5.3　编写详细设计说明书

开发人员应以详细设计说明书的形式记录详细设计的结果，详细设计说明书的编写，目的在于尽可能详细地说明软件所包含的程序中各成分的设计考虑，以利于程序员编制程序。

在编制详细设计说明书时应该反映下列一些问题：对程序进行总的描述，包括程序的各项功能和性能。详细说明该程序的运行环境，并指出对软件需求说明和概要设计说明中确定的环境所做出的改变。在对程序的设计细节描述中，应说明程序运行过程。详细描述程序的输入、输出和所使用的数据环境，主要用图表的形式描述程序的逻辑流程，并加以叙述，这些图表是根据概要设计说明或软件需求说明中较高层次的图表绘制而成的。逻辑流程详细描述程序的处理过程，对每个程序功能列出程序运行说明，描述包括算法、逻辑数据操作与逻辑判断处理在内的一切处理，还应详细解释用于转移的测试条件，标明出错条件和由程序进行出错处理的方法。

8.3.5.4　评审

对处理过程的算法和数据库的物理结构都要评审。在详细设计结束后，应该把上述的结果写入到详细设计说明书中，并且通过复审形成正式文档，交付下一个阶段（编码）作为工作的依据。

8.3.5.5　测试用例

本阶段的另一个任务，是要为每一个模块设计出一组测试用例，以便在编码阶段对模块代码（即程序）进行预定的测试。模块的测试用例是软件测试计划的重要组成部分，通常应包括输入数据、期望输出等内容。

8.3.6　软件编码

目前，人和计算机通信仍然使用人工设计的语言，即程序设计语言。前面所述的软件工程的各个步骤，都是为了最终的目的——将软件设计的描述翻译成计算机可以"埋解"和"接受"的形式——计算机程序设计语言书写的程序，这是编码阶段必须实现的工作。程序的质量主要取决于软件设计的质量，但程序设计语言的特性和编程途径也会对程序的可靠性、可读性、可测试性和可维护性产生深远的影响。

8.3.6.1　程序设计语言的定义

程序设计语言是用于书写计算机程序的语言。语言的基础是一组记号和一组规则。根据规则由记号构成的记号串的总体就是语言。在程序设计语言中，这些记号串就是程序。程序设计语言有三个方面的因素，即语法、语义和语用。语法表示程序的结构或形式，即表示构成语言的各个记号之间的组合规律，但不涉及这些记号的特定含义，也不涉及使用者。语义表示程序的含义，即表示按照各种方法所表示的各个记号的特定含义，但不涉及使用者。

程序设计语言的种类千差万别。但是，一般说来，基本成分为四种：

（1）数据成分：用以描述程序中所涉及的数据。

（2）运算成分：用以描述程序中所包含的运算。

（3）控制成分：用以表达程序中的控制构造。

（4）传输成分：用以表达程序中数据的传输。

8.3.6.2　程序设计语言的特性

程序设计语言具有心理工程及技术等特性：

（1）心理特性：歧义性、简洁性、局部性、顺序性、传统性。

（2）工程特性：可移植性，开发工具的可利用性，软件的可重用性、可维护性。

（3）技术特性：支持结构化构造的语言有利于减少程序环路的复杂性，使程序易测试、易维护。

8.3.6.3　程序设计语言的分类

自20世纪60年代以来，世界上公布的程序设计语言已有上千种之多，但是只有很小一部分得到了广泛的应用。

从应用角度来看，高级语言可分为基础语言、结构化语言和专用语言。

（1）基础语言。属于这类语言的有 FORTRAN、COBOL、BASIC、ALGOL 等。

（2）结构化语言。PASCAL、C、Ada 语言就是它们的突出代表。

（3）专用语言。专用语言是为某种特殊应用而专门设计的语言，通常具有特殊的语法形式。应用比较广泛的有 APL 语言、Forth 语言、LISP 语言。

从描述客观系统来看，程序设计语言可以分为面向过程语言、面向对象语言和第四代非过程化语言。

（1）面向过程语言。以"数据结构+算法"程序设计范式构成的程序设计语言，称为面向过程语言。前面介绍的程序设计语言大多为面向过程语言。

（2）面向对象语言。以"对象+消息"程序设计范式构成的程序设计语言，称为面向对象语言。比较流行的面向对象语言有 Delphi、Visual Basic、Java、C++等。

（3）第四代非过程化语言。4GL 是非过程化语言，编码时只需说明"做什么"，不需描述算法细节。数据库查询和应用程序生成器是 4GL 的两个典型应用。用户可以用数据库查询语言（SQL）对数据库中的信息进行复杂的操作。用户只需将要查找的内容在什么地方、根据什么条件进行查找等信息告诉 SQL，SQL 将自动完成查找过程。应用程序生成器则是根据用户的需求"自动生成"满足需求的高级语言程序。真正的第四代程序设计语言应该说还没有出现。所谓的第四代语言，大多是指基于某种语言环境上具有 4GL 特征的软件工具产品，如 System Z、PowerBuilder、FOCUS 等。第四代程序设计语言是面向应用，为最终用户设计的一类程序设计语言。它具有缩短应用开发过程、降低维护代价、最大限度地减少调试过程中出现的问题以及对用户友好等优点。

8.3.6.4　程序设计语言的选择

开发软件系统必须做出的一个重要选择是使用什么样的程序设计语言实现这个系统。适宜的程序设计语言能使根据设计完成编码时困难最少，提高编码质量，减少需要的程序测试量，并且容易得到更容易阅读更容易维护的程序。由于软件系统的绝大部分成本用在软件生命周期的测试和维护阶段，所以程序容易测试和容易维护是极其重要的。

为了便于程序测试和维护以减少生命周期的总成本，选用的高级语言应该有理想的模块化机制，以及可读性好的控制结构和数据结构；为了便于调试和提高可靠性，语言特点应该使编译程序能够尽可能多地发现错误并便于调试。此外，在实用中的各种限制，重要的实用标准有下述几条：

（1）系统用户的要求。

（2）可以使用的编程程序。

（3）可以得到的软件工具。

（4）软件的可移植性。

（5）软件的可靠性。

（6）软件的可维护性。

（7）软件的应用领域。

8.3.6.5　程序设计风格

源程序代码的逻辑简明清晰，易读易懂是好程序的一个重要标准，为了做到这一点应该遵循下述规则：

（1）代码的可读性至上。代码要能可阅读和可理解，就需要格式化成一致的方式。对函数和变量的命名应有意义，注释的表达应该简洁而准确。并且，准确地记录代码中所有棘手的部分是十分重要的。

（2）遵循正确的命名约定是必须的。当需要给类、函数和变量命名时，需要遵循以下指南：

1）确保特定类名的第一个字母大写。

2）使用大小写分离多个单词的命名。

3）大写常数名，并使用下划线分离单词。

4）确保特定功能和变量名的第一个字母小写。

5）正确使用缩写。

（3）必要时可使用空格。虽然空格对编译器是没有意义的，但是可用于提高代码的可读性。可以在函数间留少量的空行，还可以在函数内使用单独的空行用于分离关键的代码段。

（4）确保代码的可维护性。需要确保写出来的代码，换成另一个程序员来调整功能、修复 bug，也是明确易懂的。要将函数中关键值用常量来标记，总而言之，代码必须高内聚低耦合，能够处理任何类型的输入，提供预期结果。

（5）注释必须易于理解。注释应该是有意义的，能够清晰地解释所有关于软件程序的内容。注释中包括数据定义注释、算法注释、处理注释、接口注释、调用关系注释、编写代码的日期，以及简明扼要地说明程序的实际用途等注释。

（6）正确使用函数。每一个函数所包含的代码片段，必须既短又能完成特定的任务，这就需要以最精炼的方式去简化。并且，任何重复性的代码片段都应该被设置为一个单独的函数。上述做法不但可缩短程序的长度，还能大大提高其可读性。

（7）语句构造技巧：

1）不要为了节省空间而把多个语句写在一行。

2）尽量避免复杂的条件测试。

3）尽量减少对"非"条件的测试。

4）避免大量使用循环嵌套和条件嵌套。

5）利用括号使逻辑表达式或算术表达式的运算次序清晰直观。

（8）整齐的代码缩进。缩进在软件程序的流程控制上起着至关重要的作用。每一个新的 while、for、if 语句，以及 switch 结构，都需要缩进代码。例如，假设有 if 语句，那么相应的 else 语句必须一起缩进。

8.3.7 测试

软件的开发，从开发初期的问题定义及规划到各个阶段的有效进行，整个软件项目的开发需做到质量有保证。而软件测试作为软件开发过程中最后也是关键的一步，无论是对软件安全性的保障，还是软件功能性的检验，都有无可替代的地位。软件测试是软件质量保证的主要活动之一。

8.3.7.1 软件测试基础

软件测试是提高软件质量的重要手段，近年来，软件测试技术迅速发展并日趋成熟，仅就测试而言，它的目标是发现软件的错误，但是发现软件中的错误并不是我们的最终目的。软件工程的最终目标是开发出高质量的完全符合用户需求的软件，因此，通过测试发现错误之后还必须诊断并改正错误，这就是测试的目的。具体而言，其目标大致可分为三个方面：首先是预防程序中错误的发生；其次是通过系统的方法发现程序中的错误；最后应提供良好的错误诊断信息，以利于改正错误。

8.3.7.2 软件测试的定义

软件测试是描述一种用来鉴定软件的正确性、完整性、安全性和质量的过程。换句话说，软件测试是一种实际输出与预期输出间的审核或者比较的过程。软件测试的经典定义是：在规定的条件下对程序进行操作，以发现程序错误，衡量软件质量，并对其是否能满足设计要求进行评估的过程。

8.3.7.3   软件测试的目标

Glenford J. Myers 给出了关于测试的一些规则，这些规则也可以看作是测试的目标或定义。

（1）测试是为了发现程序中的错误而执行程序的过程。

（2）好的测试方案是极可能发现至今为止尚未发现的错误的测试方案。

（3）成功的测试是发现了至今为止尚未发现的错误的测试。

（4）测试并不仅仅是为了找出错误。通过分析错误产生的原因和错误的发生趋势，可以帮助项目管理者发现当前软件开发过程中的缺陷，以便及时改进。

（5）这种分析也能帮助测试人员设计出有针对性的测试方法，改善测试的效率和有效性。

（6）没有发现错误的测试也是有价值的，完整的测试是评定软件质量的一种方法。

另外，根据测试目的的不同，还有回归测试、压力测试、性能测试等，分别为了检验修改或优化过程是否引发新的问题、软件所能达到处理能力和是否达到预期的处理能力等。

8.3.7.4   软件测试的内容

软件测试的主要工作内容是验证和确认。在软件测试中，确认和验证有不同的定义，其中的区别对软件测试很重要。验证是保证软件满足用户要求的过程；确认是保证软件符合产品说明书的过程。

软件测试的对象不仅仅是程序测试，软件测试应该包括整个软件开发期间各个阶段所产生的文档，如需求规格说明、概要设计文档、详细设计文档。软件测试的主要对象仍是源程序。

1999 年 12 月 3 日，美国航天局的火星极地登陆者号探测器试图在火星表面着陆时失踪。一个故障评估委员会（Failure Review Board，FRB）调查了故障，认定出现故障的原因极可能是一个数据位被意外置位。最令人警醒的问题是为什么没有在内部测试时发现呢！

从理论上看，着陆的计划是这样的：当探测器向火星表面降落时，它将打开降落伞减缓探测器的下降速度。降落伞打开几秒后，探测器的三条腿将迅速撑开，并锁定位置，准备着陆。当探测器离地面 1800m 时，它将丢弃降落伞，点燃着陆推进器，缓缓地降落到地面。

美国航天局为了省钱，简化了确定何时关闭着陆推进器的装置。为了替代在其他太空船上使用的贵重雷达，他们在探测器的脚部装了一个廉价的触点开关，在计算机中设置一个数据位来控制触点开启关闭燃料。很简单，探测器的发动机需要一直点火工作，直到脚"着地"为止。遗憾的是，故障评估委员会在测试中发现，许多情况下，当探测器的脚迅速撑开准备着陆时，机械振动也会触发着陆触点开关，设置致命的错误数据位。设想探测器开始着陆时，计算机极有可能关闭着陆推进器，这样火星极地登陆者号探测器飞船下坠

1800m 之后冲向地面，撞成碎片。

结果是灾难性的，但背后的原因却很简单。登陆探测器经过了多个小组测试。其中一个小组测试飞船的脚折叠过程，另一个小组测试此后的着陆过程。前一个小组不去注意着地数据位是否置位——这不是他们负责的范围；后一个小组总是在开始测试之前复位计算机、清除数据位。双方独立工作都做得很好，但组合在一起就出现了意想不到的错误。

8.3.8 维护与再工程

软件维护是软件生命周期的最后一个阶段，它是软件开发工作完成以后，软件交付用户使用期间对软件所做的补充、修改、完善和增加工作。随着更多的软件被开发出来和软件使用寿命的延长，软件维护工作量日益增加。

为什么需要这样大量的维护，而维护又为什么消耗这么多精力呢？其主要原因有：为了改正程序的错误和缺点；为了改进设计；为了能适应不同的硬件、软件环境；为了改变文件或数据库；为了增加新的应用范围。

软件维护主要是指根据需求变化或硬件环境的变化对应用程序进行部分或全部的修改，修改时应充分利用源程序。软件维护的内容非常广泛，可分为改正性维护、适应性维护、完善性维护和预防性维护。

从上述关于软件维护的定义可以看出，软件维护不仅仅是在运行过程中纠正软件的错误。软件维护工作中一半以上是完善性维护。国外的统计数字表明，完善性维护占全部维护活动的 50%~66%，改正性维护占 17%~21%，适应性维护占 18%~25%，其他维护活动只占 4%左右。

软件再工程是指通过对目标系统的检查和改造，其中包括设计恢复（库存目录分析）、再文档、逆向工程、程序和数据重构以及正向工程等一系列活动，旨在将逆向工程、重构和正向工程组合起来，将现存系统重新构造为新的形式，以开发出质量更高、维护性更好的软件。

软件再工程是预防性维护所录用的主要技术，是为了以新形式重构已存在软件系统而实施的检测、分析、受替，以及随后构建新系统的工程活动。这个过程包括其他一些过程，诸如逆向工程、文档重构、结构重建、相关转换以及正向工程等。软件再工程的目的是理解已存在的软件，然后对该软件重新实现以期增强它的功能，提高它的性能，或降低它的实现难度，客观上达到维持软件的现有功能并为今后新功能的加入做好准备的目标。

一般来说，软件再工程的具体目标有以下四个方面：（1）为追加、增强功能做准备。（2）提高可维护性。（3）软件的移植。（4）提高可靠性。

8.4 智能矿山软件系统开发方法

8.4.1 结构化开发方法

结构化开发方法是目前应用得最普遍的一种开发方法。结构化方法是强调开发方法的结构合理性，以及所开发软件的结构合理性的软件开发方法。结构是指系统内各个组成要素之间的相互联系、相互作用的框架。结构化开发方法提出了一组提高软件结构合理性的准则，如分解与抽象、模块独立性、信息隐蔽等。

针对软件生存周期各个不同的阶段，它有结构化分析（SA）、结构化设计（SD）和结构化程序设计（SP）等方法。

8.4.1.1　结构化开发方法的基本思想

结构化开发方法用系统的思想和系统工程的方法，按照用户至上的原则结构化、模块化，自顶向下地对系统进行分析与设计。

先将整个信息系统开发过程划分为若干个相对独立的阶段（系统规划、系统分析、系统设计、系统实施等）。

8.4.1.2　结构化开发方法的开发过程

用结构化开发方法开发一个系统，将整个开发过程划分为首尾相连的五个阶段，即一个的生命周期。

（1）系统规划：根据用户的系统开发请求，进行初步调查，明确问题，确定系统目标和总体结构，确定分阶段实施进度，然后进行可行性研究。

（2）系统分析：分析业务流程、分析数据与数据流程、分析功能与数据之间的关系，最后提出分析处理方式和新系统逻辑方案。

（3）系统设计：进行总体结构设计、代码设计、数据库（文件）设计、输入/输出设计、模块结构与功能设计，根据总体设计，配置与安装部分设备，进行试验，最终给出设计方案。

（4）系统实施：同时进行编程（由程序员执行）和人员培训（由系统分析设计人员培训业务人员和操作员），以及数据准备（由业务人员完成），然后投入试运行。

（5）系统运行与维护：进行系统的日常运行管理、评价、监理审计，修改、维护、局部调整，在出现不可调和的大问题时，进一步提出开发新系统的请求，老系统生命周期结束，新系统诞生，构成系统的一个生命周期。

在每一阶段中，又包含若干步骤，步骤可以不分先后，但仍有因果关系，总体上不能打乱。

8.4.1.3　结构化开发方法的特点

（1）自顶向下整体地进行分析与设计和自底向上逐步实施的是系统的开发过程，在系统规划、分析与设计时，从整体全局考虑，自顶向下地工作。在系统实施阶段则根据设计的要求，先编制一个个具体的功能模块，然后自底向上逐步实现整个系统。

（2）用户至上是影响成败的关键因素，整个开发过程中，要面向用户，充分了解用户的需求与愿望。

（3）符合实际，客观性和科学化，即强调在设计系统之前，深入实际，详细地调查研究，努力弄清实际业务处理过程的每一个细节，然后分析研究，制订出科学合理的目标系统设计方案。

（4）严格区分工作阶段，把整个开发过程划分为若干工作阶段，每一个阶段有明确的任务和目标、预期达到的工作成效，以便计划和控制进度，协调各方面的工作。前一阶段的工作成果是后一阶段的工作依据。

（5）充分预料可能发生的变化：环境变化、内部处理模式变化、用户需求变化。

（6）开发过程工程化，要求开发过程的每一步都要按工程标准规范化，工作文体或文档资料标准化。

8.4.1.4 结构化方法的优缺点

结构化方法的优点有：

（1）结构化分析方法简单、清晰，易于学习掌握和使用。

（2）结构化分析的实施步骤是先分析当前现实环境中已存在的人工系统，在此基础上再构思即将开发的目标系统，这符合人们认识世界改造世界的一般规律，从而大大降低了问题的复杂程度。目前一些其他的需求分析方法，在该原则上是与结构化分析相同的。

（3）结构化方法采用了图形描述方式，用数据流图为即将开发的系统描述了一个可见的模型，也为相同的审查和评价提供了有利的条件。

由于上述长处，结构化方法自 20 世纪 70 年代逐步形成以来，在数据处理领域一直相当流行。但是，在长期使用的过程中，也暴露出了结构化方法的一些薄弱环节甚至是缺陷，主要体现在以下几点：

（1）所需文档资料数量大。使用结构化方法人们必须编写数据流图、数据词典、加工说明等大量文档资料，而且随着对问题理解程度的不断加深或用户环境的变化，这套文档也需不断修改，修改工作是不可避免的。然而这样的工作需要占用大量的人力物力，同时文档经反复变动后，也难以保持其内容的一致性，虽然已有支持结构化分析的计算机辅助自动工具（如前面介绍过的 PSL/PSA）出现，但要被广大开发人员掌握使用，还有一定困难。

（2）不少软件系统，特别是管理信息系统，是人机交互式的系统。对交互式系统来说，用户最为关心的问题之一是如何使用该系统，如输入命令、系统相应的输出格式等，所以在系统开发早期就应该特别重视人机交互式的用户需求。但是，结构化方法在理解、表达人机界面方面是很差的，数据流图描述和逐步分解技术在这里都发挥不了特长。

（3）结构化方法为目标系统描述了一个模型，但这个模型仅仅是书面的，只能供人们阅读和讨论而不能运行和试用，因此在澄清和确定用户需求方面能起的作用毕竟是有限的。从而导致用户信息反馈太迟，对目标系统的质量也有一定的影响。

8.4.2 面向对象开发方法

面向对象方法（Object-Oriented-Method，OOM）是一种把面向对象的思想应用于软件开发过程中，指导开发活动的系统方法，简称 OO（Object-Oriented）方法，是建立在"对象"概念基础上的方法学。对象是由数据和容许的操作组成的封装体，与客观实体有直接对应关系，一个对象类定义了具有相似性质的一组对象。而继承性是对具有层次关系的类的属性和操作进行共享的一种方式。所谓面向对象，就是基于对象概念，以对象为中心，以类和继承为构造机制，来认识、理解、刻画客观世界和设计、构建相应的软件系统。

8.4.2.1 面向对象方法的由来与发展

OO 方法起源于面向对象的编程语言（简称为 OOPL）。20 世纪 50 年代后期，在用 FORTRAN 语言编写大型程序时，常出现变量名在程序不同部分发生冲突的问题。鉴于此，ALGOL 语言的设计者在 ALGOL60 中采用了以 Begin…End 为标识的程序块，使块内变量名是局部的，以避免它们与程序中块外的同名变量相冲突。这是编程语言中首次提供封装（保护）的尝试。此后程序块结构广泛用于高级语言如 Pascal、Ada、C 语言之中。

面向对象源出于 Simula，真正的 OOP 由 Smalltalk 奠基。Smalltalk 现在被认为是最纯的 OOPL。正是通过 Smalltalk80 的研制与推广应用，使人们注意到 OO 方法所具有的模块化、信息封装与隐蔽、抽象性、继承性、多样性等独特之处，这些优异特性为研制大型软件、提高软件可靠性、可重用性、可扩充性和可维护性提供了有效的手段和途径。

20 世纪 80 年代以来，人们将面向对象的基本概念和运行机制运用到其他领域，获得了一系列相应领域的面向对象的技术。面向对象方法已被广泛应用于程序设计语言、形式定义、设计方法学、操作系统、分布式系统、人工智能、实时系统、数据库、人机接口、计算机体系结构以及并发工程、综合集成工程等，在许多领域的应用都得到了很大的发展。

8.4.2.2　面向对象的基本概念与特征

用计算机解决问题需要用程序设计语言对问题求解加以描述（即编程），实质上，软件是问题求解的一种表述形式。显然，假如软件能直接表现人求解问题的思维路径（即求解问题的方法），那么软件不仅容易被人理解，而且易于维护和修改，从而会保证软件的可靠性和可维护性，并能提高公共问题域中的软件模块和模块重用的可靠性。面向对象的机能念和机制恰好可以使得按照人们通常的思维方式来建立问题域的模型，设计出尽可能自然地表现求解方法的软件。

A　面向对象的基本概念

（1）对象：对象是要研究的任何事物。从一本书到一家图书馆，单的整数到整数列庞大的数据库、极其复杂的自动化工厂、航天飞机都可看作对象，它不仅能表示有形的实体，也能表示无形的（抽象的）规则、计划或事件。对象由数据（描述事物的属性）和作用于数据的操作（体现事物的行为）构成一独立整体。从程序设计者来看，对象是一个程序模块，从用户来看，对象为他们提供所希望的行为。在对象内的操作通常称为方法。

（2）类：类是对象的模板。即类是对一组有相同数据和相同操作的对象的定义，一个类所包含的方法和数据描述一组对象的共同属性和行为。类是在对象之上的抽象，对象则是类的具体化，是类的实例。类可有其子类，也可有其他类，形成类层次结构。

（3）消息：消息是对象之间进行通信的一种规格说明。它一般由 3 部分组成，接收消息的对象、消息名及实际变元。

B　面向对象主要特征

（1）封装性：封装是一种信息隐蔽技术，它体现于类的说明，是对象的重要特性。封装使数据和加工该数据的方法（函数）封装为一个整体，以实现独立性很强的模块，使得用户只能见到对象的外特性（对象能接受哪些消息，具有哪些处理能力），而对象的内特性（保存内部状态的私有数据和实现加工能力的算法）对用户是隐蔽的。封装的目的在于把对象的设计者和对象者的使用分开，使用者不必知晓行为实现的细节，只需用设计者提供的消息来访问该对象。

（2）继承性：继承性是子类自动共享父类之间数据和方法的机制。它由类的派生功能体现。一个类直接继承其他类的全部描述，同时可修改和扩充。继承具有传递性。继承分为单继承（一个子类只有一父类）和多重继承（一个类有多个父类）。类的对象是各自封闭的，如果没继承性机制，则类对象中数据、方法就会出现大量重复。继承不仅支持系统的可重用性，而且还促进系统的可扩充性。

（3）多态性：对象根据所接收的消息而做出动作。同一消息为不同的对象接受时可产生完全不同的行动，这种现象称为多态性。利用多态性用户可发送一个通用的信息，而将所有的实现细节都留给接受消息的对象自行决定，如是，同一消息即可调用不同的方法。例如，Print 消息被发送给一图或表时调用的打印方法与将同样的 Print 消息发送给一正文文件而调用的打印方法会完全不同。多态性的实现受到继承性的支持，利用类继承的层次关系，把具有通用功能的协议存放在类层次中尽可能高的地方，而将实现这一功能的不同方法置于较低层次，这样，在这些低层次上生成的对象就能给通用消息以不同的响应。

综上可知，在 OO 方法中，对象和传递消息分别表现事物及事物间相互联系的概念。类和继承是适应人们一般思维方式的描述范式。方法是允许作用于该类对象上的各种操作。这种对象、类、消息和方法的程序设计范式的基本点在于对象的封装性和类的继承性。通过封装能将对象的定义和对象的实现分开，通过继承能体现类与类之间的关系，以及由此带来的动态联编和实体的多态性，从而构成了面向对象的基本特征。

面向对象方法在 20 世纪 80 年代已经得到了很大的发展，并且已在计算机科学、信息科学、系统科学和产业界得到了有效的应用，显示出其强大的生命力。可以展望在 20 世纪 90 年代内，面向对象方法将会在更深、更广、更高的方向上取得进展：更深的方向，如 OO 方法的理论基础和形式化描述，用 OO 技术设计出新一代 OS 等；更广的方向，如面向对象的知识表示，面向对象的仿真系统，面向对象的多媒体系统，面向对象的灵境系统等；更高的方向，如从思维科学的高度来丰富 OO 方法学的本质属性，突破现有的面向对象技术的一些局限、研究统一的面向对象的范式等。

8.4.3　统一软件开发过程

统一软件开发过程（RUP）又称为统一软件过程，是一个面向对象且基于网络的程序开发方法论。根据 Rational（Rational Rose 和统一建模语言的开发者）的说法，好像一个在线的指导者，它可以为所有方面和层次的程序开发提供指导方针、模板及事例支持。统一软件开发过程和类似的产品，如面向对象的软件过程（OOSP），以及 OPEN Process 都是理解性的软件工程工具，把开发中面向过程的方面（如定义的阶段、技术和实践）和其他开发的组件（如文档、模型、手册及代码等）整合在一个统一的框架内。

RUP 允许迭代式开发。在软件开发的早期阶段就想完全、准确地捕获用户的需求几乎是不可能的。实际上，我们经常遇到的问题是需求在整个软件开发工程中经常会改变。迭代式开发允许在每次迭代过程中需求可能有变化，通过不断细化来加深对问题的理解。迭代式开发不仅可以降低项目的风险，而且每个迭代过程以可以执行版本结束，可以鼓舞开发人员。确定系统的需求是一个连续的过程，开发人员在开发系统之前不可能完全详细地说明一个系统的真正需求。RUP 描述了如何提取、组织系统的功能和约束条件并将其文档化，用例和脚本的使用已被证明是捕获功能性需求的有效方法。RUP 是基于组件的体系结构。组件使重用成为可能，系统可以由组件组成。基于独立的、可替换的、模块化组件的体系结构有助于管理复杂性，提高重用率。RUP 描述了如何设计一个有弹性的、能适应变化的、易于理解的、有助于重用的软件体系结构。RUP 往往和 UML 联系在一起，对软件系统建立可视化模型帮助人们提供管理软件复杂性的能力。RUP 告诉我们如何可视化地对软件系统建模，获取有关体系结构与组件的结构和行为信息。在 RUP 中软件质量评估不再是事后进行或单独小组进行的分离活动，而是内建于过程中的所有活动，这样可以及早发现软件中的缺陷。迭代式开发中如果没有严格的控制和协调，整个软件开发过程很快就陷入混乱之中，RUP 描述了如何控制、跟踪、监控、修改以确保成功的迭代开发。RUP 通过软件开发过程中的制品，隔离来自其他工作空间的变更，以此为每个开发人员建立安全的工作空间。

8.4.3.1　统一软件开发过程（RUP）的二维开发模型

RUP 软件开发生命周期是一个二维的软件开发模型。横轴通过时间组织，是过程展开的生命周期特征，体现开发过程的动态结构，用来描述它的术语主要包括周期（Cycle）、阶段（Phase）、迭代（Iteration）和里程碑（Milestone）；纵轴以内容来组织为自然的逻辑活动，体现开发过程的静态结构，用来描述它的术语主要包括活动（Activity）、产物（Artifact）、工作者（Worker）和工作流（Workflow）。

8.4.3.2　统一软件开发过程的核心概念

RUP 中定义了一些核心概念。

角色：描述某个人或一个小组的行为与职责。RUP 预先定义了很多角色。

活动：是一个有明确目的的独立工作单元。

工件：是活动生成、创建或修改的一段信息。

8.4.3.3　统一软件开发过程的各个阶段和里程碑

RUP 中的软件生命周期在时间上被分解为四个顺序的阶段，分别是：初始阶段（Inception）、细化阶段（Elaboration）、构造阶段（Construction）和交付阶段（Transition）。每个阶段结束于一个主要的里程碑（Major Milestones）；每个阶段本质上是两个里程碑之间的时间跨度。在每个阶段的结尾执行一次评估以确定这个阶段的目标是否已经满足。如果评估结果令人满意的话，可以允许项目进入下一个阶段。

8.4.3.4　统一软件开发过程的迭代开发模型

RUP 中的每个阶段可以进一步分解为迭代。一个迭代是一个完整的开发循环，产生一个可执行的产品版本，是最终产品的一个子集，它增量式地发展，从一个迭代过程到另一个迭代过程到成为最终的系统。传统上的项目组织是顺序通过每个工作流，每个工作流只有一次，也就是我们熟悉的瀑布生命周期。这样做的结果是到实现末期产品完成并开始测试，在分析、设计和实现阶段所遗留的隐藏问题会大量出现，项目可能要停止并开始一个漫长的错误修正周，一种更灵活，风险更小的方法是多次通过不同的开发工作流，这样可以更好地理解需求，构造一个健壮的体系结构，并最终交付一系列逐步完成的版本。这叫作一个迭代生命周期。在工作流中的每一次顺序的通过称为一次迭代。软件生命周期是迭代的连续，通过它，软件会增量地开发。一次迭代包括了生成一个可执行版本的开发活动，还有使用这个版本所必需的其他辅助成分，如版本描述、用户文档等。因此一个开发迭代在某种意义上是在所有工作流中的一次完整的经过，这些工作流至少包括：需求工作流、分析和设计工作流、实现工作流、测试工作流。

8.4.3.5　统一软件开发过程总结

RUP 具有很多长处：提高了团队生产力，在迭代的开发过程、需求管理、基于组件的体系结构、可视化软件建模、验证软件质量及控制软件变更等方面，针对所有关键的开发活动为每个开发成员提供了必要的准则、模板和工具指导，并确保全体成员共享相同的知识基础。它建立了简洁和清晰的过程结构，为开发过程提供较大的通用性。

但同时它也存在一些不足：RUP 只是一个开发过程，并没有涵盖软件过程的全部内容，例如，它缺少关于软件运行和支持等方面的内容；此外，它没有支持多项目的开发结构，这在一定程度上降低了在开发组织内大范围实现重用的可能性。可以说 RUP 是一个非常好的开端，但并不完美，在实际的应用中可以根据需要对其进行改进并可以用 OPEN 和 OOSP 等其他软件过程的相关内容对 RUP 进行补充和完善。

8.4.4　敏捷软件开发

敏捷开发是一种以人为核心、迭代、循序渐进的开发方法。敏捷软件开发又称敏捷开发，是一种从 1990 年代开始逐渐引起广泛关注的一些新型软件开发方法，是一种应对快速变化的需求的一种软件开发能力。它们的具体名称、理念、过程、术语都不尽相同，相对于"非敏捷"，更强调程序员团队与业务专家之间的紧密协作、面对面的沟通（认为比书面的文档更有效）、频繁交付新的软件版本、紧凑而自我组织型的团队、能够很好地适应需求变化的代码编写和团队组织方法，也更注重作为软件开发中人的作用。

敏捷方法有时候被误认为是无计划性和纪律性的方法，实际上更确切的说法是敏捷方法强调适应性而非预见性。适应性的方法集中在快速适应现实的变化。当项目的需求起了变化，团队应该迅速适应。这个团队可能很难确切描述未来将会如何变化。

（1）对比迭代方法：相比迭代式开发两者都强调在较短的开发周期提交软件，敏捷方法的周期可能更短，并且更加强调队伍中的高度协作。

（2）对比瀑布式开发：两者没有很多的共同点，瀑布模型式是最典型的预见性的方法，严格遵循预先计划的需求、分析、设计、编码、测试的步骤顺序进行。把步骤成果作为衡量进度的方法，如需求规格、设计文档、测试计划和代码审阅等。

瀑布式的主要的问题是它的严格分级导致的自由度降低，项目早期即做出承诺导致对后期需求的变化难以调整，代价高昂。瀑布式方法在需求不明并且在项目进行过程中可能变化的情况下基本是不可行的。

相对来讲，敏捷方法则在几周或几个月的时间内完成相对较小的功能，强调的是能尽早将尽量小的可用的功能交付使用，并在整个项目周期中持续改善和增强。

有人可能在这样小规模的范围内的每次迭代中使用瀑布式方法，另外的人可能将选择各种工作并行进行，如极限编程。

（3）敏捷方法的适用性：在敏捷方法其独特之处以外，它和其他的方法也有很多共同之处，比如迭代开发，关注互动沟通，减少中介过程的无谓资源消耗。通常可以在以下方面衡量敏捷方法的适用性：从产品角度看，敏捷方法适用于需求萌动且快速改变的情况，如系统有比较高的关键性、可靠性、安全性方面的要求，则可能不完全适合；从组织结构的角度看，组织结构的文化、人员、沟通则决定了敏捷方法是否适用。最重要的因素恐怕是项目的规模。规模增长，面对面的沟通就更加困难，因此敏捷方法更适用于较小的队伍，20 人、40 人或更少。大规模的敏捷软件开发尚处于积极研究的领域。

另外的问题是项目初期的大量假定，或者快速收集需求可能导致项目走入误区，特别是客户对其自身需要毫无概念的情况下。与之类似，人的天性很容易造成某个人成为主导并将项目目标和设计引入错误方向的境况。开发者经常能把不恰当的方案授予客户，并且直到最后发现问题前都能获得客户认同。虽然理论上快速交互的过程可以限制这些错误的发生，但前提是有效的负反馈，否则错误会迅速膨胀。

敏捷开发的七种主流方法：XP、SCRUM、SCRUM、Crystal Methods、FDD、ASD、DSDM。

8.4.5 　积木式开发构件、组件、中间件

8.4.5.1 　构件技术

构件是系统中实际存在的可更换部分，它实现特定的功能，符合一套接口标准并实现一组接口。构件代表系统中的一部分物理实施，包括软件代码（源代码、二进制代码或可执行代码）或其等价物（如脚本或命令文件）。部署构件的示例如下：

可执行文件：.exe 文件。

链接库：.dll 文件。

Applet：Java 中的 .class 文件。

Web 页面：.htm 和 .html 文件。

工作产品构件的示例如下：

源代码文件：C++和 CORBA IDL 中的 .h、.cpp 和 .hpp，或 Java 中的 .Java 文件。

二进制文件：链接到可执行文件的 .o 文件和 .a 文件。

SOM 文件：IDL 和一些绑定。

编译文件：UNIX 中的 makefile。

实施构件与修改构件在项目的配置管理环境中进行。实施员在为他们提供的专用开发工作区中，按照工作单所指定的内容开展工作。在该工作区中，创建源元素并将其置于配置管理之下，或者在通常的检出、编辑、构建、单元测试、检入周期中进行修改。完成某个构件集后，实施员将把有关新的和修改过的构件交付到子系统集成工作区，以便于其他实施员的工作进行集成。最后，实施员可以在方便的时候对专用开发工作区进行更新（或者重新调整基线），使该工作区与子系统集成工作区保持一致。

8.4.5.2 　组件技术

A　什么是组件技术

组件技术就是利用某种编程手段，将一些人们所关心的，但又不便于让最终用户去直接操作的细节进行了封装，同时对各种业务逻辑规则进行了实现，用于处理用户的内部操作细节，甚至于将安全机制和事务机制体现得淋漓尽致。而这个封装体就常常被我们称作组件。而这个封装的过程中，编程工具仅仅是一个单纯的工具，也就是说为了完成某一规则的封装，可以用任何支持组件编写的工具来完成，而最终完成的组件与语言本身已经没有了任何的关系，甚至可以实现跨平台。也可以说，它就是实现了某些功能的、有输入/输出接口的对象。

组件就是 Windows 的灵魂，脱离了组件，Windows 系统将不会像今天一样如日中天，Windows 如此，UNIX 也同样是如此，作为一个操作系统，它所完成的功能无不体现着组件的服务。

B 为什么应用组件技术

或许通过编程的手段同样可以处理一些简单的或稍微复杂的业务规则，的确，不可否认，通过编程的手段可以实现如组件对象一般实现的规则处理。然而不能把组件对象或组件和平时的编码等同起来。使用组件技术的目的是实现各种规则，而且组件对象还将从更广阔的方面来考虑，它能将一个大型的分布式系统进行统一的规划，合理地处理冗余、安全、平衡负载……单纯的编程手段不能实现这方面的功能，这就是我们要应用组件的一个很重要的原因。再者，组件对象不是普通的可执行文件，更不是将各种规则定死在其内部，它可以很平滑地实现自身的升级、扩展（前提是不大量更改接口），举一个很简单的例子，当发现某项业务逻辑规则已经很陈旧的时候，不得不用新的业务逻辑规则去替换它，而这个替换过程将会体现出组件对于普通的 .dll 文件或 .exe 可执行文件的巨大差别。当我们需要进行更新的时候，对于组件对象而言，在最理想的情况下用户可以一边进行组件对象的应用，一边无知觉地接受新的组件技术，而试问一个 .dll 文件或某一个可执行文件可以达到这样的效果吗？答案是否定的。

C 如何应用组件

在这点上或许更关心的是如何通过编程的手段来实现组件，组件就是利用某种编程的手段来封装业务规则，而且也强调了语言在此处仅仅是一个工具罢了。当你可以完整地写出一个组件的时候，对于其应用就会更明确，对其给工作带来的效率惊叹不已。那么到底如何应用组件技术？组件技术属于高组的应用部分，它可以从系统的底层做起，一直到可以明显地感觉出来功能的封装。而在此过程中，要通过自己熟悉的工具来写一个好的组件对象或组件。

8.4.5.3 中间件技术

中间件（Middle Ware）是位于平台（硬件和操作系统）和应用之间的通用服务，这些服务具有标准的程序接口和协议。针对不同的操作系统和硬件平台，它们可以有符合接口和协议规范的多种实现。提出中间件的概念是为解决分布异构问题。

计算机技术迅速发展。从硬件技术看，CPU 速度越来越高，处理能力越来越强；从软件技术看，应用程序的规模不断扩大，特别是 Internet 及 WWW 的出现，使计算机的应用范围更为广阔，许多应用程序需在网络环境的异构平台上运行。这一切都对新一代的软件开发提出了新的需求。在这种分布异构环境中，通常存在多种硬件系统平台（如 PC、工作站、小型机等），在这些硬件平台上又存在各种各样的系统软件（如不同的操作系统、数据库、语言编译器等），以及多种风格各异的用户界面。这些硬件系统平台还可能采用不同的网络协议和网络体系结构连接。如何把这些系统集成起来并开发新的应用是一个非常现实而困难的问题。

A 中间件具有的特点

中间件满足大量应用的需要，运行于多种硬件和 OS 平台，并且支持分布计算，提供跨网络、硬件和 OS 平台的透明应用或服务，支持标准的协议，支持标准的接口。

　　由于标准接口对于可移植性和标准协议对于互操作性的重要性，中间件已成为许多标准化工作的主要部分。对于应用软件开发，中间件远比操作系统和网络服务更为重要，中间件提供的程序接口定义了一个相对稳定的高层应用环境，不管底层的计算机硬件和系统软件怎样更新换代，只要将中间件升级更新，并保持中间件对外的接口定义不变，应用软件几乎不需任何修改，从而保护了企业在应用软件开发和维护中的重大投资。

B　主要中间件的分类

　　中间件所包括的范围十分广泛，针对不同的应用需求涌现出多种各具特色的中间件产品。但至今中间件还没有一个比较精确的定义，因此，在不同的角度或不同的层次上，对中间件的分类也会有所不同。由于中间件需要屏蔽分布环境中异构的操作系统和网络协议，它必须能够提供分布环境下的通信服务，将这种通信服务称为平台。它们可向上提供不同形式的通信服务，包括同步、排队、订阅发布、广播等，在这些基本的通信平台上，可构筑各种框架，为应用程序提供不同领域内的服务，如事务处理监控器、分布数据访问、对象事务管理器等。平台为上层应用屏蔽了异构平台的差异，而其上的框架又定义了相应领域内的应用的系统结构、标准的服务组件等，用户只需告诉框架所关心的事件，然后提供处理这些事件的代码。当事件发生时，框架则会调用用户的代码。用户代码不用调用框架，用户程序也不必关心框架结构、执行流程、对系统级 API 的调用等，所有这些由框架负责完成。因此，基于中间件开发的应用具有良好的可扩充性、易管理性、高可用性和可移植性。

8.4.6　软件生产线

　　软件生产线是共享同样的体系结构和实现平台的软件系统的集合，它是具有公共的系统需求集的软件系统。这些需求是针对一组共享公共的设计和标准（或构件）的产品族，或者是一类特定的行为或任务。软件生产线方法是一种领域特有的，以体系结构为中心的，过程驱动的，基于技术的系统化方法。未来软件开发的三大趋势是：开源、SOA、IT治理，这三大趋势将改变未来软件开发的模式。

8.4.6.1　开源

　　开源系统已成为一种趋势，而开源带来两方面的作用，一个是社区的建立，另外一个是标准的建立。开源的关键在于创新，通过开源能够发挥所有人的潜力，通过群体来共同创新。同时，在此过程中，通过与广泛的社区群体进行交互，还可以共同建立一个标准。这种社会联网的模式用于软件开发的理念就是社区开发模式，这种模式将给未来的软件开发带来非常大的挑战，因为这是一个新的模式，这种社区模式开发，需要通过全球协作实现软件开发。

8.4.6.2　SOA

　　对软件开发带来重大改变的另一个趋势就是 SOA。当今企业业务环境日趋复杂，建立、运行和管理应用程序变得越来越困难。企业成功依赖于快速响应新挑战和新机遇的能力，这就要求企业必须能够有效地转换业务模型和流程来适应变化，以最大的灵活性和响应能力适应业务的变化和需求，而这正是 SOA 的目标。而 SOA 架构的核心就是集成、模块化的概念，它把业务流程视为独立于应用程序及其平台的可重用组件模块（或服务），这些模块通过集成、装配快速实现不同的业务流程或服务。所以如果企业希望建立一个新的业务来适应更广泛的供应链和价值链，从某种程度来说集成是关键，模块化是关键，互联网之上的模块化是关键。

8.4.6.3 IT 治理

影响未来软件开发的第三个因素就是 IT 治理。软件开发要遵循一定的方法和流程，要能不断调整和变化，要实现与公司治理相符合，要在整个生命周期管理风险，这就要建立起软件领域的 IT 治理，而且要从软件开发环境中就实现 IT 治理。而要实现真正的治理，需要一系列因素，例如，需要了解软件开发的整个生命周期，要有可预见性，要能够理解软件架构和软件模块之间相互关系，要定义软件开发过程各个模块，并了解它的复杂程度，继而对工作困难程度进行排序。这也是软件治理的发展趋势。

8.5 AutoCAD 应用软件的集成化及二次开发与案例

8.5.1 AutoCAD 对矿山适应性开发方案

AutoCAD 是在 Windows 和 MAC 系统中应用最为广泛、使用人数最多的 CAD 软件。但它只提供了基础的 CAD 功能，如果想完成具体项目设计，就必须根据数据一笔笔绘制出图形，这样一旦在设计完成之后，要更改局部图形则需要重复原来的全部内容，造成了大量工作量的浪费。

如果使用 AutoCAD 的开发系统，就可以将以上的过程用程序编制出来，在需要设计时，只需一个命令就可以运行这个程序，自动完成绘图过程。显而易见，这不仅大大提高了设计效率，而且还可以通过定制来完成某些专业化的模块，甚至大型设计软件，比如测绘行业的南方 CASS 软件、建筑行业的天正 CAD 软件等均是用 AutoCAD 开发系统实现的。

因此，要想让 AutoCAD 真正使用于某一具体领域，或让其经常完成一些重复性的工作，则必须利用 AutoCAD 的开发系统对其进行二次开发。

从 AutoCAD 2.18 开始推出 AutoLISP 开始到现在，能使用的开发工具主要有 AutoLISP、Visual LISP、VBA、COM 外部接口、ObjectARX、ObjectARX.NET 等开发方式供用户选择。

8.5.2 VisualLisp 开发语言

AutoLISP 是进行对 AutoCAD 二次开发最早的 API，它是人工智能语言 LISP 的一个分支。主要用来自动完成重复性任务，进行客户化开发和编制 AutoCAD 菜单以及通过简单机制为 AutoCAD 扩充命令，能够有机地和 AutoCAD 结合在一起，它语法简单容易上手，但仍有很多的活跃开发用户。但是由于它是解释型 API 而不是面向对象的编程语言，使它的效率低下，由于执行的是源代码文件所以导致保密性能不高，很难用它开发大型的应用程序。在 AutoCAD R14.01 中，AutoDesk 公司首次提供了一种新的 LISP 编程工具：Visual LISP，它是一种面向对象的开发环境，是 AutoLISP 的扩展和延伸。

在 AutoCAD 2000 中，Visual LISP 被集成到了 AutoCAD 环境之中。Visual LISP 是一种半编译的 API。由于可以被编译所以大大提高了运行效率和安全性。同时它又与 AutoLISP 完全兼容，又提供了 AutoLISP 的所有功能，同时它又能够访问 AutoCAD 的多文档环境，以及对 COM/ActiveX 技术的支持和反应器等。Visual LISP IDE 同时提供了完整的编辑环境使得用户可以对代码进行调试跟踪、源码语法检查、括号匹配、函数提示等工具，方便创建和调试 LISP 程序。由于 VLISP 集成于 AutoCAD 内部，而且随 AutoCAD 升级而升级所以兼容性比较好，这也是 LISP 深受广大编程爱好者使用的原因。但在进行大数据的计算处理方面，Visual LISP 不能很好地胜任这项任务，这使得开发大型数据运算的程序仍有一定困难。

8.5.3　ObjectARX 开发软件包

ADS（AutoCAD Development System）是 Autodesk 公司最早在 AutoCAD R11 中提供的 C 语言编程环境。ADS 除可使用标准 C 的函数外，又增加了一组专用于对 AutoCAD 进行操作的函数。由于 ADS 程序具有 C 语言的一切优点，因而它曾是开发 AutoCAD R11、AutoCAD R12 应用程序的主要工具。用 C 写成的 ADS 程序，可在所有支持 AutoCAD 平台上进行源代码移植。只需使用普通的 C 语言编译器就可以编译生成 ADS 模块，与 ADS 库和标准 C 库链接后生成可执行文件，装入 AutoCAD 后即可运行。但是 ADS 和 AutoLISP 一样，内在结构不是面向对象的，用 AutoLISP 解释器加载和调用，利用 IPC 与 AutoCAD 通信。

ARX（AutoCAD Runtime eXtension）是在 ADS 基础上发展起来的一种面向对象的 C 语言编程环境。由 ADS 到 ARX 的变迁就像 C 到 C++的转变。ARX 与老式的 ADS 及 AutoLISP 的最大差异在于 ARX 应用程序是动态链接库，共享 AutoCAD 地址空间，可以对 AutoCAD 进行直接函数调用，避免了 IPC 的系统开销和由此引起的性能下降。因此那些频繁与 AutoCAD 通信的应用程序在 ARX 环境下的运行效率明显优于老式 ADS 或 AutoLISP 环境。

8.5.4　利用 ObjectARX. NET 进行开发

在 AutoCAD 2005 版本中，AutoDesk 公司推出了用 . NET 开发 AutoCAD 的编程接口。它的实质是通过 Managed C++/CLR 技术对 VC++的 ObjectARX 进行封装。到 AutoCAD 2015 十年来，AutoDesk 公司已经完成对大部分 ObjectARX 编程接口的封装。这种编程方式难度适中，能够访问大部分的编程接口（除了自定义实体）；但是，由于 AutoCAD 的 . NET 接口是在不断的完善过程中导致了在低版本上不能够使用新增的功能。

8.5.5　开发案例学习与编程

8.5.5.1　项目来源

矿山的爆破设计中，特别是中深孔爆破设计是一项日常工作，虽然可以使用 AutoCAD 进行手工的设计和绘制，但是各个参数计算、图形绘制特别烦琐，能否把这种工作交给计算机来自动完成，从而把设计人员从这种重复、烦琐的工作中解脱出来？本项目来源于矿山日常的设计工作。

8.5.5.2　项目需求分析

功能需求：在用户选择凿岩巷道、矿岩边界线、输入孔底距后，能够实现能够自动设计符合规定的扇形炮孔并进行出图（见图 8-3）。

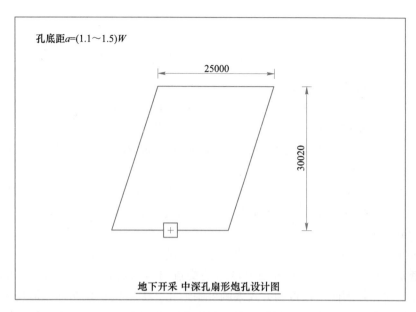

图 8-3　中深孔扇形炮孔设计图

用户需求：用户平时的日常设计都是基于 AutoCAD，因此需要和 AutoCAD 进行无缝对接。

在分段回采、在进路中凿岩、爆破与出矿过程中，常需要打扇形孔，扇形孔要求孔底距保持不变。

8.5.5.3　总体设计

模块划分：基本分为三个模块：（1）接收用户的选择与输入；（2）进行逻辑计算；（3）出图。

数据设计：每次都接受用户输入，因此本软件不设计数据库。

8.5.5.4　人机交互

用户在 AutoCAD 软件中打开图纸后，在用户选择凿岩巷道、矿岩边界线、输入孔底距，程序自动绘制出图。

8.5.5.5　详细设计

（1）得到凿岩巷道中心点坐标以及矿岩边界线所有顶点坐标；

（2）画第一根线，凿岩巷道中心向右取足够长的距离，通过循环得到与边界线的交点；

（3）通过循环依次画出其他所有炮孔，过上一个矿岩边界线交点作边长为 a 的垂线，在矿岩边界线上循环一圈，分两种情况：

1）循环过程中找到交点，第 $n+1$ 孔从中心点到垂线端点已知延长到矿岩界限产生交点；

2）循环一遍没有找到交点，过垂线端点与第 n 孔平行的虚线与矿岩交界产生的交点与凿岩巷道中心点的连线形成第 $n+1$ 孔。

8.5.5.6 软件编码

根据用户的需求，需要和 AutoCAD 无缝衔接，所以选用 Visual LISP 开发语言：

（1）首先设置一些环境变量，以免用户计算机配置不同，影响程序运行。

（2）让用户选择凿岩巷道、矿岩边界线、输入孔底距，通过 entget 得到列表，用一个循环得到凿岩巷道和矿岩边界线的所有顶点，计算得到凿岩巷道中心点坐标。

（3）过凿岩巷道中心向右画足够长的距离，与矿岩边界线每一段循环取交点，找到的交点即为第一点，画第一个炮孔中心线。之后通过 polar 函数找到外围炮孔的四个顶点，用黄颜色画炮孔外围线。

（4）过上一个矿岩边界线交点作边长为 a 的垂线，通过在矿岩边界线上循环取交点来判断凿岩巷道中心与垂足连线是否与矿岩边界线相交，如果相交则 condition 为 0，如果不相交则 condition 为 1。

（5）如果 condition 为 0，即凿岩巷道中心与垂足连线是否与矿岩边界线相交时，过垂线端点与第 n 孔平行的虚线与矿岩交界产生的交点与凿岩巷道中心点的连线形成第 $n+1$ 孔，通过找到炮孔外围四个顶点的方式来画外围炮孔。为了避免死循环，需要判断如果没有找到过垂线端点与第 n 孔平行的虚线与矿岩交界产生的交点，就破坏循环条件。

（6）如果 condition 为 1，即凿岩巷道中心与垂足连线是否与矿岩边界线不相交时，从中心点到垂线端点已知延长到矿岩界限即为下一个炮孔，通过找到炮孔外围四个顶点的方式来画外围炮孔。为了避免死循环，需要判断如果没有找到中心点到垂线端点已知延长到矿岩界限产生交点，就破坏循环条件。

完整代码

8.5.5.7 测试

接受用户输入，最后出图的结果如图 8-4 所示。

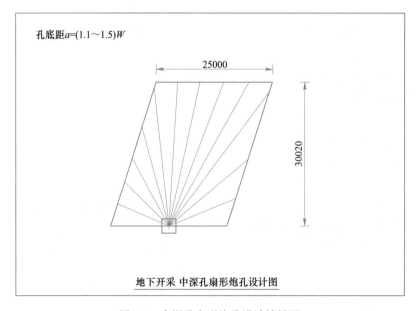

图 8-4 中深孔扇形炮孔设计结果图

8.6 基于人工智能设计语言 Python 的深度学习开发与案例

8.6.1 Python 语言简介与在智能矿山的应用

Python 是一种效率极高的语言，相比于众多其他的语言，使用 Python 编写时，程序包含的代码行更少。Python 的语法也有助于创建整洁的代码，相比其他语言，使用 Python 编写的代码更容易阅读、调试和扩展。大家将 Python 用于众多方面：编写游戏、创建 Web 应用程序、解决商业问题以及供各类有趣的公司开发内部工具。Python 还在科学领域被大量用于学术研究和应用研究。使用 Python 的一个最重要的原因是，Python 社区有形形色色充满激情的人。对程序员来说，社区非常重要，因为编程绝非孤独的修行。大多数程序员都需要向解决过类似问题的人寻求建议，经验最为丰富的程序员也不例外。需要有人帮助解决问题时，有一个联系紧密、互帮互助的社区至关重要，而对于将 Python 作为第一门语言来学习的人而言，Python 社区无疑是坚强的后盾。

8.6.2 Python 语言快速入门

8.6.2.1 快速学习 Python 的基本步骤

编写 Python 程序所需要熟悉的基本概念，其中很多都适用于所有编程语言。按照下面的步骤将快速学习 Python 编程入门：

（1）在计算机中安装 Python，并运行第一个程序——它在屏幕上打印消息"Hello world！"。

（2）在变量中存储信息以及如何使用文本和数字。

（3）使用列表能够在一个变量中存储任意数量的信息，从而高效地处理数据：只需几行代码，就能够处理数百、数千乃至数百万个值。

（4）使用 if 语句来编写这样的代码：在特定条件满足时采取一种措施，而在该条件不满足时采取另一种措施。

（5）使用 Python 字典，将不同的信息关联起来。与列表一样，也可以根据需要在字典中存储任意数量的信息。

（6）从用户那里获取输入，以让程序变成交互式的，学习 while 循环，根据需要随时运行它。

（7）学习类，它能够模拟实物，如小狗、小猫、人、汽车、火箭等，让代码能够表示任何真实或抽象的东西。

（8）如何使用文件，以及如何处理错误以免程序意外地崩溃。需要在程序关闭前保存数据，并在程序再次运行时读取它们。学习 Python 异常，它们能够让程序妥善地处理错误。

（9）为代码编写测试，以核实程序是否像期望的那样工作。这样，扩展程序时就不用担心引入新的 bug。测试代码是中级程序员必须掌握的基本技能之一。

8.6.2.2 Python 的安装

Python 是一种跨平台的编程语言，这意味着它能够运行在所有主要的操作系统中。在所有安装了 Python 的计算机上，都能够运行 Python 程序。然而，在不同的操作系统中，安装 Python 的方法存在细微的差别。

8.6.2.3　Python 常用的数据可视化库

数据可视化指的是通过可视化表示来探索数据，它与数据挖掘紧密相关，而数据挖掘指的是使用代码来探索数据集的规律和关联。数据集可以是用一行代码就能表示的小型数字列表，也可以是数以 G 字节的数据。

漂亮地呈现数据关乎的并非仅仅是漂亮的图片。以引人注目的简洁方式呈现数据，让观看者能够明白其含义，发现数据集中原本未意识到的规律和意义。

在基因研究、天气研究、政治经济分析等众多领域，大家都使用 Python 来完成数据密集型工作。数据科学家使用 Python 编写了一系列令人印象深刻的可视化和分析工具，其中很多也可供你使用。最流行的工具之一是 matplotlib，它是一个数学绘图库，以下将使用它来制作简单的图表，如折线图和散点图，然后基于随机漫步概念生成一个更有趣的数据集——根据一系列随机决策生成的图表。

首先，需要安装 matplotlib。安装必要的包后，对安装进行测试。为此，首先使用命令 python 或 python3 启动一个终端会话，再尝试导入 matplotlib：

$python3

>>>import matplotlib

如果没有出现任何错误消息，就说明你的系统安装了 matplotlib。下面来使用 matplotlib 绘制一个简单的折线图，再对其进行定制，以实现信息更丰富的数据可视化。以下使用平方数序列 1、4、9、16 和 25 来绘制这个图表。

只需向 matplotlib 提供如下数字，matplotlib 就能完成其他的工作：

```
#mpl_squares. py
import matplotlib. pyplot as plt
squares = [1, 4, 9, 16, 25]
plt. plot(squares)
plt. show()
```

8.6.3　深度学习框架

8.6.3.1　概述

在过去的几年里，人工智能（AI）一直是媒体大肆炒作的热点话题。机器学习、深度学习和人工智能（图 8-5）都出现在不计其数的文章中，而这些文章通常都发表于非技术出版物。我们的未来被描绘成拥有智能聊天机器人、自动驾驶汽车和虚拟助手，这一未来有时被渲染成可怕的景象，有时则被描绘为乌托邦，人类的工作将十分稀少，大部分经济活动都由机器人或人工智能体（AI Agent）来完成。对于未来或当前的机器学习从业者来说，重要的是能够从噪声中识别出信号，从而在过度炒作的报道中发现改变世界的重大进展。

为了给出深度学习的定义并搞清楚深度学习与其他机器学习方法的区别，首先需要知道机器学习算法在做什么。前面说过，给定包含预期结果的示例，机器学习将会发现执行

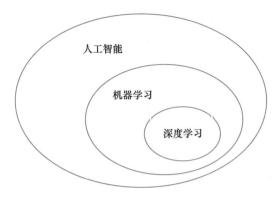

图 8-5　机器学习、深度学习与人工智能

一项数据处理任务的规则。因此，需要以下三个要素来进行机器学习：

（1）输入数据点。例如，任务是语音识别，那么这些数据点可能是记录人们说话的声音文件。如果任务是为图像添加标签，那么这些数据点可能是图像。

（2）预期输出的示例。对于语音识别任务来说，这些示例可能是人们根据声音文件整理生成的文本。对于图像标记任务来说，预期输出可能是"狗""猫"之类的标签。

（3）衡量算法效果好坏的方法。这一衡量方法是为了计算算法的当前输出与预期输出的差距。衡量结果是一种反馈信号，用于调节算法的工作方式。这个调节步骤就是学习。

机器学习模型将输入数据变换为有意义的输出，这是一个从已知的输入和输出示例中进行"学习"的过程。因此，机器学习和深度学习的核心问题在于有意义地变换数据，换句话说，在于学习输入数据的有用表示（Representation）——这种表示可以让数据更接近预期输出。表示这一概念的核心在于以一种不同的方式来查看数据（即表征数据或将数据编码）。例如，彩色图像可以编码为 RGB（红-绿-蓝）格式或 HSV（色相-饱和度-明度）格式，这是对相同数据的两种不同表示。在处理某些任务时，使用某种表示可能会很困难，但换用另一种表示就会变得很简单。举个例子，对于"选择图像中所有红色像素"这个任务，使用 RGB 格式会更简单，而对于"降低图像饱和度"这个任务，使用 HSV 格式则更简单。机器学习模型都是为输入数据寻找合适的表示——对数据进行变换，使其更适合手头的任务（比如分类任务）。

深度学习是机器学习的一个分支领域：它是从数据中学习表示的一种新方法，强调从连续的层（Layer）中进行学习，这些层对应于越来越有意义的表示。"深度学习"中的"深度"指的并不是利用这种方法所获取的更深层次的理解，而是指一系列连续的表示层。数据模型中包含多少层，这被称为模型的深度（Depth）。这一领域的其他名称包括分层表示学习（Layered Representations Learning）和层级表示学习（Hierarchical Representations Learning）。现代深度学习通常包含数十个甚至上百个连续的表示层，这些表示层全都是从训练数据中自动学习的。与此相反，其他机器学习方法的重点往往是仅仅学习一两层的数据表示，因此有时也被称为浅层学习（Shallow Learning）。

在深度学习中，这些分层表示几乎总是通过叫作神经网络（Neural Network）的模型来学习得到的。神经网络的结构是逐层堆叠。神经网络这一术语来自神经生物学，然而，虽然深度学习的一些核心概念是从人们对大脑的理解中汲取部分灵感而形成的，但深度学习模型不是大脑模型。没有证据表明大脑的学习机制与现代深度学习模型所使用的相同。就目的而言，深度学习是从数据中学习表示的一种数学框架。

虽然深度学习是机器学习一个相当有年头的分支领域，但在 21 世纪前十年才崛起。在随后的几年里，它在实践中取得了革命性进展，在视觉和听觉等感知问题上取得了令人瞩目的成果，而这些问题所涉及的技术，在人类看来是非常自然、非常直观的，但长期以来却一直是机器难以解决的。

特别要强调的是，深度学习已经取得了以下突破，它们都是机器学习历史上非常困难的领域：

（1）接近人类水平的图像分类；

（2）接近人类水平的语音识别；

（3）接近人类水平的手写文字转录；

（4）更好的机器翻译；

（5）更好的文本到语音转换；

（6）数字助理，比如谷歌即时（Google Now）和亚马逊 Alexa；

（7）接近人类水平的自动驾驶；

（8）更好的广告定向投放，Google、百度、必应都在使用；

（9）更好的网络搜索结果；

（10）能够回答用自然语言提出的问题；

（11）在围棋上战胜人类。

人们仍然在探索深度学习能力的边界。人们已经开始将其应用于机器感知和自然语言理解之外的各种问题，比如形式推理。如果能够成功的话，这可能预示着深度学习将能够协助人类进行科学研究、软件开发等活动。

虽然深度学习近年来取得了令人瞩目的成就，但人们对这一领域在未来十年间能够取得的成就似乎期望过高。虽然一些改变世界的应用（比如自动驾驶汽车）已经触手可及，但更多的应用可能在长时间内仍然难以实现，比如可信的对话系统、达到人类水平的跨任意语言的机器翻译、达到人类水平的自然语言理解。

时刻跟上深度学习领域的最新进展变得越来越难，几乎每一天都有创新或新应用。但是，大多数进展隐藏在大量发表的研究论文中。为保证简明，仅总结了计算机视觉领域的成功架构（见图 8-6）。

8.6.3.2　深度学习模型

前面多次提到深度学习是一种机器学习框架，那么该框架下的具体的模型有哪些呢？下面介绍几种常见的深度学习模型。

A　MLP

MLP（Multilayer Perceptron）是一个典型的深度学习模型，也叫前向深度网络（Feedforward Deep Network），主要由多层神经元构成的神经网络组成（见图 8-7），包括输入层、中间层和输出层，层与层之间是全连接的，除了输入层，其他层每个神经元包含一个激活函数，因此，MLP 可以看成是一个将输入映射到输出的函数，这个函数包括多层乘积运算和激活运算。MLP 通过前向传播计算最终的损失函数值，再通过反向传播算法（BP）计

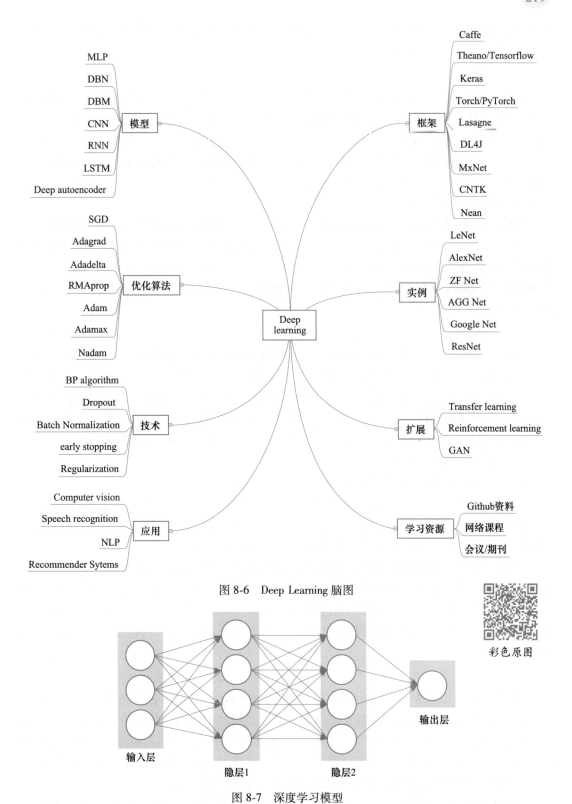

图 8-6 Deep Learning 脑图

彩色原图

图 8-7 深度学习模型

算梯度，利用梯度下降来对模型参数进行优化。MLP 的出现解决了感知器无法学习 XOR 函数的问题，使得人们对神经网络重拾信心。

B　DBN 与 DBM

DBN（Deep Belief Network）也是一种比较经典的较早提出的深度学习模型。DBN 是基于 RBM（Restricted Boltzmann Machine）模型建立的，更具体的，DBN 模型可以看成是由多个 RBM 结构和一个 BP 层组成的，其训练过程也是从前到后逐步训练每一个 RBM 结构，使得每一个 RBM 的隐层达到最优，从而最优化整体网络。值得注意的是，在 DBN 的结构中，只有最后两层之间是无向连接的，其余层之间均具有方向性，这是 DBN 区别于后面 DBM 的一个重要特征。

DBM（Deep Boltzmann Machine）模型也是一种基于 RBM 的深度模型，其与 RBM 的区别就在于它有多个隐层（RBM 只有一个隐层）。DBM 的训练方式也是将整个网络结构看成多个 RBM，然后从前到后逐个训练每个 RBM，从而优化整体模型。在 DBM 模型中，所有相邻层之间的连接是无向的。DBN 与 DBM 模型中层间节点之间均无连接，且节点之间相互独立。

C　CNN

CNN（Convolutional Neural Network）是一种前向人工神经网络模型，由 Yann LeCun 等人在 1998 年正式提出，其典型的网络结构包括卷积层、池化层和全连接层。给定一张图片（一个训练样本）作为输入，通过多个卷积算子分别依次扫描输入图片，扫描结果经过激活函数激活得到特征图，然后再利用池化算子对特征图进行下采样，输出结果作为下一层的输入，经过所有的卷积和池化层之后，再利用全连接的神经网络进行进一步的运算，最终结果经输出层输出。

CNN 模型强调的是中间的卷积过程，该过程通过权值共享大幅度降低了模型的参数数量，使得模型在不失威力条件下可以更为高效地得到训练。CNN 模型是非常灵活的，其结构可以在合理的条件下任意设计，比如可以在多个卷积层之后加上池化层，正是由于这种灵活性，CNN 被广泛地应用在各种任务中，并且效果非常显著。

当然，这种灵活性使得 CNN 的结构本身也成为了一种超参，这就难以保证针对特定任务所采用的模型是否是最优模型。在现实的应用中，CNN 更多的用于处理一些网格数据，例如图片，对于这类数据 CNN 的卷积过程能发挥的作用相对更大。当然，CNN 是可以完成多种类型的任务的，包括图片识别、自然语言处理、视频分析、药物挖掘以及游戏等。

D　RNN

RNN（Recurrent Neural Network）是一类用于处理序列数据的神经网络模型。典型的 RNN 模型通常是由三类神经元组成，分别是输入、隐藏和输出，其中输入单元只与隐藏单元相连，隐藏单元则与输出、上一个隐藏单元以及下一个隐藏单元相连，输出单元只接受隐藏单元的输入。在 RNN 训练过程中，一般需要学习优化三种类参数，即输入映射到隐层的权重、隐层单元之间转换权重以及隐层映射到输出的权重。

在 RNN 的计算过程中，序列数据前面部分的信息通过隐藏单元传递到后面的部分，因此在后面部分的计算过程中，前面部分的信息也考虑进来，这就模拟了序列不同部分之间的依赖关系。显然，RNN 模型更适用于序列性的数据，尤其是上下文相关的序列，这使得 RNN 在情感分析、图像标注、机器翻译等方面应用十分广泛。值得注意的是，在不同的任务中，RNN 的结构有所差异，比如在图像标注的场景中 RNN 是一对多的结构，而在情感分析的场景中则是多对一的结构。RNN 在不同应用场景下的结构如图 8-8 所示。

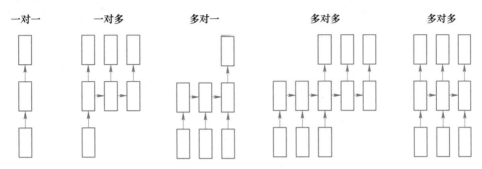

图 8-8   RNN 在不同应用场景下的结构

E   LSTM

LSTM（Long Short-term Memory）模型本质上也是一种 RNN 模型，它与 RNN 的区别在于它引入了元胞状态（Cell State）的概念，并且可以通过门（Gate）来向元胞状态加入或者删除信息，另外，LSTM 还可以通过门构成封闭的回路（见图 8-9），这使得 LSTM 得以克服 RNN 无法有效记忆长程信息的弱点。

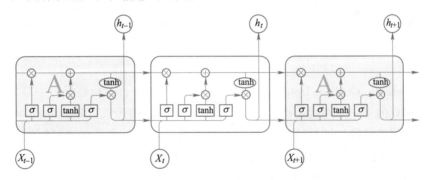

图 8-9   LSTM 数据流示意图

在 LSTM 模型中，所谓的门其实就是一个函数运算，例如输入门可以是所有输入经过权重乘积运算之后的 sigmoid 函数运算。对于一个序列型数据样本，当前输入节点会综合上一个节点的隐层输出信息，分别通过多个不同门运算之后输出作为当前节点的隐层输出信息，并且同时与上一个节点的元胞状态信息进行综合输出作为当前节点的元胞状态信息输出。LSTM 既然是一种特殊的 RNN 模型，那么很多可以应用 RNN 的场景 LSTM 也适用，例如情感分析、图像标注等。当然，LSTM 也具有非常多的变种，它们在不同的任务中表现不同，这也需要应用的时候有一些了解。

F   Deep Autoencoder

Autoencoder 是一种神经网络，其输入层与输出层表示相同的含义并且具有相同数量的神经元。Autoencoder 的学习过程就是将输入编码然后再解码重构输入作为输出的过程，将输入编码生成的中间表示的作用类似于对输入进行降维，因此 Autoencoder 常常用于特征提取、去噪等。

普通的 Autoencoder 一般是指中间只有一层隐层的网络模型，而 Deep Autoencoder 则是中间有多层隐层的网络模型。Deep Autoencoder 的训练与 DBM 训练类似，每两层之间利用 RBM 进行预训练，最终通过 BP 来调整参数（见图 8-10）。同样地，Deep Autoencoder 也有非常多的变种（例如 Sparse Autoencoder，Denoise Autoencoder 等），分别对应于不同的任务。

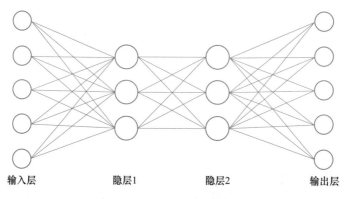

图 8-10　Deep Autoencoder 结构示意图

8.6.3.3　深度网络的优化方法

前面列举了一些深度学习比较常见的一些模型，那么这些模型都是如何进行优化的呢？本节将介绍一些比较常用的深度网络优化的方法。

A　SGD

SGD（Stochastic Gradient Descent）即随机梯度下降算法，是机器学习中最常用的优化方法之一。SGD 的工作原理就是梯度下降，也就是以一定的步长（Learning Rate）沿着参数梯度的方向调整参数，只不过在 SGD 中是对随机抽取的一个样本通过梯度下降更新一次参数。在实际应用 SGD 的时候有多个参数可以调节，主要包括学习率、权值衰减（Weight Decay）系数、动量以及学习率衰减系数，通过调整这几个参数，可以使得模型以较快的速率收敛且不易过拟合。

B　Adagrad

Adagrad 的优化过程也是基于梯度的，该优化方法可以对每一个参数逐一自适应不同的学习速率，对于比较稀疏的特征以较大的学习率更新，对于非稀疏的特征则用较小的学习率更新。这种自适应的过程是通过利用累积梯度来归一化当前学习率的方式实现的。Adagrad 的优点就是适合处理梯度稀疏的情况，缺点是仍然需要认为设定一个全局的学习率，需要计算参数梯度序列的平方和，增加了计算量，并且学习率衰减过快。

C　Adadelta

Adadelta 是 Adagrad 方法的扩展。前面提到在 Adagrad 中由于累积梯度增长过快会导致学习率衰减过快，Adadelta 的出现就是为了解决这一问题的。具体的实现方式是在之前的参数序列开一个窗口，只累加窗口中参数梯度，并且以平方的均值代替 Adagrad 中的平方和。Adadelta 具有自适应学习率的优点，优化速度较快，但在训练后期会出现较明显的抖动。

D RMSprop

RMSprop 优化方法实质上可以看成是 Adadelta 的一个特例，效果介于 Adagrad 和 Adadelta 之间，比较适用于非平稳目标，但是 RMSprop 仍然依赖于全局的学习率参数。

E Adam

Adam（Adaptive Moment Estimation）同样也是一种参数学习率自适应的方法，它主要是依据梯度的一阶矩和二阶矩来调整每个参数学习率。实质上，Adam 是一种加了动量的 RMSprop，因此它适用于处理特征稀疏和非平稳目标的数据。

F Adamax

Adamax 是 Adam 的一种变体，它在学习率的限制上做了一些改动，即利用累积梯度和前一次梯度中的最大值来对学习率进行归一化。这样的限制在计算上相对简单。

G Nadam

Nadam 也是 Adam 的一种变体，它的变动在于它带有 Nesterov 动量项。一般来说，Nadam 的效果会比 RMSprop 和 Adam 要好，但是在计算上比较复杂。

8.6.3.4 深度学习常见的实现平台

深度学习模型由于其复杂性对机器硬件以及平台均有一定的要求，一个好的应用平台可以使得模型的训练事半功倍。那么，针对深度学习有哪些比较流行好用的平台和框架呢？下面就向大家介绍一些比较常用的深度学习平台以及它们的优缺点。

A Caffe

Caffe 是由美国加州伯克利分校视觉与学习中心在 2013 年开发并维护的机器学习库，它对卷积神经网络具有非常好的实现。Caffe 是基于 C/C++开发的，所以模型计算的速度相对较快，但是 Caffe 不太适合文本、序列型的数据的处理，也就是在 RNN 的应用方面有很大的限制，其优缺点可以简单地总结如下：

优点：适合图像处理；版本稳定，计算速度较快。

缺点：不适合 RNN 应用；不可扩展；不便于在大型网络中使用；C/C++编程难度较大，不够简洁；几乎不再更新。

B Theano/Tensorflow

Theano 和 Tensorflow 都是比较底层的机器学习库，并且都是一种符号计算框架，它们都适用于基于卷积神经网络、循环神经网络以及贝叶斯网络的应用，它们都提供 Python 接口，Tensorflow 还提供 C++接口。Theano 是在 2008 年由蒙特利尔理工学院 LISA 实验室开发并维护的，非常适合数值计算优化，并且支持自动计算函数梯度，但它不支持多 GPU 的应用。Tensorflow 是由 Google Brain 团队开发的，目前已经开源，由 Google Brain 团队以及众多使用者们共同维护。

Tensorflow 通过预先定义好的数据流图，对张量（Tensor）进行数值计算，使得神经网络模型的设计变得非常容易。与 Theano 相比，Tensorflow 支持分布式计算和多 GPU 的应用。就目前来看，Tensorflow 是在深度学习模型的实现上应用最为广泛的库。

C　Keras

Keras 是一个基于 Theano 和 Tensorflow 的，高度封装的深度学习库。它是由谷歌软件工程师 Francois Chollet 开发的，在开源之后由使用者共同维护。Keras 具有非常直观的 API，使用起来非常的简洁，一般只需要几行代码便可以构建出一个神经网络模型。目前，Keras 已经发布 2.0 版本，支持使用者从底层自定义网络层，这很大程度上弥补了之前版本在灵活性上不够的缺陷。

D　Torch/PyTorch

Torch 是基于 Lua 语言开发的一个计算框架，可以非常好地支持卷积神经网络。在 Torch 中网络的定义是以图层的方式进行的，这导致它不支持新类型图层的扩展，但是新图层的定义相对比较容易。Torch 运行在 LuaJIT 上，速度比较快，但是目前 Lua 并不是主流编程语言。另外，值得注意的是 Facebook 在 2017 年 1 月公布了 Torch 的 Python API，即 PyTorch 的源代码。PyTorch 支持动态计算图，方便用户对变长的输入输出进行处理，另外，基于 Python 的库将大幅度增加 Torch 的集成灵活性。

E　Lasagne

Lasagne 是基于 Theano 的计算框架，它的封装程度不及 Keras，但它提供小的接口，这也使得代码与底层的 Theano/Tensorflow 较为简洁。Lasagne 这种半封装的特性，平衡了使用上的便捷性和自定义的灵活性。

F　DL4J

DL4J（Deeplearning4j）是一个基于 Java 的深度学习库。它是由 Skymind 公司在 2014 年发布并开源的，其包含的深度学习库是商业级应用的开源库，由于是基于 Java 的，所以可以与大数据处理平台 Hadoop、Spark 等集成使用。DL4J 依靠 ND4J 进行基础的线性代数运算，计算速度较快，同时它可以自动化并行，因此十分适合快速解决实际问题。

G　MxNet

MxNet 是由多种语言开发并且提供多种语言接口的深度学习库。MxNet 支持的语言包括 Python、R、C++、Julia、Matlab 等，提供 C++、Python、Julia、Matlab、JavaScript、R 等接口。MxNet 是一个快速灵活的学习库，由华盛顿大学的 Pedro Domingos 及其研究团队开发和维护。

H　CNTK

CNTK 是微软的开源深度学习框架，是基于 C++ 开发的，但是提供 Python 接口。CNTK 的特点是部署简单，计算速度比较快，但是它不支持 ARM 架构。CNTK 的学习库包括前馈 DNN、卷积神经网络和循环神经网络。

I　Neon

Neon 是 Nervana 公司开发的基于 Python 的深度学习库。该学习库支持卷积神经网络、循环神经网络、LSTM 以及 Autoencoder 等应用，目前也是开源状态。有报道称在某些测试中，Neon 的表现要优于 Caffe、Torch 和 Tensorflow。

8.6.4　爆破振动波波形智能识别案例

8.6.4.1　需求分析

爆破振动会导致处于临界稳定状态的局部岩体动力失稳。为了控制爆破振动，往往需要预先知道岩体在破振动作用下完整的动力响应过程。提出了一种基于深度学习 LSTM 的新型全波形预测模型。利用爆破监测数据，对爆破振动的全波形进行预测。构建了数据样本，对模型 LSTM 模型进行训练，评价预测的波形和实际的波形，并计算对比了预测波和实际波的优势频率，验证了预测方法的可行性。

8.6.4.2　详细设计

软件分为数据获取、归一化处理、模型训练、识别等主要模块。

8.6.4.3　软件编码

（1）引用相关深度学习程序库；
（2）准备学习样本；
（3）样本标准化；
（4）模型学习训练；
（5）波形预测。

完整代码

8.6.4.4　测试与结果分析

深度学习波形预测结果如图 8-11 所示。

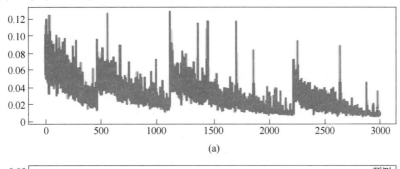

(a)

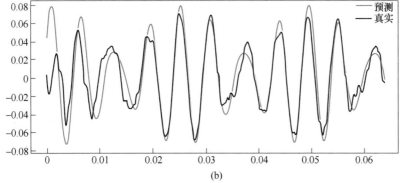

(b)

彩色原图

图 8-11　深度学习波形预测结果

Keras 框架实现 LSTM 预测模型，权重初始化采用 MSRA 方法，隐藏层激活函数选取

ReLU 函数，输出层激活函数选择 Softmax。DropOut 可以有效防止模型过拟合，提升模型性能，根据经验设置为 0.5。其中，虚线为模型所预测振速，实线为对应时刻监测点的真实振速。可以明显看出，预测震速曲线与真实震速曲线在大小和数值上基本重合。

——— 本 章 小 结 ———

　　本章具体讲述了智能金属矿山软件的定义、来源及生命周期，从软件开发的模型、开发的流程和开发的方法等方面详细讲述智能金属矿山软件开发的基础理论和技术，最后以金属矿山常用的辅助设计软件 AutoCAD 的二次开发语言和目前流行的人工智能语言 Python 作为开发语言，讲述了相关开发案例的软件设计开发过程。

思 考 题

1. 什么是软件？举例说明你所知道的矿业软件。
2. 简述常用的矿山软件系统开发模型。
3. 矿业软件一般的开发流程是什么，软件编码规范为什么很重要？
4. 研究项目的技术可行性一般要考虑的情况有哪些？
5. 什么是人机交互，人机交互研究的主要内容是什么？
6. 结构化程序设计的基本思想是什么？
7. 选择程序设计语言通常考虑哪些因素？
8. 维护软件的流程是什么？
9. 软件再工程的基本思想是什么？
10. AutoCAD 有哪些二次开发语言，特点是什么？
11. 深度学习有哪些流行的框架？

参 考 文 献

[1] 孙继平，陈晖升．智慧矿山与 5G 和 WiFi6［J］．工矿自动化，2019，45（10）：1-4.

[2] 崔亚仲，白明亮，李波．智能矿山大数据关键技术与发展研究［J］．煤炭科学技术，2019，47（3）：66-74.

[3] 谭章禄，马营营，郝旭光，等．智慧矿山标准发展现状及路径分析［J］．煤炭科学技术，2019，47（3）：27-34.

[4] 阙建立．智能矿山平台建设与实现［J］．工矿自动化，2018，44（4）：90-94.

[5] 山东蓝光软件有限公司，等．GB/T 34679—2017 智慧矿山信息系统通用技术规范［S］．北京：中国质检出版社，2017.

[6] 贺耀宜．智慧矿山评价指标体系及架构探讨［J］．工矿自动化，2017，43（9）：16-20.

[7] 李梅，杨帅伟，孙振明，吴浩．智慧矿山框架与发展前景研究［J］．煤炭科学技术，2017，45（1）：121-128，134.

[8] 王运森，李元辉，徐帅．巷道收敛监测三维动态可视化系统开发［J］．东北大学学报（自然科学版），2017，38（1）：116-120.

[9] 霍中刚，武先利．互联网+智慧矿山发展方向［J］．煤炭科学技术，2016，44（7）：28-33，63.

[10] 韩茜．智慧矿山信息化标准化系统关键问题研究［D］．北京：中国矿业大学（北京），2016.

[11] 杨韶华，周昕，毕俊蕾．智慧矿山异构数据集成平台设计［J］．工矿自动化，2015，41（5）：23-26.

[12] 王莉．智慧矿山概念及关键技术探讨［J］．工矿自动化，2014，40（6）：37-41.

[13] 徐静，谭章禄．智慧矿山系统工程与关键技术探讨［J］．煤炭科学技术，2014，42（4）：79-82.

[14] 王运森．开采过程多源信息融合与集成分析技术研究［D］．沈阳：东北大学，2013.

[15] 贺耀宜，刘丽静，赵立厂，等．基于工业物联网的智能矿山基础信息采集关键技术与平台［J］．工矿自动化，2021，47（6）：17-24.

[16] 牛莉霞，李肖萌．5G 时代智慧矿山安全管理新模式［J］．中国安全科学学报，2021，31（6）：29-36.

[17] 徐鹏．物联网在智能矿山建设中的应用研究［J］．煤炭技术，2021，40（6）：202-204.

[18] 王国法，王虹，任怀伟，等．智慧煤矿 2025 情景目标和发展路径［J］．煤炭学报，2018，43（2）：295-305.

[19] 吴立新，汪云甲，丁恩杰，等．三论数字矿山——借力物联网保障矿山安全与智能采矿［J］．煤炭学报，2012，37（3）：357-365.

[20] 解海东，李松林，王春雷，等．基于物联网的智能矿山体系研究［J］．工矿自动化，2011，37（3）：63-66.

[21] P.S. 萨尔卡，J.A. 利马泰宁，J.A.J. 普基拉，等．智能矿山实施——梦想成真［J］．国外金属矿山，2001（2）：38-42.

[22] 李国清．智能矿山概论［M］．北京：冶金工业出版社，2019.

[23] 王李管．智慧矿山技术［M］．长沙：中南大学出版社，2019.

[24] 陈丁跃．汽车智能化设计与技术［M］．北京：化学工业出版社，2018.

[25] 李明海．建筑智能化系统工程设计［M］．北京：中国建材工业出版社，2010.